工业和信息化普通高等教育
"十二五"规划教材立项项目

毛京丽 胡怡红 张勖 编著

21世纪高等院校信息与通信工程规划教材

21st Century University Planned Textbooks of Information and Communication Engineering

宽带接入技术

Broadband Access Technology

U0191611

人民邮电出版社

北 京

高校系列

图书在版编目（CIP）数据

宽带接入技术 / 毛京丽，胡怡红，张勖编著. —— 北京：人民邮电出版社，2012.12（2024.1 重印）

21世纪高等院校信息与通信工程规划教材

ISBN 978-7-115-29766-2

Ⅰ. ①宽… Ⅱ. ①毛… ②胡… ③张… Ⅲ. ①宽带接入网－高等学校－教材 Ⅳ. ①TN915.6

中国版本图书馆CIP数据核字(2012)第262665号

内 容 提 要

接入网是电信网的重要组成部分，随着用户需求的不断快速提升，接入技术的发展也呈现出宽带化、综合化和多样化等特点，无论是通信行业内还是普通用户，都对了解掌握宽带接入技术有着浓厚的兴趣。

本书在介绍了接入网基本概念的基础上，全面地讲述了几种常用的宽带接入技术，主要包括 xDSL 接入技术、混合光纤/同轴电缆接入技术、以太网接入技术、光纤接入网技术和无线接入网技术等，另外还研究了接入网接口及其协议、接入网网管技术，并分析了宽带接入网规划与设计实例。

本书取材适宜、结构合理，并重于接入网的基本原理和实际应用技术，且能够跟踪新技术的发展。内容深入浅出、循序渐进。另外为便于学生在学习过程中进行归纳总结和培养学生分析问题和解决问题的能力，每章最后都附有本章重点内容小结及习题。

本书既可作为高等院校通信及相关专业专科和本科教材，也可作为从事通信相关工作的科研和工程技术人员的培训教材或学习参考书。

21 世纪高等院校信息与通信工程规划教材

宽带接入技术

◆ 编　　著　毛京丽　胡怡红　张　勖

　　责任编辑　滑　玉

◆ 人民邮电出版社出版发行　　北京市丰台区成寿寺路 11 号

　　邮编　100164　电子邮件　315@ptpress.com.cn

　　网址　http://www.ptpress.com.cn

　　大厂回族自治县聚鑫印刷有限责任公司印刷

◆ 开本：787×1092　1/16

　　印张：16.25　　　　　　　　2012 年 12 月第 1 版

　　字数：396 千字　　　　　　2024 年 1 月河北第 14 次印刷

ISBN 978-7-115-29766-2

定价：36.00 元

随着通信技术的突飞猛进，电信业务逐渐向综合化、数字化、智能化、宽带化和个人化方向发展，人们对电信业务多样化的需求也不断增加；同时，主干网上 SDH、MSTP 及 DWDM 等技术的日益成熟和使用，为实现语音、数据和图像"三线合一，一线入户"奠定了基础。如何充分利用现有的网络资源增加业务类型，提高服务质量，已成为电信专家和运营商日益关注研究的课题，"最后 1 公里"解决方案也成为大家最关心的焦点。因此，接入网成为网络应用和建设的热点，而且为了顺应用户宽带业务的发展需求，接入技术的多样化和宽带化必然是接入网的发展趋势。

"宽带接入技术"课程是通信专业的一门非常重要的专业课程。对于通信和其他相关专业的学生来说，建立接入网的基本概念、学习常用的宽带接入技术、掌握宽带接入网实际应用问题等都是至关重要的。

为了使学生更好地掌握宽带接入技术，本教材在编写过程中注重教学改革实践效果和宽带接入新技术的发展，既有接入网基本概念、宽带接入技术原理和相关协议的介绍，又论述了 xDSL、HFC、以太网接入、光纤接入网及无线接入网等宽带接入技术，另外还研究了接入网接口及其协议、接入网网管技术，并分析了宽带接入网规划与设计实例。

全书共有 9 章。第 1 章概括介绍了接入网的基本概念、接入网的功能模型、接入网的分类、接入网提供的业务类型及接入网的发展趋势。第 2 章首先概括介绍了铜线接入的基本概念，然后具体论述了几种铜线接入技术，包括高比特率数字用户线（HDSL）接入技术、ADSL 接入技术（ADSL2 及 ADSL2+）及 VDSL（VDSL2）接入技术等。第 3 章首先介绍了混合光纤/同轴电缆（HFC）网的基本概念，然后探讨了电缆调制解调器（Cable Modem）的相关技术问题以及 HFC 网络双向传输的实现方法，最后分析了 HFC 网络的特点。第 4 章首先介绍了以太网的基本概念，然后具体论述了以太网接入的概念、网络结构、提供的业务种类及优缺点，最后探讨了以太网接入的用户广播隔离问题、IP 地址管理和业务控制管理。第 5 章在介绍光纤接入网的定义及优点、功能参考配置、分类、拓扑结构、应用类型及传输技术等基本概念的基础上，详细阐述了 ATM 无源光网络（APON）、以太网无源光网络（EPON）和吉比特无源光网络（GPON）的技术问题，并分析了有源光网络接入技术的相关内容。第 6 章首先给出了无线接入网的概念、优点及分类，继而介绍了几种应用较广泛的无线接入网，包括 LMDS、WLAN 和 WiMAX 系统。第 7 章首先对接入网的三种接口"业务节点接口、用户网络接口和电信管理网接口"进行了具体详细的分析，然后重点探究了 V5 接口及其协议。第 8 章介绍了接入网网管技术。接入网作为通信业务网，是电信网的一部分，接入网的网管被纳入电信管理网 TMN 的范围之内，本章首先阐述了 TMN 的基本概念，接着具体介绍了接入网网管的基本概念及基本功能。第 9 章介绍如何进行宽带接入网的规划设计，这是至关重要也最具实际意义的。本章分别针对 ADSL、HFC、EPON、FTTX + LAN 4 种不同技术，以范例的形式对相应接入网的规划设计进行了介绍。

本书第 1 章、第 4 章、第 5 章、第 6 章由毛京丽编写，第 2 章、第 3 章由胡怡红编写，第 7 章、第 8 章、第 9 章由张勘编写。在本书编写过程中，得到了李文海教授的指导以及纪平、张勉、贺雅璇、魏东红、黄秋钧、高阳、胡凌霄、张磊、柳斌、徐耀峰、徐鹏、夏之斌和齐开诚等的帮助，在此表示感谢。

另外，本书参考了一些书籍及相关的文献，在此，对这些文献的作者表示深深的感谢！

由于编者水平有限，若书中存在疏漏，恳请读者指正。

编　者

2012 年 9 月

目 录

第1章 概述

随着通信技术的突飞猛进，电信业务逐步向综合化、数字化、智能化、宽带化和个人化方向发展，人们对电信业务多样化的需求也不断提高，"最后 1 公里"解决方案成为大家最关心的问题，因此接入网成为网络应用和建设的热点。

本章对接入网做概要介绍，主要内容如下。

- 接入网的基本概念
- 接入网的功能模型
- 接入网的分类
- 接入网提供的业务类型
- 接入网的发展趋势

1.1 接入网的基本概念

1.1.1 接入网的定义

电信业务网包括接入网、交换网和传输网 3 个部分，其中交换网和传输网合在一起称为核心网。接入网负责将电信业务透明地传送到用户，即用户通过接入网的传输，能灵活地接入不同的电信业务节点。接入网与传输网和交换网的位置关系如图 1-1 所示。

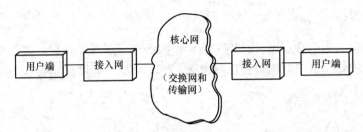

图 1-1　接入网、传输网和交换网的位置关系

国际电信联盟（ITU-T）13 组于 1995 年 7 月通过了关于接入网框架结构方面的新建议 G . 902，其中对接入网的定义是："接入网由业务节点接口（SNI）和用户网络接口（UNI）之间的一系列传送实体（如线路设施和传输设施）组成，为供给电信业务而提供所需传送承

载能力的实施系统。"

业务节点可以是电信交换机，也可以是路由器或特定配置情况下的点播电视和广播电视业务节点等。接入网包括业务节点与用户端设备之间的所有实施设备与线路，通常包括用户线传输系统、复用设备和交叉连接设备等。

1.1.2 接入网的接口

接入网有 3 种主要接口，即用户网络接口、业务节点接口和维护管理接口（Q3）。接入网所覆盖的范围就由这 3 个接口定界，如图 1-2 所示。

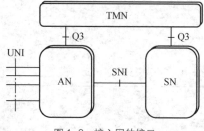

图 1-2 接入网的接口

1. 用户网络接口

用户网络接口是用户与接入网（AN）之间的接口，主要包括模拟 2 线音频接口、64kbit/s 接口、2.048Mbit/s 接口、ISDN 基本速率接口（BRI）和基群速率接口（PRI）等。

2. 业务节点接口

业务节点接口是接入网和业务节点（SN）之间的接口。

业务节点是提供业务的实体，是一种可以接入各种交换型或半永久连接型电信业务的网元。

接入网允许与多个业务节点相连，这样接入网既可以接入分别支持特定业务的单个业务节点，又可以接入支持相同业务的多个业务节点。而且，如果 AN-SNI 侧和 SN—SNI 侧不在同一地方，可以通过透明传送通道实现远端连接。

业务节点接口主要有模拟接口和数字接口两种。

① 模拟接口（即 Z 接口），它对应于 UNI 的模拟 2 线音频接口，提供普通电话业务或模拟租用线业务。

② 数字接口，即 V5 接口，它又包含 V5.1 接口、V5.2 接口、V5.3 以及支持宽带 ISDN 业务的接入 VB5 接口（包括 VB5.1 和 VB5.2）。

目前广泛应用的是数字接口（V5 接口），本书第 7 章将进行具体介绍。

3. 维护管理接口

维护管理接口是电信管理网（TMN）与电信网各部分的标准接口。接入网作为电信网的一部分，通过维护管理接口与电信管理网相连，便于电信管理网实施管理功能。

1.1.3 接入网的特点

接入网具有以下特点。

（1）成本敏感：接入网直接面向用户，数量较多，规模庞大，其建设和维护成本与所选技术有很大的相关性。

（2）业务类型多样化和数据化：目前应用比较广泛的是宽带接入网，它可以承载语音接入、数据接入和多媒体接入等多种综合业务。

（3）业务特性体现的不对称性和突发性：宽带接入网传输的业务中大量是数据业务和图像业务，这些业务是不对称的，而且突发性很大，上行下行需要采用不等的带宽。因此，如何动态分配带宽是接入网的关键技术之一。

（4）接入手段多样化：接入技术种类繁多，总体上可分为有线接入技术、无线接入技术以及有线与无线综合的接入技术。

1.2　接入网的功能模型

接入网功能结构模型如图 1-3 所示。

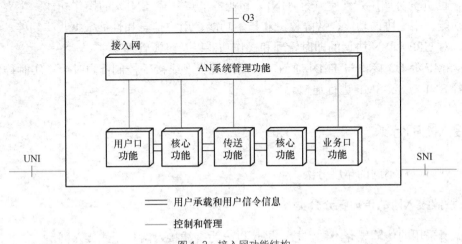

图 1-3　接入网功能结构

接入网的功能结构分成用户口功能（UPF）、业务口功能（SPF）、核心功能（CF）、传送功能（TF）和 AN 系统管理功能（SMF）5 个基本功能组。

1. 用户口功能

用户口功能主要将特定的用户网络接口要求与核心功能和管理功能相适配，用户口所完成的主要功能是终结 UNI 功能、A/D 转换和信令转换、UNI 的激活/去激活、UNI 承载通路/承载能力的处理、UNI 的测试和 UPF 的维护以及管理和控制功能。

2. 业务口功能

业务口功能主要是将特定 SNI 规定的要求与公用承载通路相适配，以便核心功能处理；也负责选择有关的信息，以便在 AN 系统管理功能中进行处理。业务口所完成的主要功能是终结 SNI 功能、将承载通路的需要和即时的管理及操作需要映射进核心功能、对特定的 SNI 所需要的协议作协议映射、SNI 的测试和 SPF 的维护以及管理和控制功能。

3. 核心功能

核心功能处于 UPF 和 SPF 之间，其主要作用是负责将个别用户承载通路或业务口承载通路的要求与公用传送承载通路相适配，还包括对 AN 传送所需要的协议适配和复用所进行的对协议承载通路的处理。核心功能可以在 AN 内分配，具体是接入承载通路的处理、承载通路集中、信令和分组信息复用、ATM 传送承载通路的电路模拟以及管理和控制功能。

4. 传送功能

传送功能是为 AN 中不同地点之间公用承载通路的传送提供通道，也为所用传输媒介提供媒介适配功能，主要是复用功能、交叉连接功能、管理功能以及物理媒介功能。

5. AN 系统管理功能

AN 系统管理功能（AN-SMF）主要是协调 AN 内 UPF、SPF、CF 和 TF 的指配、操作和维护，也负责协调用户终端（经 UNI）和业务节点（经 SNI）的操作功能。主要是配置和控制功能、指配协调功能、故障检测和指示功能、用户信息和性能数据收集功能、安全控制功能、对 UPF 和 SN 协调的即时管理和操作功能以及资源管理功能。

AN-SMF 经 Q3 接口与 TMN 通信，以便接受监视或接受控制；同时为了实时控制的需要，也经 SNI 与 SN-SMF 进行通信。

1.3 接入网的分类

接入网可以从不同的角度分类。

1. 按照接入网的传输媒介分类

根据所采用的传输媒介不同，接入网可以分为有线接入网和无线接入网。

（1）有线接入网

有线接入网又分为铜线接入网、光纤接入网（Optical Access Network，OAN）、混合光纤/同轴电缆接入网（HFC）以及以太网接入。

① 铜线接入网采用双绞铜线作为传输介质，具体又包括高速率数字用户线（High Bit Rate Digital Subscriber Line，HDSL）、不对称数字用户线（Asymmetric Digital Subscriber Line，ADSL）、ADSL2、ADSL2+及 VDSL（VDSL2）。

② 光纤接入网是指接入网中采用光纤作为主要传输媒介来实现信息传送的网络形式。光纤接入网根据传输设施中是否采用有源器件分为有源光网络（AON）和无源光网络（PON）。无源光网络又包括 APON（在 PON 中采用 ATM 技术，后更名为宽带 PON——BPON）、EPON（采用 PON 的拓扑结构实现以太网的接入）和 GPON（BPON 的一种扩展）。

③ 混合光纤/同轴电缆接入网是在 CATV 网的基础上改造而来的，是一种以模拟频分复用技术为基础，综合应用模拟和数字传输技术、光纤和同轴电缆技术、射频技术以及高度分布式智能技术的宽带接入网络。

④ 以太网接入也称为 FTTX+LAN 接入，它是指以光纤加交换式以太网的方式实现用户高速接入互联网。以太网内部的传输介质大都采用双绞线（个别地方采用光纤），而以太网出口的传输介质使用光纤。

（2）无线接入网

无线接入网是指从业务节点接口到用户终端部分全部或部分采用无线方式，即利用卫星、微波及超短波等传输手段向用户提供各种电信业务的接入系统。

无线接入网可又分为固定无线接入网和移动无线接入网。

① 固定无线接入网主要为固定位置的用户或仅在小区内移动的用户提供服务，主要包括如卫星直播系统（DBS）、多路多点分配业务（MMDS）、本地多点分配业务（LMDS）、无线局域网（WLAN）以及微波存取全球互通（WiMAX）等。

② 移动无线接入网主要为移动体用户提供各种电信业务，主要包括蜂窝移动通信系统、卫星移动通信系统和微波存取全球互通等。

其中，WiMAX 即可以实现固定无线接入，也可以实现移动无线接入。

2．按照传输的信号形式分类

按照传输的信号形式不同，接入网可以分为数字接入网和模拟接入网。

① 数字接入网：接入网中传输的是数字信号，如 HDSL、光纤接入网和以太网接入等。

② 模拟接入网：接入网中传输的是模拟信号，如 ADSL。

3．按照接入业务的速率分类

按照接入业务的速率不同，接入网可以分为窄带接入网和宽带接入网。

对于宽带接入网，不同的行业有不同的定义。宽带与窄带的一般划分标准是用户网络接口上的速率，用户网络接口上的最大接入速率超过 2Mbit/s 的用户接入称为宽带接入。

接口速率的高低是区分窄带与宽带的一个方面，窄带接入网与宽带接入网更本质的区别是对信息的传送方式不同。窄带接入网基于电路方式传送（它是基于支持传统的 64kbit/s 的电路交换业务发展而来的）业务，适合解决对语音等带宽固定、对 QoS 要求比较高的实时业务的传送，而对以 IP 为主流的高速数据业务支持能力较差。宽带接入网则以分组传送方式为基础，这些分组可以是 ATM 信元、IP 数据包、帧中继帧或以太网帧等。宽带接入网适合用来解决数据业务的接入。

目前应用比较广泛的宽带接入技术主要有 ADSL（ADSL2、ADSL2+）、VDSL（VDSL2）、HFC、以太网接入技术、光纤接入网等有线宽带接入网以及 LMDS、WLAN、WiMAX 等无线宽带接入网。

1.4 接入网支持的接入业务类型

接入网支持的接入业务可以从两个角度进行分类。

1.4.1 按照业务本身的特性分类

若按照业务本身的特性分类，接入网支持的接入业务有语音类业务、数据类业务、图像通信类业务和多媒体业务多种类型。

1．语音类业务

语音类业务就是利用电信网为用户实时传送双向语音信息以进行会话的电信业务，具体包括普通电话业务、程控电话新业务（如缩位拨号、呼叫等待、三方通话、呼叫转移和呼出限制等）、磁卡、IC 卡电话业务、可视电话业务、会议电话业务、移动电话业务以及智能网电话业务等。

2．数据类业务

数据类业务主要包括数据检索业务、数据处理业务、电子信箱业务、电子数据互换业务以及无线寻呼业务。

3．图像通信类业务

图像通信类业务具体包括普通广播电视业务、卫星电视业务以及有线电视业务。

4．多媒体业务

多媒体业务主要有居家办公业务、居家购物业务、VOD（视频点播）业务、多媒体会议业务、远程医疗业务以及远程教学业务。

1.4.2　按照业务的速率分类

若按照传输速率分类，接入网支持的接入业务有窄带业务和宽带业务两种类型。

1．窄带业务

接入网支持的窄带业务主要有普通电话业务、模拟租用线业务、ISDN 基本速率和基群速率业务、低速数据业务以及 N×64kbit/s 数据租用业务等。

2．宽带业务

接入网支持的宽带业务主要有高速数据业务（ATM 业务、以太网业务、IP 数据业务等）、VOD业务、数字电视分配业务、交互式图像业务、多媒体业务、远程医疗业务以及远程教育业务等。

1.5　接入网的发展趋势

近年来，各种宽带业务不断涌现，而且业务也从纯数据、纯语音的单业务运营模式向语音、视频、数据相结合的多业务运营模式迈进。为了顺应用户业务的这一发展需求，未来接入技术的多样化和宽带化以及接入承载的差异化和接入终端设备的可控化，将成为新一代宽带接入网的发展趋势和重要特征。

1.5.1　接入技术的宽带化

当今电信网的发展正在进入一个新的转折点，展现了宽带化、IP 化以及业务融合化的趋势。核心网的可用带宽由于 SDH/MSTP 和 DWDM 等光网络的发展而迅速增长，用户侧的业务量也由于 Internet 业务的爆炸式增长而急剧增加，作为用户与核心网之间的桥梁，接入网则由于入户媒质的带宽限制而跟不上核心网和用户业务需求的发展，成为用户与核心网之间的接入"瓶颈"，使得核心网的巨大带宽得不到充分利用。因而，接入网的宽带化成为亟待解决的问题。

1．有线接入网的宽带化发展趋势

铜线接入网将从 ADSL 向 ADSL2+以及未来 VDSL（VDSL2）升级。有线接入网将向着光纤接入网的方向发展，由 EPON 到 GPON，而且最终实现 FTTH。

2．无线接入网的宽带化发展趋势

无线接入网将从 WLAN 向着 WiMAX、最终 4G 的方向发展。

1.5.2 接入技术的多样化

电信网宽带化首当其冲的就是接入网的宽带化。但是，接入网在整个电信网中所占投资比重最大，且对成本、政策和用户需求等问题都很敏感，因而技术选择五花八门，没有任何一种技术可以绝对占据主导地位。所以，接入技术向着多样化的方向发展势在必行，这也是接入网区别于其他专业网络最鲜明的特点。

前已述及，接入网的接入技术分为有线接入和无线接入两大类，有线接入技术的主流是基于电话线的数字用户线（DSL）和基于光纤的宽带光接入技术，具体又分成许多种；无线接入技术则又包括固定无线接入技术和移动无线接入技术。而且还可以采用综合接入技术，即各种接入技术混合组网，典型的混合组网方式有 LAN+PON、xDSL+PON、WLAN+PON、WLAN+xDSL 以及 WLAN+WiMax 等。

1.5.3 接入承载差异化

要承载多业务，接入网面临的重要课题就是要能区别用户和业务，能实施不同的 QoS 策略，达到不同用户和不同业务服务的差异化。

1．区别用户

目前普遍采用的 DHCP Option 82 和 PPPoE 等技术，是可以实现用户唯一标识的，但随着 VLAN Stacking（802.1ad）技术的推广和使用，在解决 VLAN 资源不足问题的同时，也解决了用户唯一标识的问题，因此这也将是今后区别用户技术发展的方向（有关 DHCP Option 82、PPPoE 及 VLAN Stacking 等内容可参照本书第 4 章内容）。

2．区别业务

区别业务的信息和部位可以包括物理端口、MAC 地址、以太网类型、源/目的 IP 地址、IP 协议类型和源/目的 TCP/UDP 端口，甚至包括应用层协议。业务标识在二层网络中可以采用 IEEE802.1D User Priority（以太网支持 QoS 的一种措施），在三层网络中采用 IP TOS/ DSCP 等。

3．QoS 策略下发

近期的 QoS 策略下发只能通过静态手工配置，通过业务管理系统与网元管理系统接口向各相关设备下发。而未来的 QoS 策略将向动态自动下发转变，需由设备提供控制接口，采用标准化的协议来实现与策略服务器/业务管理系统的直接通信。

1.5.4 接入终端设备可控化

为了实现业务端到端的服务质量保证，电信运营商需要对端到端通信中涉及的众多设备进行统一的协调管理，因而对接入终端设备也应能做到可控制和可管理。

因为对接入终端设备的管理和控制是有别于对网络设备的管理和控制的，而且接入终端设备的数量庞大，所以在未来只能采用远程管理和管控的方式。

小　　结

1．接入网由业务节点接口和用户网络接口之间的一系列传送实体（如线路设施和传输设施）组成，为供给电信业务而提供所需传送承载能力的实施系统。

业务节点可以是电信交换机、路由器、特定配置情况下的点播电视和广播电视业务节点等。

2．接入网有 3 种主要接口，即用户网络接口、业务节点接口和维护管理接口。

用户网络接口是用户与接入网之间的接口，主要包括模拟 2 线音频接口、64 kbit/s 接口、2.048Mbit/s 接口、ISDN 基本速率接口和基群速率接口等。

业务节点接口是接入网和业务节点之间的接口。业务节点接口主要有模拟接口（即 Z 接口）和数字接口（即 V5 接口）两种，V5 接口又包含 V5.1 接口、V5.2 接口、V5.3 接口以及支持宽带 ISDN 业务的接入 VB5 接口（包括 VB5.1 和 VB5.2）。

维护管理接口是电信管理网与电信网各部分的标准接口。

3．接入网对成本敏感，业务类型多样化、数据化，业务特性体现不对称性和突发性，接入手段多样化。

4．接入网的功能结构分成用户口功能、业务口功能、核心功能、传送功能和 AN 系统管理功能 5 个基本功能组。

5．接入网可以从不同的角度进行分类。

根据所采用的传输媒介分，接入网可以分为有线接入网和无线接入网两大类。有线接入网包括铜线接入网、光纤接入网、混合光纤/同轴接入网以及以太网接入；无线接入网包括固定无线接入网和移动无线接入网。

按照传输的信号形式分，接入网可以分为数字接入网和模拟接入网。

按照接入业务的速率分，接入网可以分为窄带接入网和宽带接入网。

6．接入网支持的接入业务类型，若按照业务本身的特性分有语音类业务、数据类业务、图像通信类业务和多媒体业务；若按照业务的速率分有窄带业务和宽带业务。

7．接入网的发展趋势是接入技术宽带化和多样化、接入承载差异化和接入终端设备可控化。

习　　题

1-1　接入网的定义是什么？其特点有哪些？

1-2　接入网有哪几种主要接口？具体说明它们各自的情况。

1-3　接入网的功能结构包括哪几部分？

1-4　接入网提供的业务类型有哪些？

1-5　接入网的发展趋势是什么？

第2章 铜线接入技术

本章介绍铜线接入技术的相关内容，主要包括：

- 铜线接入概述
- 高比特率数字用户线（HDSL）接入技术
- 不对称数字用户线（ADSL）接入技术
- 甚高速数字用户线（VDSL）接入技术

2.1 铜线接入概述

接入网在建设之初确立的基本方针是充分利用已有的铜缆用户网，发挥铜线容量的潜力，逐步过渡到光纤接入网。

数字用户线（Digital Subscriber Line，DSL）是对用户本地环路进行数字化，采用专门的信号处理方式，使能在本地环路的铜双绞线上实现高速数据传输的技术。

2.1.1 DSL 技术发展

数字用户环路（DSL）的概念于 20 世纪 80 年代末期提出，最初是在 ISDN 技术的基础上采用线对增容技术，即利用 N-ISDN 技术在铜缆中的每一对双绞线上都开通两个 64kbit/s 的语音或数据传输通道。

随着高传输速度的进一步需求，又相继诞生了新的高速 DSL 技术——高速率数字用户线（High-bit-rate DSL，HDSL）技术、不对称数字用户线（Asymmetric DSL，ADSL）技术和甚高速数字用户线（VDSL）技术。

DSL 技术是一种以铜制电话双绞线为传输介质的接入传输技术，可以允许语音信号和数据信号同时在一条电话线上传输。

1. DSL 技术的特点

DSL 技术利用已有的电话线提供宽带接入业务，无需新的接入传输网络建设投入，在接入网建设中可节省大量投资，并且省时便捷。与最初的拨号接入相比，采用 DSL 技术可在开通数据业务的同时不影响语音业务，用户能在打电话的同时上网。因此，DSL 技术在诞生之初就很快得到重视，并在一些国家和地区广泛应用。

DSL 技术之所以能够在原来只传输语音信号的双绞线上同时传送中高速数据业务信号，源于采用了专门的信号编码和调制技术，使得语音信号和数据信号在双绞线的有效传输频带范围内得到合理配置，最大限度地发挥了双绞线的传输能力。在特定的 DSL 技术中，也有利用多条双绞线实现高速数据信号传输，也就是通过信道扩展实现宽带业务接入。

2. DSL 技术分类

DSL 技术包括 SDSL、HDSL、ADSL 及 VDSL 等，统称为 xDSL。不同的 DSL 技术之间的主要区别体现在两个方面，一是信号传输速率和传输距离；二是上行速率和下行速率的对称性。目前主要应用的 DSL 技术是 ADSL 和 VDSL。

DSL 技术按照上行和下行的传输速率是否一致，可以分为速率对称型和速率非对称型两种类型。

（1）速率对称型 DSL

速率对称型 DSL 的上行和下行传输速率相同，可提供高速对称的传输速率。一般来说，速率对称型 DSL 不支持数字信号和语音信号同时在一条电话双绞线上传输。速率对称型 DSL 适用于企业接入和点对点连接网络中。

速率对称型 DSL 包括 SDSL 技术、HDSL 技术和 SHDSL 技术等，其中以 HDSL 技术为典型代表。HDSL 使用 2 对或 3 对双绞线，利用信号编码、均衡技术等手段提供全双工 T1 或 E1 速率传输。

（2）速率非对称型 DSL

速率非对称型 DSL 的上行和下行速率不同，下行速率远高于上行速率。速率非对称 DSL 适用于家庭用户，因为家庭用户上网时下载的信息往往比上载的信息要多得多。

速率非对称型 DSL 包括 ADSL 技术和 VDSL 技术等。ADSL 使用 1 对双绞线提供上下行不对称的传输速率，可同时传输语音和数据。VDSL 是基于以太网内核的 DSL 技术，使用 1 对双绞线提供非对称速率接入业务，下行速率最大可达 55Mbit/s，上行速率达 2.3Mbit/s；通过特殊设置，也可以提供上下行速率对称的业务模式。VDSL 传输距离小于 ADSL，这是因为 VDSL 受传输线路质量和传输距离的影响很大，当传输距离变长时，其传输速率会显著下降，VDSL 支持的最大传输距离约为 2km。

各种 DSL 技术的比较如表 2-1 所示。

表 2-1　　　　　　　　　　　　　　　　DSL 各种技术的比较

技术名称	传输方式	最大上行速率	最大下行速率	最大传输距离	传输媒介
HDSL	对称	2.32Mbit/s	2.32Mbit/s	5km	1～3 对双绞线
SDSL	对称	2.32Mbit/s	2.32Mbit/s	3km	1 对双绞线
SHDSL	对称	5.7Mbit/s	5.7Mbit/s	7km	1～2 对双绞线
VDSL	非对称	2.3Mbit/s	55Mbit/s	2km	1 对双绞线
ADSL	非对称	1Mbit/s	8Mbit/s	5km	1 对双绞线

2.1.2 DSL 关键技术

限制话带 Modem（拨号上网）的传输速率并不是传输介质（双绞线）本身的问题，而是由于公共交换电话网络（PSTN）中，为了提高频带利用率和用户数，在交换机的双绞线接入点使用了 4kHz 低通滤波器，相当于 64kbit/s。

实际双绞线的带宽可达 20～30MHz，如果能够避开 PSTN 网络的影响，就可以实现远大于 64kbit/s 的数据传输速率。

DSL 技术采用了专门的信号编码和调制技术，使得原来只传送语音信号的双绞线能够承载高速数据信号。

1. 2B1Q 编码

2B1Q 编码是无冗余度的四电平脉冲幅度调制码，是幅度调制技术，属于基带型传输码。2B1Q 的定义于 1998 年由美国国家标准协会（ANSI）和 T.601 规范，在美国用于综合业务数字网（ISDN）和 HDSL 业务。其传输特性与模拟信号在双绞线上的传输特性相似，要求所用的传输线对具有较好的线性幅频特性。

2B1Q 编码有 4 级电平幅度，用于 2 位编码，因为有 4 级，每个符号表示 2bit。其编码规则如表 2-2 所示。

表 2-2 2B1Q 编码

比 特	电 平 幅 度
00	+3
01	+1
10	−1
11	−3

图 2-1 所示为一个 2B1Q 编码示例，其中用 6 个编码符号传送 12bit（110110001101）数据，即每个符号传送 2bit。

2B1Q 编码的本质就是四进制（电平）编码调制，与每符号传送 1bit 的二进制调制方案相比，2B1Q 能在相同时间内传送两倍的数据。如果需要进一步增加传输比特率，还可再增加每个符号传送的比特数，例如八进制编码、十六进制编码等。如果希望每个符号传送更多比特，则必须用更多电压电平。例如在每个符号时间内对 k 比特编码，需要 $2k$ 级电压电平，当

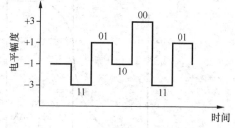

图 2-1 2B1Q 编码示例

速度增加时，它增加了困难，因为接收机要精确地区分很多电压电平。2B1Q 频谱效率限制了它在高比特率的使用，包括社区宽带网的应用，例如视频和高速数据检索。无论如何，2B1Q 在已知的调制方案中是有优势的，其价格也相对低廉，而且抵抗电话设备中观察到的干扰能力较强。

2. CAP 调制

无载波幅度相位调制（Carrierless Amplitude Modulation/Phase Modulation，CAP）技术是

以正交幅度调制（QAM）技术为基础发展而来的，可以说是 QAM 技术的一个变种。

基于正交调幅（QAM）技术，数据被调制到单一载波之上。CAP 调制使数字信号在发送前被压缩，然后沿着电话线发送，并在接收端重组。由于 CAP 信号传输占用全部信道带宽，所以频域与时域都会对它造成影响。

输入数据被送入编码器后，在编码器内，m 位输入比特被映射为 $k = 2^m$ 个不同的复数符号 $A_n = a_n + jb_n$，由 k 个不同的复数符号构成 k-CAP 线路编码；编码后，a_n 和 b_n 被分别送入同相和正交数字整形滤波器，求和后送入 D/A 转换器，最后经低通滤波器信号发送出去。

CAP 技术用于 DSL 的主要技术难点是要克服近端串音对信号的干扰，一般可通过使用近端串音抵消器或近端串音均衡器来解决这一问题。

CAP 技术一般采用 2 维 8 状态的格形编码或 4 维 16 状态的格形编码方式。与 2B1Q 编码相比，CAP 需要的带宽更小，传输质量更好，而编解码电路也较为复杂。

3. DMT 调制

DMT 调制是将整个信道划分为最多 256 个子载波，在每个离散的子载波中，根据各自信噪比的大小实现 16～256 点的星座编码，即每个子载波中的一个符号可以代表 4～8bit。所以，DMT 调制技术提高了频谱利用率，可以在有限的频带内传输更高速率的信号。

DMT 调制技术的主要原理是将双绞线传输频带（0～1.104MHz）分割为 256 个由频率指示的正交子信道（每个子信道占用 4kHz 带宽），输入信号经过比特分配和缓存划分为比特块，经 TCM 编码后再进行 512 点离散傅里叶反变换（IDFT）将信号变换到时域，这时比特块将转换成 256 个 QAM 子字符，随后对每个比特块加上循环前缀（用于消除码间干扰），经数据模变换（DA）和发送滤波器将信号送上信道，在接收端则按相反的次序进行接收解码。

如图 2-2 所示，1MHz 的带宽被分为 256 个 4kHz 的子频带，每个子频带在发送端用单载波调制技术进行调制，接收端接收各子频带并将 256 路载波整合解调。

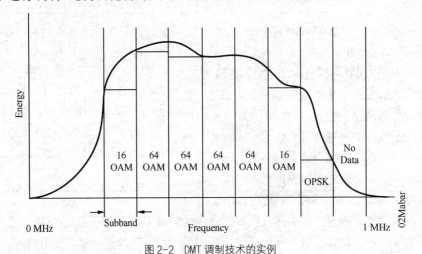

图 2-2　DMT 调制技术的实例

4. 频分复用和回波抵消混合技术

采用频分复用和回波抵消混合技术可实现 DSL 系统中的全双工和非对称通信。频分复用是将整个信道从频域上划分为独立的 2 个或多个频带，分别用于上行和下行传输，彼此之间不会产生干扰。回波抵消技术用于上、下行传输频段相同的通信系统，可将本地发送信号在本地接收端的泄漏降到很小。模拟系统和数字系统都可以采用此技术。

　　早期的频带分割如图 2-3（a）所示，此方法中不采用回波抵消技术，因此需要留出隔离频带，使得频谱资源比较浪费。当前使用了 FDM 和回波抵消混合技术，频带分割如图 2-3（b）所示，其中有部分上下行频带重叠，在频带重叠部分采用回波抵消技术来降低相互影响（G.992.1 和 G.992.2 标准）。

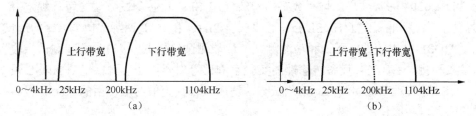

图 2-3　DSL 技术中的频带分割演变

5. 信号分离器技术

　　在同时传送语音和数据信号的 DSL 技术中，需要以专门的方式对语音信号和数据信号进行分离，这就是信号分离器技术。

　　实现信号分离的装置称为分离器（splitter）。分离器中语音信号和数据信号的传输形式如图 2-4 所示。

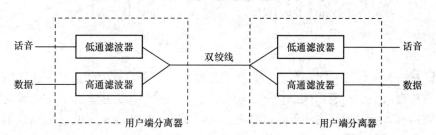

图 2-4　分离器中语音信号和数据信号的传输形式

2.2　高比特率数字用户线（HDSL）接入技术

2.2.1　HDSL 基本概念

　　高比特率数字用户线（High-bit-rate Digital Subscriber Line，HDSL）采用先进的数字信号自适应均衡技术和回波抵消技术，用以消除传输线路中的近端串音、脉冲噪声和波形噪声以及因线路阻抗不匹配而产生的回波对信号的干扰，从而能够在现有的普通电话双绞线（2 对或 3 对）上提供 T1 或 E1 的全双工数字连接，无中继传输距离可达 3～5km。

规范标准

　　HDSL 技术的传输标准主要有美国国家标准学会（American National Standard Institute，ANSI）制定的标准、欧洲电信标准学会（ETSI）制定的标准和中国通信行业标准。

　　ETSI 标准规定了两种版本的 HDSL 技术标准，一种使用三线对传输 E1，每线对传输速率为 784kbit/s；另一种使用两线对传输 E1，每线对传输速率为 1168kbit/s。

　　HDSL 的中国通信行业标准有如下所述两个。

　　① YDN 056-1997，《接入网技术要求-高比特率数字用户线（HDSL）（暂行规定）》，1997年 10 月发布。该标准规定了 2B1Q 编码的 HDSL 技术系统结构、配置以及核心功能、公共电路特性、系统应用特性、供电和环境要求。

　　② YDN 059-1997，《高比特率数字用户线（HDSL）设备测试方法（暂行规定）》，1997年 10 月发布。该标准规定了 HDSL 技术设备（含 2B1Q 和 CAP 两种编码方式）的测试方法，主要包括 HDSL 技术的性能测试和功能测试。性能测试包括 E1 接口参数和测试、收发器线路接口参数和测试、HDSL 设备传输性能实验室测试等内容；功能测试包括 HDSL 设备的各种操作、维护和管理功能的测试。该测试方法适用于公众电信网上使用的 HDSL 设备，对于专用通信网也可参照使用。

2.2.2　HDSL 系统构成

1. HDSL 系统

HDSL 系统由 HDSL 收发信机和 2 对/3 对双绞线构成，如图 2-5 所示。

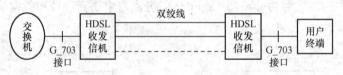

图 2-5　HDSL 系统

　　HDSL 系统参考配置如图 2-6 所示。在发送端，来自用户端的信息首先进入应用接口，应用接口将数据流集成在应用帧结构（G.704，32 时隙帧结构）中，然后进入映射功能块；映射功能块将具有应用帧结构的数据流插入 144 字节的 HDSL 帧结构中，发送端的核心帧再传送至公用电路；在公用电路，加上定位、维护和开销比特，以便在 HDSL 帧中透明地传送核心帧，最后由 HDSL 收发器发送到传输线路上。

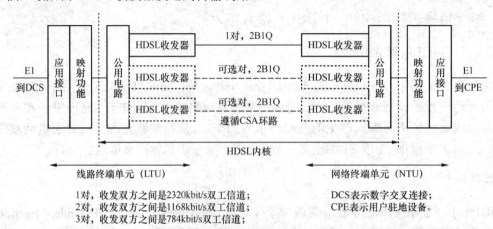

图 2-6　HDSL 系统参考配置

HDSL 系统工作过程：在发送端，公用电路将 E1 转换为并行低速速率信号，送至相应信道的 HDSL 收发器，经编码调制后分别在 2 对/3 对双绞线上传输；在接收端，公用电路将 HDSL 帧数据分解为帧，并送至映射功能块，映射功能块将数据恢复成应用信息，通过应用接口传送至网络侧。

另外，线路传输部分可以根据传输距离需要配置可选功能块再生器（RE Generator，REG）。

2．HDSL 收发信机及工作原理

HDSL 系统的核心设备是 HDSL 收发信机，是双向传输设备，原理框图如图 2-7 所示。

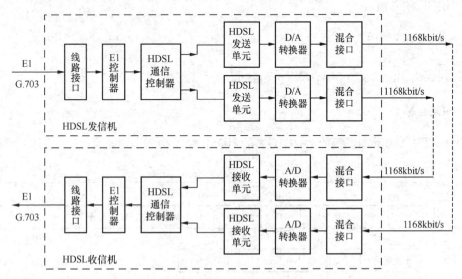

图 2-7　HDSL 收发信机原理框图

HDSL 发信机功能模块起到的作用如下所述。

- 发信机线路接口单元：对接收到的 E1（2.048Mbit/s）信号进行时钟提取和整形。
- E1 控制器：进行 HDB3 解码和帧处理。
- HDSL 通信控制器：将速率为 2.048Mbit/s 的串行信号分成两路（或三路），并加入必要的开销比特，再进行 CRC-6 编码和扰码，形成每路速率为 1168kbit/s（或 784kbit/s）的并行信号，各路并行信号都形成一个新的帧结构。
- HDSL 发送单元：对并行传输信号进行线路编码。
- D/A 变换：对编码后的传输信号进行滤波处理以及预均衡处理。
- 混合电路：对 D/A 变换后的信号进行收发隔离和回波抵消处理，并将信号馈送至双绞线对上。

HDSL 收信机中混合电路的作用与发信机中的相同；A/D（模/数）转换器进行自适应均衡处理和再生判决；HDSL 接收单元进行线路解码；HDSL 通信控制器进行解扰、CRC-6 解码、去除开销比特，并将两路（或三路）并行信号合并为一路串行信号；E1 控制器恢复 E1 帧结构并进行 HDB3 编码；线路接口按照 G.703 要求选出 E1 信号。

2.2.3　HDSL 帧结构

HDSL 信号传输包括 HDSL 帧结构和空闲比特码组。

HDSL 的数据帧有应用帧、核心帧和 HDSL 帧 3 种。应用帧是根据用户应用而决定的数据帧结构；核心帧是 HDSL 内部的数据帧，是将不同应用帧数据映射为的统一的 144 字节的净荷，HDSL 可以由此统一处理不同应用的数据；HDSL 帧是对应每个 HDSL 收发器的数据帧，包括核心帧、定位比特、维护比特和开销比特等。

在 HDSL 信号的传输过程中，2Mbit/s 的比特流被分解在两对（或三对）双绞线上传输，发送端将分解的信号映射入 HDSL 帧，接收端再把这些分解的 HDSL 帧重新组合成原始信号。

1．HDSL 核心帧

① 帧长：144 字节。

② 时长：500μs。

③ 比特率 = 144 × 8/500 × 10^{-6} = 2.304Mbit/s。

2．HDSL 帧

HDSL 帧时长为 6ms，编码为 2B1Q 码；HDSL 帧结构如图 2-8 所示，具有如下特点。

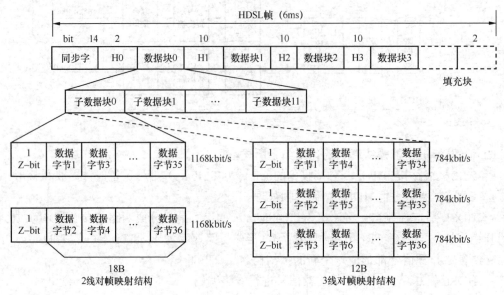

图 2-8　HDSL 帧结构

（1）采用 1～3 对双绞线传输，选择不同对数双绞线是因为传输比特率不同，而帧时长相同。

（2）由于不同双绞线对的电气特性可能不同，会造成多路信号之间有不同的传输延迟，给接收端的信号恢复带来障碍。解决办法是在 HDSL 帧中加入 0 或 2 个填充符号，对应于 2B1Q 码的四元符号，相当于 4bit。

HDSL 帧结构中，H 字节包括 CRC-6、指示比特、嵌入操作信道（Embedded Operation Channel，EOC）和修正字等；Z-bit 为开销字节，目前尚未定义。

开销字节是为 HDSL 操作目的而用的，数据字节用来传输 2.304Mbit/s 核心帧容量的数据，每 HDSL 帧结构共有 48 个子数据块。

3. HDSL 帧速率

（1）数据结构

3 线对系统每子数据块 97 = 96 + 1bit，12B，总比特数 = 14（同步字）+ 32（H 开销）+ 97（数据块）× 48 + 0（4）（填充符号）= 4702（4706）。

2 线对系统每子数据块 145 = 144 + 1bit，18B，总比特数 = 14（同步字）+ 32（H 开销）+ 145（数据块）× 48 + 0（4）= 7006（7010）。

1 线对系统每子数据块 289 = 288 + 1bit，36B，总比特数 = 14（同步字）+ 32（H 开销）+ 289（数据块）× 48 + 0（4）= 13918（13922）。

（2）帧速率

3 线对系统：HDSL 帧长度 6ms，平均长度 4704bit，速率 = 4704/6 = 784kbit/s。

2 线对系统：HDSL 帧长度 6ms，平均长度 7008bit，速率 = 7008/6 = 1168kbit/s。

1 线对系统：HDSL 帧长度 6ms，平均长度 13920bit，速率 = 13920/6 = 2320kbit/s。

加入填充符号后，将调整帧长度、平均比特长度和速率，如 3 线对时间范围是（6–2/784）ms 或（6 + 2/784）ms。数据块中的每个字节为 8bit，传输速率为 64kbit/s，因此也可以以如下方式计算。

① 三对线全双工系统传输速率为 12 × 64kbit/s + 16kbit/s = 784kbit/s；

② 两对线全双工系统传输速率为 18 × 64kbit/s + 16kbit/s = 1168kbit/s；

一对线全双工系统传输速率为 36 × 64kbit/s + 16kbit/s = 2320kbit/s。

2.2.4　HDSL2 技术

HDSL 利用已有的双绞线实现了高速数据传输，但需要占用 2 对或 3 对双绞线资源，这对于普通家庭用户来说很难实现。因此，在 HDSL 技术发展相对成熟时，便产生了进一步完善 HDSL 技术的需求，于是 HDSL2 技术应运而生。

1. HDSL2 技术设计目标

HDSL2 技术的产生源于希望在一对双绞线上获得不低于 HDSL 性能的传输效果，其主要设计目标如下所述。

① 一对线上实现两线对 HDSL 的传输速率。

② 获得与两线对 HDSL 相等的传输距离。

③ 对环路损坏（衰减、桥接头及串音等）的容忍能力不能低于 HDSL。

④ 对现有业务造成的损害不能超过两线对 HDSL。

⑤ 能够在实际环路上可靠地运行。

⑥ 价格要比传统 HDSL 低。

2. HDSL2 线路码型

基于信号传输的基本原理以及 HDSL2 技术的设计目标，HDSL2 技术的关键问题是线路码型的选择。如果用于传输 E1 速率，脉冲幅度调制（Pulse Amplitude Modulation，PAM）线路码（例如 2B1Q）需要三对线，并且不要通带滤波器。无载波幅度相位调制（CAP）码与 PAM 码（2B1Q）是可选择的两种码型。

3. HDSL2 中的 FDM 和回波抵消

有一些系统只是简单地把 HDSL 系统中 2B1Q 收发器的速率加倍，这种方案不能完全满足标准规定的传输距离、性能和频谱兼容性要求。回波抵消在频分复用（Frequency-Divsion Multiplexing，FDM）方面更有效，这是一个技术难题。

上行流和下行流信号使用不同的频段将会简单一些，这就是 HDSL2 中采用的频分复用（FDM）技术，它消除了自串扰的问题，但要求使用通带滤波器去除有用频段之外的信号。

尽管 HDSL 系统的价格和性能都可以用 HDSL2 单线对系统达到，但是这并不意味着 HDSL 系统会完全被淘汰，这时需要考虑的问题如下。

① 必须采用先进的编码和 DSP 技术。

② HDSL2 的端到端延时必须小于 500μs。

③ 在 HDSL 帧中加入一些前向差错控制码（FEC）。

在 HDSL2 系统中使用其他线路码可能意味着在同一捆电缆中，它们比 2B1Q T1 和 E1 线路，甚至 HDSL T1 和 E1 线路更容易受到串扰的影响。

问题的焦点在于在一对双绞线上的信号复用操作，即上下行方向上的两路信号要在同一对线上传输。为了做到这一点，上行信号和下行信号的频段可以是共享的，也可以是分离（FDM）的。如要使上行流和下行流信号共享同一频段，就必须使用回波抵消（Echo Cancellation，EC）技术来消除电路中的"自串扰"效应，这就增加了成本和复杂度。

上行流和下行流信号使用不同的频段将会简单一些，但频带占用宽；FDM 技术消除了自串扰的问题，但要求使用通带滤波器去除有用频段之外的信号。

由于使用相同的频段可提高频带利用率，因此 HDSL2 将采用回波抵消方式实现双向传输，而不使用 FDM。

2.3 不对称数字用户线（ADSL）接入技术

不对称数字用户线（Asymmetrical Digital Subscriber Line，ADSL）是一种非对称的 DSL 接入技术，利用了普通电话线中未使用的高频频段，通过不同的调制，在铜缆上实现高速数据传输。其中上行频带 26～138kHz，下行频带从 138kHz～1.104MHz，上行速率可达到 896kbit/s，下行速率可达到 8160kbit/s。

ADSL 具有速率自适应性和较好的抗干扰能力，可以根据线路状况，包括距离、噪声等影响，自动调节到一个合理的速率上。ADSL 的传输速率与传输距离的关系是传输距离越远，衰减越大，传输速率越低。但传输距离与衰减并非线性关系。

2.3.1 ADSL 定义与特点

ADSL 是一种利用现有的传统电话线路高速传输数字信息的技术，以上、下行的传输速率不相等的 DSL 技术而得名。ADSL 下行传输速率接近 8Mbit/s，上行传输速率接近 640kbit/s，并且在同一对双绞线上可以同时传输传统的模拟语音信号。

ADSL 技术是由 Bellcore 的 Joe Lechleider 于 20 世纪 80 年代末首先提出的。该技术将大部分带宽用来传输下行信号（即用户从网上下载信息），而只使用一小部分带宽来传输上行信号（即接收用户上传的信息），这样就出现了所谓不对称的传输模式，解决"最后 1 公里"问题。

采用不对称传输模式的主要原因有两个方面，一是在目前的 DSL 应用中，大多用户是从主干网络大量获取数据，而发送出去的数据却少得多；二是非对称传输可以大大减小近端串扰。

在 ADSL 中，传统的模拟语音信号是通过基带频率传输的，占用 30～3400Hz 的信道，而数据信号是通过 30kHz～1.1MHz 的信道传输。为了将两频带分开，需要一个低通—高通滤波器组将两种信号从频率上分开，这个滤波器组就是图 2-9 中的分离器。

ADSL 技术的主要特点是不对称。Internet 业务量的统计分析结果显示，数据业务本身的不对称性至少在 10:1 以上，所以 ADSL 是较适合的一种技术。

ADSL 技术主要具有如下特点。

① 充分利用现有铜线网络及带宽，只要在用户线路两端加装 ADSL 设备即可，方便、灵活、省时系统投资小。

② 同时提供普通电话业务、数字通路（个人计算机）、高速远程接收（电视和电话频道）。

③ 使用高于 3kHz 的频带来传输数字信号。

④ 使用高性能的离散多音频 DMT 调制编码技术。

⑤ 使用 FDM 频分复用和回波抵消技术。

⑥ 使用信号分离技术。

ADSL 连接框图如图 2-9 所示，其中的分离器用于将语音信号和数据信号分离开，并分别馈入语音接收机和数据接收机。

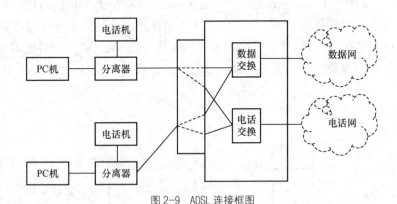

图 2-9 ADSL 连接框图

2.3.2 ADSL 系统构成

ADSL 系统构成如图 2-10 所示，就用户环路的双绞线两端各加装一台 ADSL 局端设备和 ADSL 远端设备而构成。

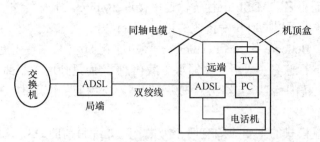

图 2-10　ADSL 系统结构

ADSL 系统的核心是 ADSL 收发信机（即局端设备和远端设备），其原理框图如图 2-11 所示。

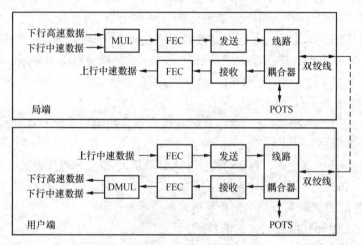

图 2-11　ADSL 收发信机原理框图

ADSL 接入网参考模型如图 2-12 所示。其中，ATU-C（ADSL Transceiver Unit-Central Office side）和 ATU-R（ADSL Transceiver Unit-Remote side）分别是 ADSL 局端和用户端的收发设备。在局端，ADSL 收发器通过 V 接口与 ATM 宽带网络或高速以太网连接，接入数字骨干网络；在用户端，ADSL 收发器通过 T 接口和用户家庭内部网络连接（一般使用以太网接口），然后连接用户的网络设备，如电脑、机顶盒等。

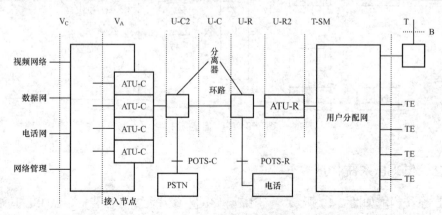

图 2-12　ADSL 接入网参考模型

1. 信号发送流程（局端）

① 数据接入和分配：不同的业务数据流通过 DSLAM 馈送给 ATU-C 发送器，根据业务应用和业务数据量的不同，这些数据被适当分配在 7 个下行信道中。

② 扰码和前向纠错。

③ DMT 调制。

2. 信号接收流程（用户端）

① 分离器分离 ADSL 信号和语音信号。

② 带通滤波，回波抵消，放大，自动增益控制。

③ DMT 解调制。

④ FEC 解码、解扰和 CRC 校验。

ATU-R 中有 7 个接收信道，4 个单工接收信道，3 个双工信道；ATU-C 中有 7 个发送信道，3 个双工信道，4 个单工发送信道。

2.3.3　ADSL 帧结构

ADSL 传输帧结构分为复帧、数据帧和快速帧三类。

1. ADSL 复帧结构

复帧是 ADSL 传输的总体信号流结构，其中包含了传输数据和传输开销。

ADSL 复帧结构如图 2-13 所示，帧 0 和帧 1 携带错误控制信息（即循环冗余校验 CRC）和管理链路的指示比特（ib），其他指示比特在帧 34 和帧 35 中传送。

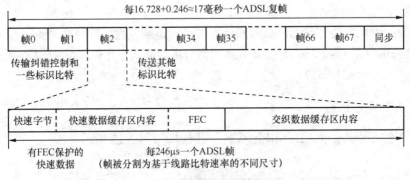

图 2-13　ADSL 复帧结构

ADSL 帧主要由两部分组成，第一部分是快速数据缓冲区内容（Fast Data Buffer Contents），第二部分是交织数据缓冲区内容（Interleaved Data Buffer Contents）。

快速数据被认为是对时延敏感而容错性较好的（例如音频和视频）数据，ADSL 将尽可能地减小其时延，ADSL 的快速数据缓冲区内容就放在此处；在它前面有一个特殊的八位码组（快速字节），也称为快速数据比特，需要时它可以携带循环校验码和指示比特；快速数据利用 FEC 进行纠错。

交织数据被封装成尽量没有噪声的数据,但这样做付出的是处理速度和时延增加的代价。交织数据比特使得数据不容易受噪音的影响,其主要用于纯数据应用,如高速的 Internet 接入。

ADSL 接入网的发送端及接收端都各有两条相关联的路径,其中一条为快速路径,另一条称为交织路径。这两条路径拥有各自的 CRC、加扰、FEC 等流程,主要的差别在于交织路径在发送端另有交织的功能,同时在接收端也有解交织功能,但快速路径则没有。

ADSL 超帧中的帧并没有绝对长度,这是因为 ADSL 线路速率的非对称特性使得帧本身的长度会随着变化。正如前面曾提过的,ADSL 以每 246μs 为周期送出一个帧(其中快速数据及交织数据各占 123μs),也就是说,ADSL 最大的帧长度是由最高的信道速率所决定的。

2. ADSL 数据帧结构

数据帧是复帧中的基本结构,对应图 2-13 所示复帧中的"帧 1"~"帧 67",其结构如图 2-14 所示。

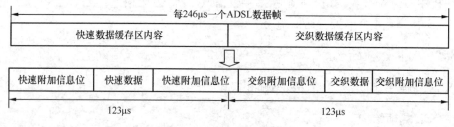

图 2-14　ADSL 数据帧结构

ADSL 的发送端及接收端都各有两条相关联的路径,其中一条称为快速路径,另一条称为交错路径。这两条路径拥有各自的 CRC、加扰、FEC 等流程,主要的差别在于交织路径在发送端另有交错的功能,同时在接收端也有解交织功能,但是快速路径则没有。因此形成了 ADSL 数据帧结构。

ADSL 数据帧长度为 246μs,由两部分组成:一是流经快速路径的快速附加信息位(fast overhead)及快速数据(fast data);二是流经交错信道的交错附加信息位(interleaved overhead)及交错数据(interleaved data)。

3. ADSL 快速帧结构

ADSL 快速帧用于承载 ADSL 传输数据,其结构如图 2-15 所示。

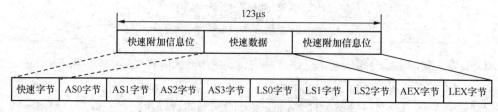

图 2-15　下行方向 ADSL 的快速数据结构

快速数据帧中包括了若干个附加信息字节,下行方向为快速字节(Fast byte)、AEX 字节和 LEX 字节,其中快速字节也是快速数据帧的帧头。

4．ADSL 帧头

ADSL 帧头的功能是同步承载通道、配置 AS 和 LS、对 ADSL 帧流进行定位、远程控制和速率适配、循环冗余校验、前向纠错（FEC）以及操作管理与维护（Operation Aministration and Maintenance，OAM）。

ADSL 帧头的所有比特都同时在上行和下行方向传输。多数情况下，帧头比特作为 32kbit/s 比特流传输，但也有例外。对于高速通道结构，下行流最大比特率是 128kbit/s，最小是 64kbit/s，默认值为 96kbit/s；上行流最大比特率是 64kbit/s，最小是 32kbit/s，默认值为 64kbit/s。

某些情况下，帧头比特嵌在 ADSL 帧的所有比特码内，不再占用另外的带宽；其他情况下，帧头比特加在所有比特码的边界一端或另一端。

例如，具有传输级别 1 的 6.144Mbit/s 下行流的总比特率最多增加 192kbit/s，最少增加 128kbit/s，传输级别 1 的线速率由 6.144Mbit/s 最多增加至 6.976Mbit/s，最少 6.336Mbit/s。

2.3.4　ADSL 应用

1．ADSL 典型接入应用

ADSL 典型接入应用如图 2-16 所示，图中显示了个人用户和单位用户通过 ADSL 接入的方式。

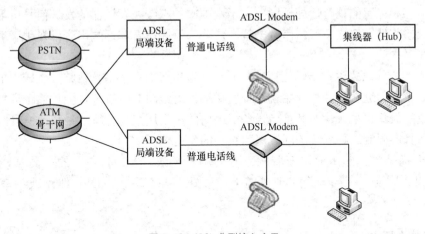

图 2-16　ADSL 典型接入应用

ADSL 个人用户接入方式中，只要电话线路通过线路测试，在用户端只需增加一个 ADSL Modem，再经局端网管进行相应数据设置，即可实现宽带接入。

由于 ADSL 的技术特点，使其特别适合企事业单位对内组建专用局域网。这是基于大部分企事业单位都已有自己的内部电话网和小交换机，可以利用现有的电话双绞线基础，借助 ADSL 方便地实现宽带接入。

2．影响 ADSL 系统性能的因素

由于 ADSL 在原有电话传输系统上增加了新设备、新功能，因此在传输接入中也引入了

新的干扰因素，因此影响到 ADSL 系统性能，需要在 ADSL 实现中予以重视和解决。

（1）衰耗

衰耗是指在传输系统中，发射端发出的信号经过一定距离的传输后，其信号强度发生的减弱。

ADSL 系统传输信号的高频分量通过用户线时衰耗更为严重，如一个 2.5V 的发送信号到达 ADSL 接收机时，幅度仅能达到毫伏级。衰耗与传输距离、传输线径以及信号所在的频率点有密切关系，传输距离越远，频率越高，其衰耗越大；线径越粗，传输距离越远，衰耗越大，所耗费的铜越多，投资也就越大。

在 ADSL 系统中，衰耗值为必须测试的内容，同时也是衡量线路质量好坏的重要指标。ADSL Modem 的衰耗适应范围在 0～55dB。

（2）反射干扰

桥接抽头是一种线路转接点，非终接的抽头会泄漏能量，降低信号的强度，并成为一个噪声源。

ADSL 系统从局端设备到用户设备至少有两个桥接点，每个接头的线径都有可能会相应改变，再加上电缆损失等因素造成的阻抗突变，就会引起功率反射或反射波损耗。这种干扰在语音通信中表现为回声，而在 ADSL 中复杂的调制方式很容易受到反射信号的干扰。目前大多数 ADSL 系统都采用回波抵消技术，但如果信号发生多处反射，回波抵消技术就几乎无效了。

（3）串音干扰

由于电容和电感的耦合，处于同一主干电缆中的双绞线发送器的发送信号可能会串入其他发送端或接收器，造成串音。串音干扰一般分为近端串音和远端串音，发生于缠绕在一个束群中的线对之间。

对于 ADSL 线路来说，传输距离较长时，远端串音经过信道传输将产生较大的衰减，对线路影响较小；而近端串音一开始就干扰发送端，对线路影响较大。但传输距离较短时，远端串音造成的失真也很大，尤其是当一条电缆内的许多用户均传输这种高速信号时，干扰尤为显著，而且会限制这种系统的回波消除设备的作用范围。

串音干扰是频率的函数，随着频率升高增长很快，ADSL 使用的是高频，可能会产生严重后果，因而，在同一个主干电缆上，最好不要有多条 ADSL 线路或频率差不多的线路。

3. 噪声干扰

传输线路可能受到若干形式的噪声的干扰，为达到有效传输数据，应确保接收信号的强度、动态范围、信噪比在可接受的范围之内。

噪声产生的原因很多，可能是由于家用电器的开关、电话摘机和挂机以及其他电动设备的运动等引起的。由于 ADSL 是在普通电话线的低频语音上叠加高频数字信号，因而从电话公司到 ADSL 分离器这段连接中，加入任何设备都将影响数据的正常传输，故在 ADSL 分离器之前不要并接电话和加装电话防盗器等设备。目前，从电话公司接线盒到用户电话这段线路很多都是平行线，这对 ADSL 传输非常不利，大大降低了上网速率。例如，在同等情况下，使用双绞线下行速率可达到 852kbit/s，而使用平行线下行速率只有 633kbit/s。

2.3.5　ADSL2 与 ADSL2+

1. ADSL2

ADSL2 采用高效的调制解调技术（采用四象限、16 态的格状编码和 1bit QAM 的星座图）；采用可编程的帧头，使每帧的帧头可根据需要从 4～32kbit/s 灵活调整，提高了信息净负荷的传输效率。

ADSL2 从 RS 编码中获得更高的编码增益，改善链路建立的初始化机制和优化信号处理算法，下行速率达到 12Mbit/s，上行速率达到 1Mbit/s。除此以外，ADSL2 还有如下改进。

（1）增强的功率管理，设置如下 3 种状态以节约能耗。

- L0：正常工作下的满功率传输。
- L2：低功耗状态。
- L3：睡眠模式。

ADSL2 可以根据系统的工作状态（高速连接、低速连接、离线等），灵活、快速地转换工作功率状态，其切换过程可 3s 之内完成，可以保证业务不受影响。

（2）增强的抗噪音能力。

- ADSL2 实现了更快的比特交换和无缝速率调整，增加了子通道（TONE）的禁止功能，当某些子通道的噪音干扰非常大时，这些子通道将会被禁止使用，从而提高系统稳定性。
- 增强的子通道排序功能接收端根据各子通道噪音的大小，将子通道进行重新排序，然后进行编码，从而将噪音的影响降到最小。

ADSL2 实现了动态的速率分配（DRR），总速率保持不变，各个通信路径的速率可以进行重新分配。例如，如果一路用于语音通信的路径长时间沉默，分配于它的通信带宽可用于传送数据的路径。

（3）改进了故障诊断和线路测试功能。

- ADSL2 增加了对线路诊断功能的规范。ADSL2 系统可在初始化过程中及结束后提供对线路噪声、线路衰减、信噪比等重要参数的测量功能。
- ADSL2 提供了诊断测试模式，可在线路质量很差而无法激活时进行测量。
- ADSL2 提供两端测试功能。
- ADSL2 提供了实时监测功能，这对于提高运行维护水平有非常重要的意义。

（4）多线对绑定功能。ADSL2 支持绑定两条甚至更多线对的物理端口，以形成一条 ADSL 逻辑链路，从而实现高速数据接入。ADSL2 通过引入 ATM IMA 反向复用技术实现多线对绑定，在 ADSL 物理层与 ATM 层之间定义了一个新的 IMA 子层，用以控制底层的多通道传送：在 ADSL 的发送端，IMA 子层将上层 ATM 信元流分散到多个 ADSL 物理子层中；在接收端，IMA 子层将多个 ADSL 物理子层重新组合成 ATM 信元流。

（5）提供信道化的业务。

- ADSL2 支持把带宽分割成不同的信道，并使它们为适应不同的应用而具有不同的特性。如 ADSL2 可支持语音的应用，具有低延时、高容错的特性；同时支持另一信道的数据应用，使它可以容忍比较大的延时，而误码率很低。
- ADSL2 可支持 CVoDSL（Channelized Voice over DSL），为用户提供基于 TDM 的

64kbit/s 的数字化语音信道，而不需要把语音承载到 ATM 或 IP 等高层协议和应用中。

（6）ADSL2 可实现快速启动，链路建立时间缩短为 3s。

（7）ADSL2 增加了全数字 ADSL 模式（All-Digital Mode）和 PTM 传输模式，IP 包直接封装在 HDLC 帧格式内，没有 ATM 的 CELL。

2．ADSL2+

在 ADSL2 技术的基础上，ADSL2+扩展了线路的使用频宽，ADSL2 下行传输频带的最高频点为 1.1MHz（G.992.3/G.dmt.bis）或 552kHz（G.992.4/G.lite.bis），ADSL2+将高频段的最高调制频点扩展至 2.2MHz，可支持 512 个载频点进行数据调制。因此可以获得更大带宽和更高传输速率。

ADSL2+具有向下兼容性，可兼容普通的 ADSL 终端设备。

2.4 甚高速数字用户线（VDSL）接入技术

ADSL 技术在提供语音和数据接入方面具有优于 HDSL 技术的性能，但还不能满足用户对视频业务的需求，于是诞生了一种称为 VDSL（Very high speed Digital Subscriber Line，甚高速数字用户线）的接入技术。

2.4.1 VDSL 系统构成

1．VDSL 系统结构

VDSL 系统结构如图 2-17 所示。使用 VDSL 系统，普通模拟电话线仍不需改动（上半部），图像信号由局端的局用数字终端图像接口经馈线光纤送给远端，速率可达到 STM-4（622Mbit/s）或更高。

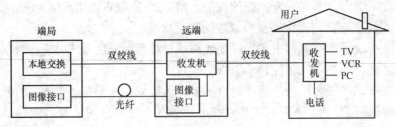

图 2-17　VDSL 系统结构

VDSL 收发信机通常采用 DMT 调制（也可采用 CAP 调制），它具有很大的灵活性和优良的高频传送性能。

2．VDSL 体系结构

VDSL 计划用于光纤用户环路（FTTL）和光纤到路边（FTTC）网络的"最后一公里"的连接。FTTL 和 FTTC 网络需要有远离中心局（Central Office，CO）的小型接入节点，这些节点需要有高速宽带光纤传输。通常一个节点就在靠近住宅区的路边，为 10～50 户提供服务。这样，从节点到用户的环路长度就比从 CO 到用户的环路短。

VDSL 技术的发展不仅仅是为了 Internet 的接入，它还将为 ATM 或 B-ISDN 业务的普及而继续发展。

2.4.2 VDSL 相关技术

1. 传输模式

ATM 是多种宽带业务的统一传输方式，除了 ATM 外，VDSL 标准中以铜线/光纤为线路方式定义了 5 种主要的传输模式，如图 2-18 所示。在这些传输模式中大部分的结构类似于 ADSL。

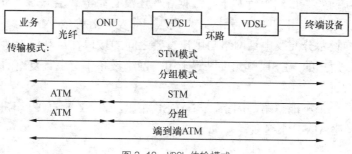

图 2-18 VDSL 传输模式

- STM 模式。同步转移模式，Synchronous Transport Module，是最简单的一种传输方式，也称为时分复用（TDM），不同设备和业务的比特流在传输过程中被分配固定的带宽。
- 分组模式。在这种模式中，不同业务和设备间的比特流被分成不同长度、不同地址的分组包进行传输；所有分组包在相同的"信道"上以最大的带宽传输。
- ATM 模式。ATM 在 VDSL 网络中可以有 3 种形式。第一种是 ATM 端到端模式，它与分组包类似，每个 ATM 信元都带有自身的地址，并通过非固定的线路传输；不同的是 ATM 信元长度比分组包小，且有固定的长度。第二、三种分别是 ATM 与 STM 和 ATM 与分组模式的混合使用，这两种形式从逻辑上讲是 VDSL 系统在 ATM 设备间形成了一个端到端的传输通道。

2. 其他技术

VDSL 所用的技术在很大程度上与 ADSL 相类似。不同的是，ADSL 必须面对更大的动态范围要求，而 VDSL 相对要简单得多；VDSL 开销和功耗都比 ADSL 小；用户方 VDSL 单元需要完成物理层媒质访问（接入）控制及上行数据复用功能。

另外，在 VDSL 系统中还经常使用以下几种线路码技术。

- 无载波调幅/调相技术（Carrierless Amplitude/Phase modulation，CAP）。
- 离散多音频技术（Discrete MultiTone，DMT）。
- 离散小波多音频技术（Discrete Wavelet MultiTone，DWMT）。
- 简单线路码（Simple Line Code，SLC），这是一种 4 电平基带信号，经基带滤波后送给接收端。

VDSL 下行信道能够传输压缩的视频信号。压缩的视频信号是要求低时延和时延稳定的实时信号，这样的信号不适合用一般数据通信中的差错重发算法。

VDSL 下行数据有许多分配方法。最简单的方法是将数据直接广播给下行方向上的每一个用户设备（CPE）；或者发送到集线器，由集线器把数据进行分路，并根据信元上的地址或直接利用信号流本身的时分复用将不同的信息分开。

2.4.3 VDSL 系统存在的问题

1. 基本问题

（1）不能确定 VDSL 能可靠地传输数据的最大距离。

（2）业务环境问题。虽然上行和下行数据速率还没有完全确定下来，但是完全有理由相信未来的 VDSL 系统将使用 ATM 信元格式来载送视频及不对称数据信息。

（3）对于用户设备分配及电话网络与用户设备之间的接口，从开销上考虑，可以使用无源网络接口器件，用户的 VDSL 单元可以置于用户网络设备中，上行复用的处理可以按照局域网总线接入方式进行。

（4）开销也是一个不能忽略的因素，与 ADSL 相比，VDSL 是直接与本地交换相连接的，所以 VDSL 的开销比 ADSL 小得多。

2. 串音问题

VDSL 在较短的应用范围内可能产生几种串音，图 2-19 和图 2-20 展示了 VDSL 技术在两种应用配置中的串音情况，其中，NEXT 代表近端串音，FEXT 代表远端串音，VTU-R 为在用户端终止的 VDSL 端点调制解调器。

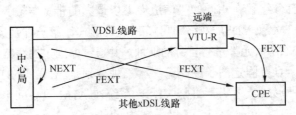

图 2-19 VDSL 及其他 xDSL 技术在 CO 中混合的串音说明图

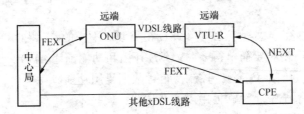

图 2-20 VDSL 及其他 xDSL 技术在用户单元中混合的串音说明图

在图 2-19 中，VDSL 和其他 xDSL 技术均由 CO 提供，并且在 CO 和其他一些 VDSL 端点之间共享缆芯（VDSL 可在该端点终止，或者被路由到其他缆芯）。在图 2-20 中，VDSL 信号终止于远端 ONU，而其他 xDSL 信号则终止于 CO。在这两种情况下，下行 VDSL 信号不能与上行 ADSL 信号重叠（VDSL 下行信号必须从高于 138kHz 的频率开始）。下行 ADSL 信号不能与上行 VDSL 信号重叠（VDSL 上行信号不能覆盖 138kHz～1.1MHz 的频率）。

3. 无线频率干扰问题

无线频率干扰（Radio Frequency Interference，RFI）是 VDSL 接收机必须解决的问题。与 VDSL 信号相比，一方面，RFI 侵入信号带宽通常很窄，只会影响一小部分可用带宽；另一方面，侵入信号的能量非常大，其接收机的模拟前端必须精心设计才不致饱和，并需要采取一些措施使 A/D 转换器有合适的精度。滤波器试图匹配双绞线上的不平衡，本质上是将侵入信号转变为差分信号的过程。

另外，RFI 输出也与 VDSL 有关。VDSL 信号从双绞线辐射出来，能够干扰本地天线接收到的信号（如果这些信号覆盖了 VDSL 频谱）。

2.4.4　VDSL 应用

1. VDSL 分布位置

与 ADSL 相同，VDSL 能在基带上进行频率分离，以便为传统电话业务（POTS）留下空间。同时，传送 VDSL 和 POTS 的双绞线需要每个终端使用分离器来分开这两种信号。

VDSL 可在对称或不对称速率下运行，其传输速率配置方式与传输距离的对应关系如下。

- 26Mbit/s 对称速率或 52Mbit/s/6.4Mbit/s 非对称速率，传输距离约为 300m。
- 13Mbit/s 对称速率或 26Mbit/s/3.4Mbit/s 非对称速率，传输距离约为 800m。
- 6.5Mbit/s 对称速率或 13.5Mbit/s/1.6Mbit/s 非对称速率，传输距离约为 1.2km。

2. VDSL 在 WAN 网络的应用

- 视频业务。VDSL 的高速方案选项使其成为用于视频点播（Video On Demand，VOD）的优选接入技术。
- 数据业务。从目前来看，VDSL 的数据业务是很多的。在不远的将来，VDSL 将会占据整个住宅 Internet 接入和 Web 访问市场；可能用来替代光纤连接，把较大的办公室和公司连到数据网络上。
- 全服务网络。由于 VDSL 支持高比特速率，因此被认为是全业务网络（Full Service Network，FSN）的接入机制。

小　　结

1. 数字用户线（Digital Subscriber Line，DSL）技术是一种以铜制电话双绞线为传输介质的接入传输技术，可以允许语音信号和数据信号同时在一条电话线上传输。DSL 技术采用了专门的信号编码调制技术，使得在原来只传送语音信号的双绞线能够承载高速数据信号。

2. HDSL 采用先进的数字信号自适应均衡技术和回波抵消技术，消除了传输线路中的各种噪声和干扰，从而能够在现有的普通电话双绞铜线（2 对或 3 对）上提供全双工数字连接。

3．ADSL 是一种非对称的 DSL 传输技术，利用了普通电话线中未使用的高频频段，通过不同的信号调制技术，在一对双绞线上实现高速数据传输。

ADSL 下行传输速率接近 8Mbit/s，上行传输速率接近 640kbit/s，并且在同一对双绞线上可以同时传输模拟语音信号。

4．VDSL 是一种传输速率更高、速率配置更灵活的铜线传输技术，通过高效信号调制技术，可在一对双绞线上实现视频业务、数据业务和语音业务的全业务传输。

习　题

2-1　简述 DSL 技术的发展过程。

2-2　实现 DSL 技术的关键因素是什么？

2-3　说明 HDSL 的定义和特点。

2-4　分别计算三线对、二线对和一线对 HDSL 系统的传输速率。

2-5　说明 ADSL 的定义和特点。

2-6　对比 ADSL 与 HDSL 技术特点，说明这两种技术的不同。

2-7　画图说明 ADSL 帧结构。

2-8　归纳说明影响 ADSL 系统性能的因素。

2-9　说明 VDSL 技术的特点，并与 ADSL 进行比较。

2-10　基于 VDSL 技术特点，说明其应用特征。

第 3 章　混合光纤/同轴电缆接入技术

本章将介绍混合光纤/同轴电缆接入技术的相关内容，主要包括如下方面。

- 混合光纤/同轴电缆网（HFC）概述
- 电缆调制解调器（Cable Modem）
- HFC 网络双向传输
- HFC 网络特点

3.1　混合光纤/同轴电缆接入概述

混合光纤/同轴电缆网络（Hybrid Fiber-Coax Network,HFC），是在传统的、以同轴电缆为传输媒介的有线电视（CATV）网基础上发展而来的。

3.1.1　HFC 网络

同轴电缆网络是一种典型的宽带网络，特别适合于视频信号传输，同时还具有成本低、信号分配方便等优点。因此在有线电视网发展初期，同轴电缆网络几乎成为唯一的传输网络形式。

但是，电缆网络的传输衰耗比较大，在用于长距离、大容量传输时需要借助于中继放大设备予以补偿。如果用于长距离、大容量的干线传输，将会因放大级数增加而导致传输信噪比等指标恶化，影响信号的传输质量。

光纤传输具有传输频带宽、传输衰耗小的优点，所以在各类传输网络中得到广泛应用。将光纤传输系统与同轴电缆用户分配网相结合，既能够发挥光纤传输的优势，有效解决电缆传输中的问题，又可以充分利用同轴电缆网络接入方便和低成本的特点，是一种传输速率高、传输质量好、成本低的宽带接入混合网络，称为混合光纤/同轴电缆（Hybrid Fiber-Coaxial，HFC）网络。

HFC 网络兼具光纤传输和同轴电缆网络接入的优点，并克服了传统有线电视网只支持单向、广播型业务的局限性。HFC 网络可以支持的业务有，IP 数据业务、模拟广播电视业务、调频广播业务、数字广播电视业务和交互视频业务。并保证各种不同业务之间不产生相互影响。

3.1.2 HFC 网络结构

1．HFC 系统参考配置

根据我国通信行业标准《接入网技术要求—混合光纤同轴电缆网（HFC）》（YD/T 1063-2000）规定，HFC 系统参考配置如图 3-1 所示。

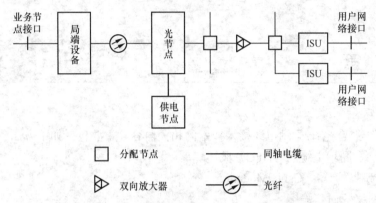

图 3-1　混合光纤/同轴电缆网（HFC）系统参考配置

在图 3-1 所示参考配置中，HFC 网络由光线干线网和同轴电缆分配网组成。其中同轴电缆分配网实现用户接入功能，光纤干线网实现光节点与局端设备之间的信号传输，从而实现某一个区域的用户接入。

光纤干线网承担业务信号的远距离传输任务，把来自局端设备的业务信号传送到几千米甚至几十千米之外的各光节点或用户区。由于光纤传输系统具有低传输损耗和高传输容量的特点，在几十千米的传输距离上不需要中继放大就能使信号的传输质量和容量都达到传输网的要求。光纤干线网一般是一个分配型网络，将局端设备中光发射机产生的光信号传输分配给各分配节点或用户区。

同轴电缆分配网由电缆干线和分配网络构成，其作用是将光纤干线网送来的多路信号进行本地传输和放大，再经信号分路传送至各个用户，使每个用户都能获得规定质量和强度的业务信号。

在 HFC 网络中，各种业务信号均以副载波调制复用方式传输。上行和下行信号可以在不同的光纤中传输，也可以采用波分复用方式在同一根光纤中传输。当上下行信号采用粗波分复用方式传输时，下行信号使用 1550nm 波长区，上行信号使用 1310nm 波长区。

2．HFC 系统功能模块

HFC 系统的主要功能模块有局端设备、光节点、综合业务单元（ISU）和供电节点，其功能如下。

（1）局端设备

HFC 的局端设备位于 HFC 网络与业务节点（SNI）之间（相当于有线电视子前端位置），其主要功能有：终结 SNI 功能；支持 SNI 的测试与维护；实现数据业务信号的复用；完成下行信号的电光转换和上行信号的光电转换；实现对下行各种业务射频信号的混合；在上下行信号采用波分复用方式传输时，完成对下行信号的混合与对上行信号的分离；会聚 HFC 各网元的管理信息。

（2）光节点

光节点位于光纤与同轴电缆之间，其主要功能有：完成下行信号的光电转换和上行信号的电光转换；在上下行信号采用波分复用方式传输时，完成对上行信号的混合与对下行信号的分离；提供管理信息通路；在必要时，对同轴电缆网络的有源设备馈电。

（3）综合业务单元（ISU）

综合业务单元位于 HFC 网络与用户终端之间，其主要功能有：向各种业务的用户终端提供相应的用户网络接口（UNI）；支持 UNI 的测试与维护，并向网管报告相关信息；实现数据业务信号的复用；终结数据业务信号的射频信号。

（4）供电节点

供电节点主要负责向光节点和双向放大器供电，必要时也可为同轴电缆上的分配节点和 ISU 供电。

3. 调制技术

HFC 网络的局端设备和 ISU 一般采用相同的调制技术，YD/T 1063-2000 建议选用以下调制技术中的一种。

- 下行数据业务采用 256QAM 或 64QAM 调制技术；
- 上行数据业务采用 QPSK 或 16QAM 调制技术。

但在实际网络中，根据所传送业务的速率要求与传输带宽实际情况，也可采用更高效率的调制技术。

3.2　电缆调制解调器（Cable Modem）

电缆调制解调器（Cable Modem，CM）是在混合光纤/同轴电缆（HFC）网络上提供双向 IP 数据传输的用户端设备。根据我国通信行业标准《接入网技术要求—电缆调制解调器（CM）》（YD/T 1076-2000）建议，在 HFC 网络上进行双向 IP 数据传输的网络配置如图 3-2 所示。

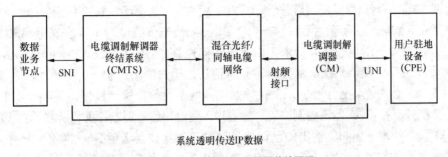

图 3-2　HFC 网络双向 IP 数据传输配置

借助于电缆调制解调器（CM），HFC 网络实现了双向数据传输。在上述网络配置中，CM 应完成 UNI 与射频接口之间的信号转换，并终结 CMTS 与 CM 之间的管理消息。

3.2.1 Cable Modem 工作原理

1. Cable Modem 内部结构

电缆调制解调器（CM）的基本功能是实现数据业务的双向传输，其内部结构如图 3-3 所示。

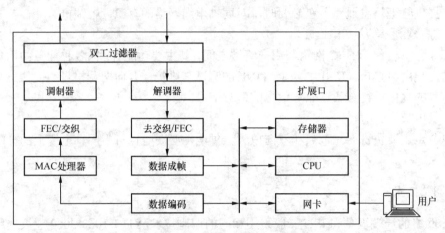

图 3-3　电缆调制解调器（CM）内部结构

由图 3-3 可见，CM 内部有上下行两条传输通道。上行传输通道的数据信号来源于用户终端设备，经 MAC 处理、数据编码、差错控制编码和调制后传送至 HFC 网络；下行传输通道的数据信号来源于 HFC 网络，经解调、差错控制解码和数据成帧后传送至用户终端设备。如此实现数据双向传输。如此便可以支持 HFC 网络的双向传输。

2. 电缆调制解调器（CM）工作过程

电缆调制解调器（CM）的工作方式，是根据功能要求和内部结构所决定的，其工作过程分为上行链路和下行链路两方面。

在下行链路中，通过内部的双工滤波器接收来自 HFC 网络的射频信号，此时滤波器允许下行射频信号通过，而滤除下行射频信号频带以外的其他信号；将下行射频信号送至解调器进行解调，HFC 网络下行信号采用的调制方式主要是 256QAM 或 64QAM 调制，下行链路的解调器可以兼容这两种解调方式；下行信号经解调后送至交织/FEC 模块进行去交织和 FEC 纠错处理，再送至数据成帧模块形成数据帧，最后通过网络接口卡（Network Interface Card，NIC）传送至用户终端设备。

在上行链路中，用户的访问请求先由媒质访问控制（Media Access Control，MAC）模块中的访问协议进行处理，系统局端接纳访问申请后，用户终端产生上行数据。上行数据经由网络接口卡（NIC）送至上行通道，先在数据编码器中对数据进行编码，再经交织/FEC 模块进行信号交织处理和 FEC 差错控制编码，然后送入调制器进行调制；上行链路通常采同 QPSK 或 16QAM 调制技术，调制器输出的已调信号通过双工滤波器送至 HFC 网络，此时滤波器允许上行射频信号通过，而滤除上行射频信号频带以外的其他信号。

3.2.2 Cable Modem 应用

Cable Modem 的应用，可以使 HFC 网络实现双向、多业务接入传输。但在不同传输方式和不同业务接入环境中，对 Cable Modem 的要求也不同。

1．Cable Modem 分类

根据常见应用需求和使用场合，Cable Modem 通常分为以下五种类型。

（1）以传输方式划分，Cable Modem 可分为双向对称式传输和非对称式传输。

对称式传输模式下，上行信号与下行信号占用相同常规信道（带宽为 6MHz 或 8MHz）；上下行传输速率相同，一般为 2～4Mbit/s，最高可达到 10Mbit/s；可以采用不同的调制方式。

非对称式传输模式下，上行信号与下行信号占用不同的传输信道带宽，并采用高效信道复用和调制方式。下行传输速率为 10～36Mbit/s，上行传输速率为 512Kbit/s～2.56Mbit/s。

（2）以数据传输方向划分，可分为单向 Cable Moden 和双向 Cable Modem。

（3）以网络通信模式划分，Cable Modem 可分为同步（共享）和异步（交换）两种方式。

同步（共享）模式类似于以太网，网络用户共享带宽。当用户增加到一定数量时，其接入速率急剧下降。

异步（交换）模式基于 ATM 技术，实现非对称传输。这种方式正在成为 Cable Modem 技术发展的主流趋势。

（4）以接入模式划分，可分为个人 Cable Modem（单用户）和宽带 Cable Modem（多用户），宽带 Modem 可以具有网桥的功能，可以将一个计算机局域网接入。

（5）以接口类型划分，Cable Modem 可分为外置式、内置式和交互式机顶盒。

外置式 Cable Modem 通过网卡连接计算机，可以支持多用户接入。内置式 Cable Modem 是一块 PCI 插卡，成本最低，单用户接入，其缺点是只能在台式计算机上使用。

交互式机顶盒也是通过网卡与用户终端连接，可以完全实现 Cable Modem 功能。通过频谱分配、信道复用和专门的信号调制技术，实现双向传输，支持不同业务用户接入。

2．Cable Modem 的工作配置

Cable Modem 前端设备（CMTS）设置在局端设备的前端，Cable Modem 设置于用户端。Cable Modem 通过 HFC 网上行通道与 CMTC 连接，接收 CMTS 传送来的参数，实现对自身的配置。

Cable Modem 启动后，首先自动搜索前端的下行频率；锁定下行频率后，从下行数据中确定上行通道，与前端设备 CMTS 建立连接；然后与 CMTS 交换信息，包括上行电平数值、动态主机配置协议（DHCP）和小文件传送协议（TFTP）服务器的 IP 地址等。

Cable Modem 具有在线功能，只要不切断电源，即使无操作，也会与 CMTS 保持信息交换，支持用户随时上线。Cable Modem 还具有记忆功能，重新启动时，可使用以前存储的数据与 CMTS 进行信息交换，可快速地完成搜索过程。

在实际使用中，Cable Modem 一般不需要人工配置和操作。如果进行了设置，如改变了上行电平数值，Cable Modem 会在信息交换过程中自动设置到 CMTS 指定的数值上。

3．业务接入

（1）数据信号传输

在 Cable Modem 技术中，采用了双向非对称传输技术，在系统传输频带中分别配置了下

行和上行数据通道，形成了数据传输回路。因此，能使用户通过 Cable Modem 实现数据业务接入。

（2）语音信号传输

在 Cable Modem 系统中，通过 IP 技术提供语音业务，可通过实理 VoIP。

但由于电话业务来自 PSTN 网络，支持语音业务接入需要使 HFC 网络与 PSTN 实现互通。可行的方法有两种，一种是借助 Internet 通过 IP Phone 网关来与 PSTN 网络相连，另一种是经 HFC 网络局端设备 CMTS 通过 IP Phone 网连接 PSTN 网络。

（3）HFC 网络改造

原有用于 CATV 的 HFC 网络是单向传输网络，由于双向传输和多业务接入要求，需要对原 HFC 网络进行改造。按改造的难易和成本可分为以下两种情况。

① 以电话线作为上行通道、HFC 网络作为下行通道。这种方式要求 CMTS 和 Cable Modem 具有电话线接口，而无需对 HFC 进行双向的改造。这种方式成本最低，可用在 HFC 网络改造困难的地方。但这种方式会影响原有电话业务，又因为电话线带宽有限，不利于系统扩展。

② 对原有单向 HFC 网络进行改造，增加反向传输模块，将原有传输链路中的单向放大器更换成双向放大器。目前，许多城市 CATV 的 HFC 网络已具规模，主要就是双向改造问题。

3.2.3　Cable Modem 标准体系

在 Cable Modem 发展初期，由于标准不统一，各厂家的 Cable Modem 和前端系统彼此不能互通，两种相互竞争的技术规范是 IEEE802 和 DOCSIS。

IEEE 802 是基于 ATM 的 Cable Modem 的技术规范，IEEE 802 的物理层支持 ITU Annex A、ITU Annex B、ITU Annex C 以及 64/256QAM，介质访问子层支持 ATM；MCNS-DOCSIS 的物理层支持 ITU Annex B，协议访问层支持可变长数据包机制。

这两种标准下的 Cable Modem 物理层是相同的，都是基于 ITU J.83，区别在于在媒质访问控制（MAC）及其以上高层业务和安全功能、维护和管理消息。基于 ATM 的 Cable Modem 的 MAC 层包括 ATM 端到端操作所需的分段和重装；对 IP 业务，IEEE 规定 IP over ATM 使用 AAL-5 分段和重装。基于 IP 的 Cable Modem，按照 ISO 8802-3，DOCSIS 使用可变长度 IP 分组作为传输机制。

1．基本协议结构

Cable Modem 基本协议结构如图 3-4 所示，包括物理（PHY）层、MAC 层和上层（upper layers）。其中，物理层协议是两种标准共同的基础。

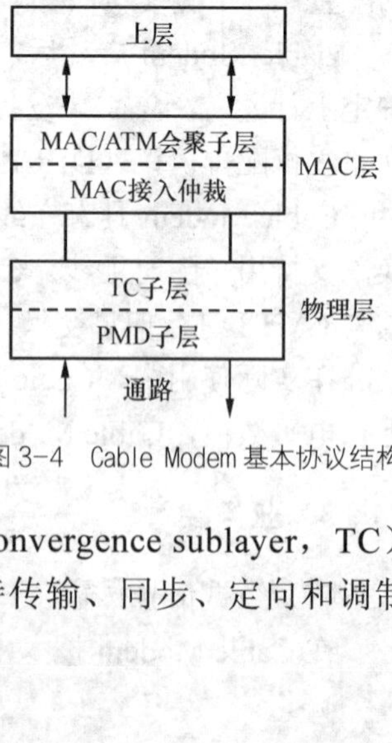

物理层包括两个子层，物理媒质关联（Physical Medium Dependent sublayer，PMD）子层和传输会聚（Transmission Convergence sublayer，TC）子层。这些子层根据相关的传输链路的特性，实现所需的比特传输、同步、定向和调制功能。

图 3-4　Cable Modem 基本协议结构

（1）物理层

① 物理媒质关联子层。物理媒质关联（PMD）子层的主要功能是对模拟电缆网络上的射频（RF）载波进行调制/解调以获得数字比特流，并实现同步编码和差错校验。下行 PMD 采用正交振幅调制（256QAM/64QAM）技术对射频载波进行调制/解调；上行 PMD 子层支持 QPSK 和 16-QAM 两种调制方式。

② 传输会聚（TC）子层。传输数据流经 PMD 子层处理后，在传输会聚子层形成传输数据帧。上行数据帧由 CMTS 头端产生一个时间参考用于标识时隙；下行帧结构可为 MPEG-2 分组格式，包括 4 个字节的标头和随后 184 个字节的有效载荷，共计 188 字节。

一旦确定了 PDU 划分和它们的格式，传输会聚（TC）便开始进行低层初始化工作，包括同步、测距和功率调整。

当 Cable Modem 完成帧组装后，需保证其时钟与 CMTS 时钟同步。同步建立后，Cable Modem 须获得可用上行通路的信息，以便向 CMTS 发送初始维护消息进行测距，保证 Cable Modem 的传输和正确的小时隙边界对齐。

（2）MAC 层

媒质访问控制（MAC）层协议的主要功能是共享媒质以及保证每个用户应用的服务质量。MAC 层的主要工作过程包括通路捕获、安全保密、竞争分解和带宽分配。

① 通路捕获。一旦 Cable Modem 完成同步、成帧，并和头端建立通信后，就完成了通路捕获工作。如果通路捕获、测距、确定功率电平均已完成，为了使 Cable Modem 合法接入网络，Cable Modem 和 CMTS 的 MAC 之间要交换若干消息，之后它才可以正常使用。

② 安全保密。HFC 网络的安全和保密问题不同于传统的点到点网络。Cable Modem 中规定了接入安全机制以使共享媒质接入网的安全性和非共享媒质接入网的安全性相当。在注册阶段密钥交换使用 Diffie-Hellman 交换。Cable Modem 通常配备一个以上独立的加密/解密密钥，这些密钥在注册期间利用辅助密钥（cookie）进行交换。

③ 竞争分解。在点对多点通信模式下，各接入用户竞争共享媒质，以便获得传输数据的机会。MAC 对请求接入的用户行为进行控制，因此要对信道进行仲裁并分解发生的冲突。CMTS 为主控方，控制和调节与之连接的 Cable Modem 的所有通信，两种常用的竞争分解机制是时分多址和冲突分解协议。

在 TDMA 方式中，CMTS 给每个连接设备分配特定时间帧内的一个时隙，该设备发送数据时使用专用时隙，因此在共享媒质上不会发生冲突。

冲突分解机制要求设备在每次发送数据时要竞争共享的传输通道，MAC 负责仲裁接入、分解竞争和控制业务流量。共享的传输通道只在需要时被使用，可以提高传输效率。这种机制比较适合对传输延迟不敏感的数据业务。

2. 基于 DOCSIS 的 Cable Modem

DOCSIS 是有线电视网的传输标准，其层次结构如图 3-5 所示。

（1）物理层

DOCSIS 的下行信道可以占用 88～860MHz 间的任意 6MHz 带宽，调制方式采用 64QAM 或 256QAM。

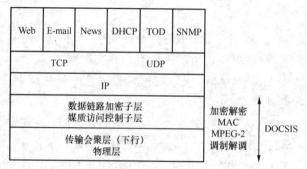

图 3-5　基于 DOCSIS 的 Cable Modem 层次结构

上行信道的频率范围为 5~42MHz。DOCSIS 的上行信道使用 FDMA 与 TDMA 两种接入方式的组合，频分多址（FDMA）方式使系统拥有多个上行信道，能支持多个 Cable Modem 同时接入。Cable Modem 时分多址（TDMA）接入时，该标准规定了突发传输格式，支持灵活的调制方式、多种传输符号率和前置比特，同时支持固定和可变长度的数据帧及可编程的 ReedSolomon 块编码等。

（2）传输会聚子层（TC）

传输会聚（TC）子层能使不同的业务类型共享相同的下行 RF 载波。

（3）MAC 子层

在 DOCSIS 标准中，媒质访问（MAC）子层处于上行的物理层（或下行的传输会聚子层）之上，链路安全子层之下。

（4）数据链路加密子层

DOCSIS V1.1 中涉及安全问题的规定有三项，分别是安全系统接口规约、基本保密接口规约和可拆卸安全模块接口规约。其安全体系结构包含了基本保密和充分安全两套方案。

3.2.4　Cable Modem 与 ADSL Modem 的比较

1．Internet 接入应用比较

（1）Cable Modem 的典型 Internet 接入

如图 3-6 所示为 Cable Modem/HFC 网络的典型 Internet 接入配置。Cable Modem 通过头端接入 Internet，头端包括 IP 路由器、代理服务器或高速缓存以及控制部分。

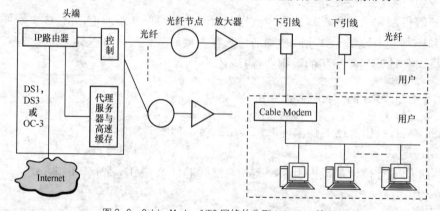

图 3-6　Cable Modem/HFC 网络的典型 Internet 接入

（2）ADSL Modem 的典型 Internet 接入

如图 3-7 所示为使用 ADSL Modem 接入 Internet 时的一种典型结构，用户（个人计算机）通过现有的双绞电话铜线接入 Internet。

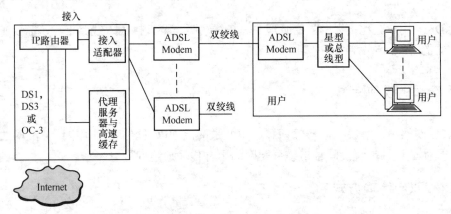

图 3-7　ADSL Modem 的典型 Internet 接入

2．接入性能比较

（1）传输通路

• Cable Modem 下行通路一般提供 30Mbit/s 以内的带宽，可以由 500～2 000 个用户共享；上行通路的共享带宽约为 2Mbit/s。

• ADSL Modem 工作在点对点的应用中，不能共享带宽。

（2）吞吐量

• 当大量用户同时进行传输而使吞吐量剧增时，Cable Modem 的业务将受损。

• ADSL Modem（假设速率为 6Mbit/s）只由一个用户专用，有限的上行带宽不能进行视频电话传输。

（3）经济性

在 Cable Modem 应用中，连接到一个用户只需要一个 Modem，其费用预计比 ADSL 低。但只有在整个 CATV 网络改造成 HFC 网络之后，才可以应用 Cable Modem。

（4）业务性能

• 标准的 Cable Modem 应该能够通过合理的流量工程来处理恒定比特率（Constant Bit Rate，CBR）、可变比特率（Variable Bit Rate，VBR）和可用比特率（Available Bit Rate，ABR）业务。

• ADSL 也可以处理 CBR、VBR 和 ABR 业务。对于 ABR 业务，连接是点对点的，因此不会有 Cable Modem 的那些限制。

（5）可靠性

• 在 Cable Modem 应用中，CATV 是一个树形网络，有线电视线路极容易造成单点故障，如电缆损坏、放大器故障或传送器故障等，都会使这条线上用户的使用中断。同时，每个新加的用户都会在上行通路产生噪声，从而降低可靠性。

• ADSL 采用的是星型网络，ADSL Modem 按点对点的方式工作，其故障只影响一个用户。

（6）安全性

• 在 Cable Modem 应用中，由于共享同媒介环境，所有信号进入所有 Cable Modem 中，从而有可能会产生严重的有意或无意的线路误用、窃听和业务盗窃现象。因而需要保护线缆，增强加密和认证功能。

• ADSL 用户驻地不会产生窃听现象。搭线窃听需要直接插入线路上，还需要了解初始化期间建立的 Modem 设置。

3.3 HFC 网络双向传输

在 HFC 网络中，解决双向传输问题，主要是解决 HFC 网络中同轴电缆分配网的双向传输问题，具体地说就是解决同轴电缆分配网的上行传输通道问题。

3.3.1 双向传输方式

所谓双向传输，就是实现双工通信，这是提供交互式通信业务的基本要求。对于 HFC 网络来说，从前端至用户的传输为下行传输，从用户至前端的传输为上行传输，解决 HFC 网络双向传输的关键就是上行传输的实现方式和性能。

实现双向传输的主要方式有频分双工、时分双工和空分双工 3 种。

1. 频分双工

频分双工传输方式是用不同的载波频率分别传送上行信号和下行信号，这是 HFC 双向传输网络中采用的主要方式。频分双工传输方式的原理框图如图 3-8 所示。

图 3-8　频分双工传输方式

根据上、下行通道传输的内容不同，可以采用不同的上行频带和下行频带，只是上下行传输频带之间需留出一定宽度的保护频带。

2. 时分双工

时分双工传输方式利用时分复用技术对上、下行信号进行分离，把传输时间划分为若干个传输时隙，分时交替传输上、下行信号。其实现方式原理框图如图 3-9 所示。

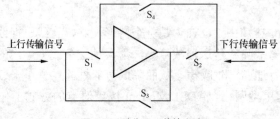

图 3-9　时分双工传输方式

- 当开关 S_1 和 S_2 闭合、S_3 和 S_4 打开时，上行信号通过，而下行信号被阻断，这时候系统相当于一个上行传输的单向系统。
- 当开关 S_3 和 S_4 闭合、S_1 和 S_2 打开时，下行信号通过，而上行信号被阻断，这时候系统相当于一个下行传输的单向系统。

合理设置开关打开与闭合的时间，便可实现时间轮询方式的双工传输。这种双工方式的优点是上、下行信号交替传输，互不干扰；缺点是要求收发两端的开关动作准确同步，信号处理比较复杂，成本也比较高。

3. 空分双工

空分双工传输方式采用不同的传输线路分别传输上、下行信号，是将上、下行信号在物理空间进行分离，原理框图如图 3-10 所示。

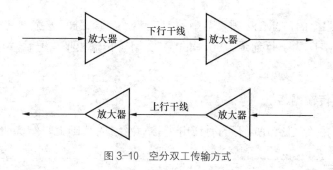

图 3-10　空分双工传输方式

光纤传输系统中多采用这种方式实现双向传输，利用两芯光纤分别传送上行信号和下行信号。但在电缆网络中，由于成本较高，一般不采用这种方式。

空分双工传输方式的优点是技术简单，且上、下行信号之间不存在干扰问题。实际上空分双工是两套单向传输系统的组合，不是真正的双向传输系统。

考虑到 HFC 网络的具体特点，光纤干线网中多采用空分双工传输方式，而在同轴电缆分配网中采用频分双工传输方式。

3.3.2　双向 HFC 传输网络

1. HFC 频谱分配

HFC 采用副载波频分复用方式，将各种视频、数据和语音信号通过调制进行频带分配，实现上述多种业务信号同时在同轴电缆上传输。

根据不同的协议标准，HFC 频谱分配方案也有不同，比较常用的是根据 YD/T 1063-2000 和 IEEE802.14 标准规定的频谱分配方案。

在 YD/T 1063-2000 标准中，规定了对于 1000MHz 带宽的 HFC 网络，可用传输频带范围是 5～1000MHz。经频谱分配划分为上下行两个传输通道，上行通道（Upstream Channel）使用 5～65MHz 频段，下行通道（Downstream Channel）使用 87～1000MHz 频段，65～87MHz 是上下行通道之间的过渡带，如图 3-11 所示。

上行通道占用 60MHz 带宽，用来传送上行业务，如语音及用户请求/控制信号等控制信息等；下行通道占用 913MHz 带宽，用于传送下行广播业务、模拟/数字视频业务和数据业务，其中 87～108MHz 频段用于广播业务，110～1000MHz 频段用于传送模拟电视、数字电视和数据业务，YD/T 1063-2000 建议在 606～862MHz 频率范围内传送下行数据业务。[注]

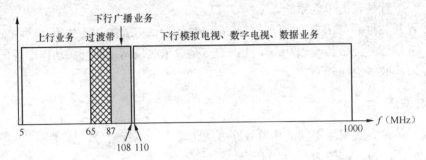

图 3-11 HFC 射频频带分配方案

IEEE802.14 规定了 750MHz 频率范围的 HFC 网络频谱分配方案，其中 5～45MHz 为上行通道；50～750MHz 为下行通道，50～450MHz 用于传输模拟信号传输，450～750MHz 用于数字信号传输。

2．HFC 双向传输网络

HFC 双向传输网络建立在现有的有线电视传输网络的基础上，结构如图 3-12 所示。

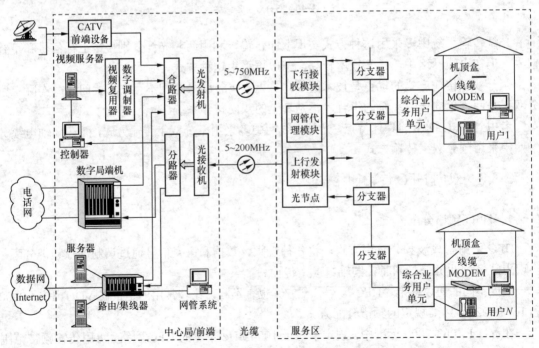

图 3-12 双向 HFC 传输网络结构

采用频分复用方式实现 HFC 双向传输时，需要完成以下工作。

【注】广播电视技术规范行业标准 GY/T106 中规定的频谱分配方案与 YD/T 1063-2000 相同。

① 首先要把同轴电缆分配网的传输频带提升到 750MHz 以上。

② 将原来网络中使用的单向信号放大器换成双向放大器。该双向放大器在下行方向上按照规定频率范围（下行频段）从前端接收下行信号，将信号放大后再传送至用户终端；上行方向上按照规定频率范围（上行频段）接收来自用户的上行信号，放大后传送至前端。

③ 改造光纤节点，使之具有双向传输功能。

④ 在前端增加用于传送语音信号和数据信号的设备。

⑤ 在用户端增加相应的业务接入设备，如综合业务用户单元。

HFC 双向传输网络中的光节点是一个非常重要的单元，是光缆与电缆的连接接口。下行传输信号通过传输光纤与光节点中的正向接收机输入端连接，光信号转换为电信号后送到电缆中向下传输；上行信号通过传输电缆与光节点中的反向发射机的输入端连接，电信号转换为光信号后送入光缆传送至前端。

3.3.3　HFC 上行通道关键技术

实现 HFC 网络的双向传输，关键在于建立上行通道。

HFC 网络上行通道使用的传输接入方式主要有时分多址（TDMA）、频分多址（FDMA）和码分多址（CDMA）3 种。

1. TDMA

在 HFC 网络中，由于上行信道频带有限，因此需要采用频带利用率高的调制方式，如 QPSK 和 64-QAM。

当采用 QPSK 调制时，可在 1.5MHz 频带内设置 24 个通道，或在 2MHz 频带内设置 30 个通道。也就是将 2ms 的帧时长分成 24 或 30 个时隙，为每个调制器分配一个时隙，同时每个时隙上设有频带保护间隔。对于时长为 2ms 的帧信号，如果频带保护间隔为 50%，传输速率为 1.5Mbit/s，信号传输带宽是 750kHz，则实际占用信道是 1.5MHz。

当采用 64-QAM 调制时，理论上可以构成一个带宽 25MHz、信噪比为 28dB 的上行信道，其传输速率可达 233Mbit/s，相当于 3643 个 64kbit/s 传输通道。但实际应用中，传输速率一般只能达到 25×10^6QAM 符号/秒。当频带利用率为 1bit/s·Hz 时，上行信道容量为 25Mbit/s，相当于 390 个 64kbit/s 传输通道；当频带利用率为 4bit/s·Hz 时，可支持 1560 个 64kbit/s 传输通道；如果频带利用率达到 8bit/s·Hz，则可支持 2340 个 64kbit/s 传输通道。

2. FDMA

在 FDMA 方式下，各路信号在相同时间内使用不同的载波频率进行传输。为了提高传输质量和传输效率，需要采用高调制效率和传输质量的调制方式，其中 OFDM 是优选调制技术。

OFDM 是一种多载波调制技术。在 OFDM 调制方式中，传输通道被分割为众多（100～1000）子通道，通过子通道传送信号，在每一个子通道上对传输信号进行调制。由于子通道频带范围远远小于传输通道（通常为 1～10kHz），高速信号变成了低速信号，信号传送周期（间隔）也就相应延长了 100～1000 倍。此时若将传输的符号时间设置为长于有效回传时间，就可以消除传输中的符号间干扰。通常在有线电视系统中，99%的回波时间不超过 1.5μs，如果传输符号时间为 150μs 或更长，1.5μs 的保护频带或循环超前脉冲仅占 1%。

OFDM 采用分块调制解调方法，一个前端调制器可由多个用户共用。通常一个前端调制解调器能处理 1MHz 宽带，标定 500 个子通道，可承载 60 个 64kbit/s 传输通道，每个用户可使用一个 2kHz 子通道集。

3．CDMA

在 CDMA 方式下，以指定的传送码组来区分用户，码组之间相互正交。在发送端，所有调制解调器共用一个载波信道，每个调制解调器用不同的伪随机码序列对传输信号进行调制。在接收端，每个接收机对本机振荡器进行设置，使其输出与指定伪随机码序列同步的信号，当接收到由指定伪随机码序列调制的传输信号时，即可将其解调；而对那些非本机指定伪随机码序列调制的传输信号，则被抑制。这种解调方式也称为相关解调，这种解调方式可以有效地从强干扰中检测出有用信号。

4．抗干扰能力对比

在多路传输过程中，采用不同的复用调制方式的抗干扰能力亦不同。

（1）功率补偿

信号传输过程中，其峰值功率会受限，以避免发生信号失真。现假设传输信号峰值功率限制为 P_m，在 TDMA 方式下，传输信号的峰值功率可以达到 P_m，其他复用方式下，由于是多路信号共用一条线路，传输信号的功率和峰值须小于 P_m，各路传输信号的功率平均值等于 P_m/r，r 是峰值因子，r 的值需根据实际情况确定。r 的典型值是 7～12dB。也就是说，除 TDMA 方式外，以其他复用方式传输信号时，须考虑 7～12dB 的功率补偿。

（2）抗多路信号干扰能力

在 CDMA 方式下，多个码组在同一信道内传输，码组之间会产生相互干扰。在 TDMA 和 FDMA 方式下，经过合理设计，相邻时隙或相邻频道间的信号干扰可以忽略不计。

（3）抗回波干扰能力

• FDMA 方式具有很强的抗回波干扰能力，无码间干扰，有时需要为不同的载波进行幅度和相位校正。

• 在 CDMA 方式下，当保证回波信号与正向传输信号之间有足够的时延时，也可消除码间干扰。

• 只有 TDMA 方式容易受回波干扰影响。由于不同的返回信道对均衡要求不同，因此在 TDMA 方式下对均衡器的响应速度要求很高，进而导致其控制过程变得复杂。

（4）抗窄带干扰能力

• FDMA 对窄带干扰具有一定的抵抗能力，这主要是因为窄带干扰信号影响的频带范围有限，只能干扰到一个或少数几个频道信号，而位于干扰信号频带范围以外的信号不会受到影响。合理选择 FDMA 载波频率，可大大提升抗窄带干扰能力。但由于回避干扰而使某些频率不能使用，也导致了系统容量减少。

• CDMA 接收端要对接收到的信号进行频谱扩展，此时窄带干扰变成了宽带干扰，同时局部频带内的干扰强度明显下降，因此该方式对窄带干扰有一定的抑制作用，同时系统容量受到一定影响。

● TDMA 方式受窄带干扰影响最大，当窄带干扰大到一定程度时，将不能正常传输信号。

（5）抗脉冲干扰能力

● 由于脉冲干扰通常只影响局部传输码流，因此在 TDMA 方式下，采用适当的信道编码，就可以消除脉冲干扰的影响。

● FDMA 对于强度不太大的脉冲干扰具有较强的抵抗能力，但如果遇到强脉冲干扰，将会影响到所有传输信道，而导致大量传输差错。

● CDMA 的接收方式会把脉冲干扰转变为宽带干扰，会对大范围频段产生影响，因此所有 CDMA 用户都会受到一些影响。

在 HFC 网络中，上行信道对于复用调制方式的选择需根据网络中的干扰源类型和强弱而定。通常较多采用 TDMA 和 FDMA 方式，CDMA 方式多用于无线网络中。在一些特定情况下，也可采用 TDMA 与 FDMA 相结合的方式，可以显著提高上行信道的抗干扰能力。

3.4　HFC 网络特点

3.4.1　HFC 网络技术特点

1．HFC 网络的优点

根据 HFC 网络的构成特点和技术特点，HFC 网络具有以下优点。

① 成本低，可充分利用已有的同轴电缆用户网络，提供方便、灵活的宽带业务接入。

② 传输频带宽，能适应未来较长一段时间内宽带业务的增长需求，并易于向光纤接入网演进。

③ 特别适合视频业务的传输接入，弥补了其他形式接入网在视频业务方面的不足。

④ 与铜线接入网相比，运营、维护、管理费用相对较低。

2．HFC 网络的缺点

HFC 网络也并非十全十美，其不足之处在于如下几个方面。

① HFC 网络中的同轴电缆网络原本是一个单向传输系统，要支持具有双向传输要求的语音和数据业务，需要进行双向传输改造。

② 语音业务信道有限，难于扩容。

③ 拓扑结构须进一步改进，以提高网络可靠性。

④ 成本虽然低于光纤接入网，但如要取代现有的铜线网络也将需要很大投资。

3.4.2　HFC 网络中的噪声

1．噪声类型

由于 HFC 网络中的同轴电缆分配网是树形结构，因此上行信道的噪声是每条同轴电缆支路的反向放大器、用户产生的级联噪声以及各支路间噪声的累积叠加结果，这种规律称为噪声的漏斗效应。

噪声漏斗效应的累积叠加规律为：假设噪声电平在每条支路的第一个反向放大器前都是相同的，并且噪声均来自用户的住宅，若各用户的噪声是不同相位的非相关噪声，则累积叠加后的噪声漏斗效应因子 $NFF=10\lg(n)$，式中 n 是用户数；若各用户的噪声是同相位的相关噪声，则 $NFF=20\lg(n)$。通常情况下，上述两种噪声都存在，$NFF=(10\sim14)\lg(n)$。

噪声漏斗效应对上行信道的信噪比影响很大。根据相关资料统计，上行信道的干扰噪声中，70%来源于用户端，25%来源于光节点后的分支系统，5%来源于弯曲的同轴电缆。总体来看，上行信道的干扰噪声主要有以下 8 种。

① 窄带噪声：是外部窄带射频信号进入或泄漏到电缆分配系统中的结果，也称为侵入噪声，频带范围为 5~30MHz，与上行信道的频带重合，影响较大，是 HFC 网络中引起传输损伤的主要原因。

② 冲击噪声：主要是由 50Hz 的高压线和其他电器及大量静电放电引起的，例如闪电雷击、交流电机启动等，连接器松动也会产生冲击噪声。冲击噪声频带范围为 60Hz~2MHz，虽然冲击噪声的频谱不在上行信道的频带范围内，但由于冲击噪声强度大，其各次谐波对上行信道会产生影响。

③ 突发噪声：和冲击噪声相似，只是持续时间更长，是双向电缆系统的主要问题，也是最主要的峰值噪声源。

④ 共模失真噪声：主要是由信号传输设备的非线性所引起的，在上行信道中呈离散的噪声尖峰。

⑤ 交流声调制噪声：50Hz 交流电源经过供电设备耦合到信号的包络中，在传输信号中产生幅度调制而引起的噪声。

⑥ 本地干扰噪声：用户住宅内使用各种电器时，会产生频率在 30MHz 以下的本地干扰噪声，这种噪声一旦耦合进上行信道，便会形成上行干扰噪声。

⑦ 热噪声：也称白噪声，是由 75Ω 终端阻抗的随机热噪声（电缆和其他网络设备内的电子运动）产生的。

⑧ 微反射：发生在传输媒质由的不连续处，源于部分信号能量被反射。

除上述类型噪声以外，还有相位噪声和由频率偏移、来源于不理想的设备响应、放大器中的限幅效应、光节点的激光发射机非线性和头端的激光接收机非线性等引起的噪声。

2．抑制噪声的方法

为消除或削弱上行信道中的噪声，一可从网络设计上减小上行信道噪声的产生和积累；二可通过增加同轴电缆用户分配网的屏蔽衰减入侵的噪声；三可从施工操作的规范化上把好关，减少因线缆、设备接续不佳而引起噪声的可能性。具体措施如下所述。

① 合理选择和分配上行频率，避开易受无线电通信干扰和工业干扰的频率点。

② 采用合适的编码方式和调制方式，例如上行信道的数据调制方式可采用 QPSK、OFDM 或 QAM，这些调制方式抗干扰、抗噪声的性能都比较好。

③ 减少每个光节点以下的同轴电缆用户的数量，从理论上的 10000 户减少到 500~2000 户。

④ 选用屏蔽特性优秀的同轴电缆，如四层屏蔽同轴电线，其屏蔽性能比普通标准屏蔽同轴电缆高约 34dB。

⑤ 选用连接特性好、不易松动、不会泄漏电磁波的同轴电缆连接器，可消除因连接泄漏而引入的噪声。

⑥ 对暂不开通上行业务的终端采用高通滤波器，以阻断上行噪声。

⑦ 暂不使用的分支分配器端口必须用 75Ω负载终接，以防止干扰噪声入侵，也可减少驻波反射干扰噪声。

⑧ 用户室内的同轴电缆端口要用匹配器连接，以防止从用户端口接收和传送干扰噪声。

⑨ 对那些接触不良或锈蚀的同轴电缆及接头要及时更换，还应尽量避免使同轴电缆弯曲。

小　　结

1. 光纤/同轴电缆混合（Hybrid Fiber-Coaxial，HFC）网络是将光纤传输系统与同轴电缆用户分配网相结合，将光纤传输大容量、高质量的优势与同轴电缆网络接入灵活与低成本的特点相结合，形成的一种传输速率高、传输质量好、成本低的宽带接入混合网络。

2. 在有线电视（CATV）网络内添置电缆调制解调器（Cable Modem）后，就可以实现视频业务以外的信号接入，不仅可以提供高速数据业务，还能支持电话业务。对于 Cable Modem 的要求是不仅能够实现双向传输，同时也需要扩大传输容量。

3. 解决 HFC 网络中的双向传输问题，根源在于解决同轴电缆分配网的上行传输通道问题。实现双向传输的主要方式有频分双工、时分双工和空分双工 3 种。HFC 网络采用频分复用方式将各种视频、数据和语音信号通过调制进行频带分配，实现了多种业务信号同时在同轴电缆上传输。

习　　题

3-1　HFC 网络由哪几部分构成？各部分的功能是什么？

3-2　HFC 网络结构怎样？如何实现用户业务接入？

3-3　Cable Modem 的作用是什么？

3-4　Cable Modem 有哪些类型？

3-5　简述 Cable Modem 标准。

3-6　如何实现 HFC 网络双向传输？

3-7　简述 HFC 网络频谱分配方案。

3-8　HFC 上行通道复用调制方式有哪些？各有什么特点？

3-9　说明 HFC 网络的特点。

第 **4** 章 **以太网接入技术**

随着 Internet 的迅猛发展，IP 技术已经占据了各种终端应用的主导地位，如何更高效、更高速、更廉价地传送 IP 数据是今后电信网络研究的重点。目前，以太网以其适用于承载 IP 业务、组网灵活、易于实现及技术成熟等优势，正在成为主流的宽带接入技术。

本章将介绍以太网接入技术，主要内容如下。

- 以太网技术基础
- 以太网接入技术的基本概念
- 以太网接入技术的管理

4.1 以太网技术基本概念

4.1.1 传统以太网

1. 传统以太网的概念

以太网是总线型局域网的一种典型应用，是美国施乐（Xerox）公司于 1975 年研制成功的。它以无源的电缆作为总线来传送数据信息，并以曾经在历史上表示传播电磁波的以太（Ether）来命名。不久，施乐公司与数字（Digital）装备公司以及英特尔（Intel）公司合作，提出了以太网的规范"ETHE 80"，成为世界上第一个局域网产品的规范。实际上，IEE802.3 标准就是以这个规范为基础的。

传统以太网具有以下典型的特征。

- 采用灵活的无连接的工作方式。
- 采用曼彻斯特编码作为线路传输码型。
- 属于共享式局域网，即传输介质作为各站点共享的资源。
- 共享式局域网要进行介质访问控制，以太网的介质访问控制方式为载波监听和冲突检测（CSMA/CD）技术。

2. CSMA/CD 技术

CSMA/CD 是一种争用型协议，是以竞争的方式来获得总线访问权的。

（1）CSMA/CD 控制方法

CSMA（Carrier Sense Multiple Access）代表载波监听多路访问。它是"先听后发"，也就是各站在发送前先检测总线是否空闲，当测得总线空闲后，再发送本站信号。各站均按此规律检测、发送，形成多站共同访问总线的通信形式，故把这种方法称为载波监听多路访问（实际上，采用基带传输的总线形局域网的总线上根本不存在"载波"，各站可检测到的是其他站所发送的二进制代码，但人们习惯上称这种检测为载波监听）。

CD（Collision Detection）表示冲突检测，即"边发边听"，各站点在发送信息帧的同时监听总线，当监听到有冲突发生时（即有其他站也监听到总线空闲，也在发送数据），便立即停止发送信息。

归纳起来 CSMA/CD 的控制方法如下所述。

① 一个站要发送信息，首先对总线进行监听，看介质上是否有其他站发送的信息存在。如果介质是空闲的，则可以发送信息。

② 在发送信息帧的同时监听总线，即"边发边听"。当检测到有冲突发生时，便立即停止发送，并发出报警信号，告知其他各工作站已发生冲突，防止它们再发送新的信息介入冲突（此措施称为强化冲突）。若发送完成后尚未检测到冲突，则发送成功。

③ 检测到冲突的站发出报警信号后，退让一段随机时间，然后再试。

（2）争用期

电磁波在信道中传输时是要经历一段时间的，设总线上单程端到端传播时延为 τ，以太网的端到端往返时延 2τ 即称为争用期（或碰撞窗口）。为了说明这个问题，请参见图 4-1 所示的示意图。

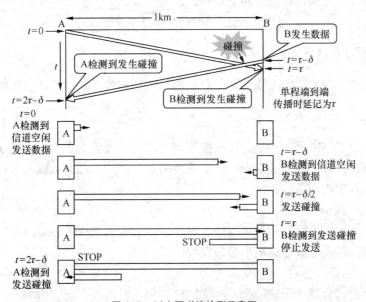

图 4-1　以太网碰撞检测示意图

① $t=0$ 时，A 发送数据；

② $t=\tau-\delta$ 时，若 A 发送的数据还没有到达 B，B 也可检测到信道是空闲的，因此 B 也

发送数据；

③ 经过时间 $\delta/2$ 后，即在 $t=\tau-\delta/2$ 时，A 发送的数据和 B 发送的数据发生了碰撞；

④ $t=\tau$ 时，B 检测到发生了碰撞，于是停止发送数据；

⑤ $t=2\tau-\delta$ 时，A 也检测到了碰撞，也停止发送数据。

由以上分析可见，最先发送数据帧的站在发送数据帧后至多经过争用期 2τ 就可知道发送的数据帧是否遭受了碰撞。如果经过这段时间还没有检测到碰撞，才能肯定这次发送不会发生碰撞。所以我们把以太网的端到端往返时延 2τ 称为碰撞窗口。

（3）数据帧的最短帧长

某个站正在发送时产生冲突而中断发送的帧称为冲突的帧，它们都是很短的帧。冲突的帧是无效帧，在接收端应该被丢弃。为了能辨认哪些是发生冲突而应丢弃的短帧和哪些是真正有用的短帧，且尽量简化处理，规定了合法数据帧的最短帧长。因为发送数据的站最长经过争用期即可检测到碰撞，所以合法数据帧的最短帧长则应是争用期时间 2τ 内所发送的比特（或字节）数。

例 4-1 假定 1km 长的 CSMA/CD 网络的数据率为 10Mbit/s，信号在网络上的传播速度为 2×10^5km/s，求能够使用此协议的最短帧长。

答：信号在网络上的传播时间为

$$\tau=\frac{1}{2\times10^5}=5\times10^{-6}\text{s}$$

争用期时间为

$$2\tau=10^{-5}\text{s}$$

在争用期内可发送的比特数即是最短帧长，为

$$10^7\times10^{-5}=100\text{bit}=12.5\text{字节}$$

3. CSMA/CD 总线网的特点

我们习惯上把采用 CSMA/CD 规程的总线形局域网称为 CSMA/CD 总线网。它具有以下几个特点。

（1）竞争总线

CSMA/CD 总线网中采用的是分布式控制方式，各站点自主平等，无主次站之分，任何一个站点在任何时候都可通过竞争来发送信息。另外，CSMA/CD 总线网中也没有设置有关介质访问的优先权的机构。

（2）冲突显著减少

由于采取了"先听后发"和"边发边听"等措施，大大减少了 CSMA/CD 总线网传输中发生冲突的概率，从而有效地提高了信息发送的成功率。

（3）轻负荷有效

由于在重负荷时会增加传输冲突，相应地传输延迟时间也会急剧增大，从而使网络吞吐量明显下降。显而易见，CSMA/CD 技术不适合于重负荷的情况，而在轻负荷（小于总容量的 30%）时是相当有效的，可获得较小的传输时延和较高的吞吐量。

（4）广播式通信

总线网上任何一站发出的信息，都可通过公用总线传输到网上的所有工作站，因而可以

方便地实现点对点式、成组及广播通信。

（5）发送的不确定性

对于总线形局域网，想要发送数据的站何时检测到总线有空闲以及检测到总线空闲发送数据时又是否会产生碰撞都是不确定的，所以发送一帧的时间是不确定的。正因如此，这种 CSMA/CD 总线网不适用于对实时性要求较高的场合。

（6）总线结构和 MAC 规程简单

总线网上的每一个工作站都只有一条连接边，结构简单，而且 CSMA/CD 规程本身也比较简单，所以这种 CSMA/CD 总线网易于实现，价格低廉。

4．以太网标准

（1）局域网参考模型

局域网参考模型如图 4-2 所示，为了便于比较对照，特将 OSI 参考模型画在旁边。

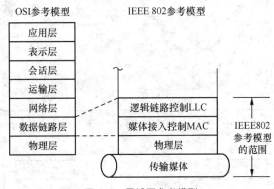

图 4-2　局域网参考模型

由于局域网只是一个通信网络，所以它没有第四层及以上的层，按理说只具备面向通信的低三层功能，但是由于网络层的主要功能是进行路由选择，而局域网不存在中间交换，不要求路由选择，也就不单独设网络层。所以局域网参考模型中只包括 OSI 参考模型的最低两层，即物理层和数据链路层。

① 物理层。物理层主要的功能为：

* 负责比特流的曼彻斯特编码与译码（局域网一般采用曼彻斯特码传输）；
* 为进行同步用的前同步码（后述）的产生与去除；
* 比特流的传输与接收。

② 数据链路层。局域网的数据链路层划分为两个子层，即：介质访问控制或媒体接入控制 MAC（Medium Access Control）子层和逻辑链路控制 LLC（Logical Link Control）子层。

* 媒体接入控制（MAC）子层——数据链路层中与媒体接入有关的部分都集中在 MAC 子层，MAC 子层主要负责介质访问控制，其具体功能为：将上层交下来的数据封装成帧进行发送（接收时进行相反的过程，即帧拆卸）、比特差错检测和寻址等。
* 逻辑链路控制（LLC）子层——数据链路层中与媒体接入无关的部分都集中在 LLC 子层，LLC 子层的主要功能有：建立和释放逻辑链路层的逻辑连接、提供与高层的接口、差错控制及给帧加上序号等。

不同类型的局域网，其 LLC 子层协议都是相同的，所以说局域网对 LLC 子层是透明的。而只有下到 MAC 子层才能看见所连接的是采用什么标准的局域网。即不同类型的局域网，MAC 子层的标准不同。

值得指出的是，进行网络互连时，需要涉及三层甚至更高层功能。另外，就局域网本身的协议来说只有低二层功能，实际上要完成通信全过程，还要借助于终端设备的第四层及高三层功能。

（2）以太网标准

局域网所采用的标准是 IEEE 802 标准。IEEE 指的是美国电气和电子工程师学会，它于1980 年 2 月成立了 IEEE 计算机学会，即 IEEE 802 委员会，专门研究和制订有关局域网的各种标准。其中，IEEE 802.2 是有关 LLC 子层的协议，IEEE 802.3 是以太网 MAC 子层和物理层标准。

5. 以太网的 MAC 子层

（1）以太网的 MAC 子层功能

以太网的 MAC 子层功能（即 CSMA/CD 的介质访问控制功能）如图 4-3 所示。

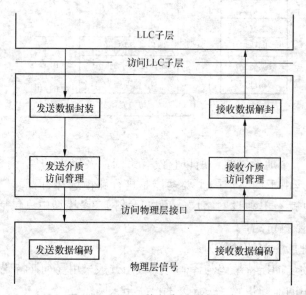

图 4-3 CSMA/CD 的介质访问控制功能

MAC 子层有如下所述两个主要功能。

① 数据封装和解封。

发送端进行数据封装，包括将 LLC 子层送下来的 LLC 帧加上首部和尾部构成 MAC 帧、编址和校验码的生成等。

接收端进行数据解封，包括地址识别、帧校验码的检验和帧拆卸，即去掉 MAC 帧的首部和尾部，而后将 LLC 帧传送给 LLC 子层。

② 介质访问管理。发送介质访问管理包括：

· 载波监听；

- 冲突的检测和强化；
- 冲突退避和重发。

接收介质访问管理负责检测到达的帧是否有错（这里可能出现两种错误：一个是帧的长度大于规定的帧最大长度；二是帧的长度不是 8bit 的整倍数的过滤冲突的信号（凡是其长度小于允许的最小帧长度的帧，都认为是冲突的信号而予以过滤）。

（2）MAC 地址（硬件地址）

IEEE 802 标准为局域网规定了一种 48bit 的全球地址，即 MAC 地址（MAC 帧的地址），它是指局域网中每一台计算机所插入的网卡上固化在 ROM 中的地址，所以也叫硬件地址或物理地址。

MAC 地址的前 3 个字节由 IEEE 的注册管理委员会 RAC 负责分配，凡是生产局域网网卡的厂家都必须向 IEEE 的 RAC 购买由这 3 个字节构成的一个号（即地址块），这个号的正式名称是机构唯一标识符（OUI）。地址字段的后 3 个字节由厂家自行指派，称为扩展标识符。一个地址块可生成 2^{24} 个不同的地址，用这种方式得到的 48bit 地址称为 MAC-48 或 EUI-48。

IEEE 802.3 的 MAC 地址字段的结构示意图如图 4-4 所示。

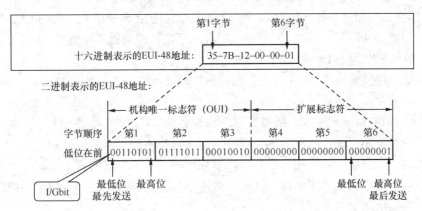

图 4-4　IEEE 标准规定的 MAC 地址字段

IEEE 规定地址字段的第一个字节的最低位为 I/G 比特，当 I/G 比特为 0 时，地址字段表示一个单个地址；当 I/G 比特为 1 时，地址字段表示组地址，用来进行多播。考虑到也许有人不愿意向 IEEE 的 RAC 购买 OUI，IEEE 将地址字段的第一个字节的最低第 2 位规定为 G/L 比特，当 G/L 比特为 1 时，是全球管理（厂商向 IEEE 购买的 OUI 属于全球管理）；当 G/L 比特为 0 时是本地管理，用户可任意分配网络上的地址。采用本地管理时，MAC 地址一般为 2 个字节。需要说明的是，目前一般不使用 G/L 比特。

（3）MAC 帧格式

目前以太网有 IEEE 802.3 标准和 DIX Ethernet V2 标准两个。DIX Ethernet V2 标准的数据链路层不再设 LLC 子层，TCP/IP 体系一般使用 DIX Ethernet V2 两个标准。

以太网 MAC 帧格式有两种标准，即 IEEE 802.3 标准和 DIX Ethernet V2 两个标准。

① IEEE 802.3 标准规定的 MAC 子层帧结构如图 4-5 所示。

各字段的作用如下。

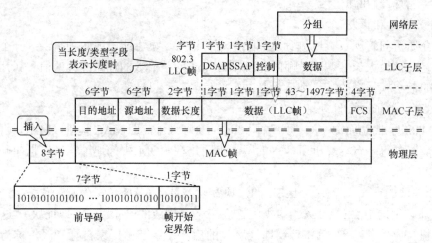

图 4-5　IEEE 802.3 标准规定的 MAC 子层帧格式

- 地址字段——地址字段包括目的 MAC 地址字段和源 MAC 地址字段，都是 6 个字节。
- 数据长度字段——数据长度是 2 字节，它以字节为单位指出后面的数据字段长度。
- 数据字段与填充字段（PAD）——数据字段就是 LLC 子层交下来的 LLC 帧，其长度是可变的，最短为 46 字节，最长为 1500 字节；MAC 帧的首部和尾部共 18 字节，所以此时整个 MAC 帧的长度为 1518 字节。

为什么数据字段最短为 46 字节呢？常规总线形局域网的速率是 10Mbit/s，争用期时间一般取 51.2μs，在争用期内可发送 512bit，即 64 字节，因此 MAC 合法帧的最小帧长为 64 字节，减去 18 字节的首部和尾部，所以数据字段最短为 46 字节。如果 LLC 帧（即 MAC 帧的数据字段）的长度小于此值，则应填充一些信息（内容不限）。

这里还有一个问题需要说明，常规总线形局域网的争用期时间取 51.2μs，不仅是考虑了总线上端到端的传播时延，还考虑了其他一些因素，如强化冲突的干扰信号的持续时间及可能存在的中继器所增加的时延等。

- FCS 字段——FCS 对 MAC 帧进行差错校验，FCS 采用的是循环冗余校验，长度为 4 字节。
- 前导码与帧起始定界符——由图 4-5 可以看出，在传输媒介上实际传送的要比 MAC 帧还多 8 个字节，即前导码与帧起始定界符。

当一个站刚开始接收 MAC 帧时，可能尚未与到达的比特流达成同步，由此导致 MAC 帧最前面的若干比特无法接收，而使得整个 MAC 帧成为无用的帧。为了解决这个问题，MAC 帧向下传到物理层时还要在帧的前面插入 8 个字节，它包括两个字段，第 1 个字段是前导码（PA），共有 7 个字节，编码为 1010……，1 和 0 交替出现，其作用是使接收端实现比特同步前接收本字段，避免破坏完整的 MAC 帧；第 2 个字段是帧起始定界符（SFD）字段，长度为 1 个字节，编码是 10101011，表示一个帧的开始。

② DIX Ethernet V2 标准的 MAC 帧格式。TCP/IP 体系经常使用 DIX Ethernet V2 标准的 MAC 帧格式，此时局域网参考模型中的链路层不再划分 LLC 子层，即链路层只有 MAC 子层。DIX Ethernet V2 标准的 MAC 帧格式如图 4-6 所示。

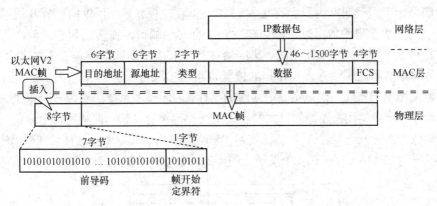

图 4-6　DIX Ethernet V2 标准的 MAC 帧格式

DIX Ethernet V2 标准的 MAC 帧由 5 个字段组成，它与 IEEE 802.3 标准的 MAC 帧相比，除了类型字段以外，其他各字段的作用相同。

DIX Ethernet V2 标准的 MAC 帧中的类型字段用来标识上一层使用的是什么协议，以便把收到的 MAC 帧的数据上交给上一层的这个协议。

另外，当采用 DIX Ethernet V2 标准的 MAC 帧时，其数据部分装入的不再是 LLC 帧（此时链路层不再分 LLC 子层），而是网络层的分组或 IP 数据包。目前 DIX Ethernet V2 标准的 MAC 帧格式用得比较多。

6. 10 BASE-T 以太网

最早的以太网是粗缆以太网，这种以粗同轴电缆作为总线的总线形 LAN，后来被命名为 10 BASE 5 以太网。20 世纪 80 年代初又发展了细缆以太网，即 10 BA5E 2 以太网。为了改善细缆以太网的缺点，又出现了 UTP（非屏蔽双绞线）以太网，即 10 BASE-T 以太网以及光缆以太网 10 BASE-F 等，其中应用最广泛的是 10 BASE-T，下面重点加以介绍。

1990 年，IEEE 通过了 10 BASE-T 以太网的标准 IEEE 802.3i，它是一个崭新的以太网标准。

（1）10 BASE-T 以太网的拓扑结构

10 BASE-T 以太网采用非屏蔽双绞线将多个站点以星形拓扑结构连到一个集线器上，如图 4-7 所示。

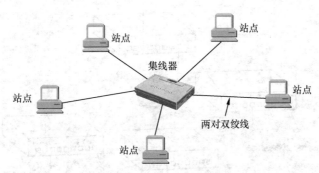

图 4-7　10 BASE-T 拓扑结构示意图

图 4-7 中的集线器为一般集线器，它就像一个多端口转发器，每个端口都具有发送和接

收数据的能力。但同一时间内只允许接收来自一个端口的数据，可以向所有其他端口转发。每个端口收到终端发来的数据时，都会转发到所有其他端口，在转发数据之前，每个端口都会对它进行再生、整形，并重新定时。集线器往往含有中继器的功能，工作在物理层。另外，图 4-7 所示的结构示意图中连接工作站的位置也可连接服务器。

集线器使用电子器件来模拟实际电缆线的工作，因此整个系统仍然像一个传统的以太网那样运行。即采用一般集线器连接的以太网物理上是星形拓扑结构，但从逻辑上看是一个总线型网（一般集线器可看做一个总线），各工作站仍然竞争使用总线。所以这种局域网仍然是共享式网络，它也采用 CSMA/CD 规则竞争发送。图 4-8 所示为具有 3 个接口的集线器的结构示意图。

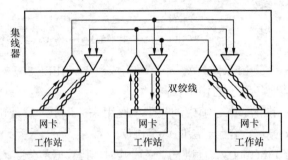

图 4-8　具有 3 个接口的集线器

另外，对 10 BASE-T 以太网做如下几点说明。

① 10 BASE-T 使用两对非屏蔽双绞线，一对线发送数据，另一对线接收数据。

② 集线器与站点之间的最大距离为 100m。

③ 一个集线器所连的站点理论上最多可以有 30 个，实际目前只能达 24 个。

④ 和其他以太网物理层标准一样，10 BASE-T 以太网也使用曼彻斯特编码。

⑤ 集线器的可靠性很高，堆叠式集线器（包括 5～8 个集线器）一般都有少量的容错能力和网络管理功能。

⑥ 把多个集线器连成多级星形结构的网络，就可以使更多的工作站连接成一个较大的局域网（集线器与集线器之间的最大距离为 100m），如图 4-9 所示。10 BASE-T 以太网一般最多允许有 4 个中继器（中继器的功能往往含在集线器里）进行级联。

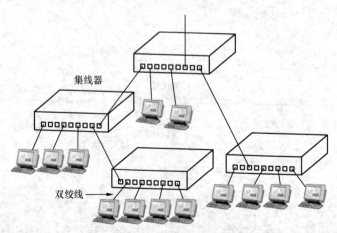

图 4-9　多级星形结构的网络

⑦ 若图 4-7 中的集线器改为交换集线器，此以太网即变为交换式以太网（详情后述）。

（2）10 BASE-T 以太网的组成

10 BASE-T 以太网由集线器、工作站、服务器、网卡、中继器和双绞线等组成。

4.1.2 高速以太网

一般称速率大于等于 100Mbit/s 的以太网为高速以太网，目前应用的有 100 BASE-T 快速以太网、千兆位以太网和 10Gbit/s 以太网等，下面分别加以介绍。

1. 100 BASE-T 快速以太网

1993 年出现了由 Intel 和 3COM 公司大力支持的 100 BASE-T 快速以太网。1995 年 IEEE 正式通过快速以太网/100 BASE-T 标准，即 IEEE 802.3u 标准。

（1）100 BASE-T 快速以太网的特点

① 传输速率高。100 BASE-T 快速以太网的传输速率可达 100Mbit/s。

② 沿用了 10 BASE-T 以太网的 MAC 协议。100 BASE-T 快速以太网采用了与 10 BASE-T 以太网相同的 MAC 协议，其好处是能够方便地付出很小的代价便可将现有的 10 BASE-T 以太网升级为 100 BASE-T 快速以太网。

③ 可以采用共享式或交换式连接方式。10 BASE-T 和 100 BASE-T 两种以太网均可采用共享式或交换式连接方式。共享式连接方式即将所有站点连接到一个集线器上，使这些站点共享 10Mbit/s 或 100Mbit/s 的带宽，优点是费用较低，但每个站点所分得的频带较窄。交换式连接方式是将所有站点都连接到一个交换集线器上，优点是每个站点都能独享 10Mbit/s 或 100Mbit/s 的带宽，但连接费用较高（此种连接方式相当于交换式以太网）。采用交换式连接方式时可支持全双工操作模式（全双工局域网的概念见后），无访问冲突。

④ 适应性强。10 BASE-T 以太网装置只能工作于 10Mbit/s 这个单一速率上，而 100 BASE-T 快速以太网的设备可同时工作于 10Mbit/s 和 100Mbit/s 速率上。所以 100 BASE-T 网卡能自动识别网络设备的传输速率是 10Mbit/s 还是 100Mbit/s，并能与之适应。也就是说，此网卡既可作为 100 BASE-T 网卡，又可降格为 10 BASE-T 网卡使用。

⑤ 经济性好。快速以太网的传输速率是一般以太网的 10 倍，但其价格目前只是一般以太网的 2 倍（将来还会更低），即性价比高。

⑥ 网络范围变小。由于传输速率升高，导致信号衰耗增大，所以 100 BASE-T 比 10 BASE-T 的网络范围小。

（2）100 BASE-T 快速以太网的标准

100 BASE-T 快速以太网的标准为 IEEE 802.3u，是现有以太网 IEEE 802.3 标准的扩展。

100BASE-T 快速以太网的 MAC 子层标准与 802.3 的 MAC 子层标准相同。所以，100BASE-T 的帧格式、帧携带的数据量、介质访问控制机制、差错控制方式及信息管理等均与 10 BASE-T 的相同。

IEEE 802.3u 规定了 100 BASE-T 的 4 种物理层标准。

① 100 BASE-TX。100 BASE-TX 是使用 2 对 5 类非屏蔽双绞线（UTP）或屏蔽双绞线（STP）、传输速率为 100 Mbit/s 的快速以太网。100 BASE-TX 有以下几个要点。

• 使用 2 对 5 类非屏蔽双绞线或屏蔽双绞线，一对用于发送数据信号，另一对用于接收数据信号。

- 最大网段长度为 100m。
- 采用 4B/5B 编码方法，以 125MHz 的串行数据流来传送数据。实际上，100 BASE-TX 使用多电平传输 3（MLT-3）编码方法来降低信号频率。MLT-3 编码方法是把 125MHz 的信号除以 3 后而建立起 41.6MHz 的数据传输频率，这就有可能使用 5 类线。
- 提供了独立的发送和接收信号通道，所以能够支持可选的全双工操作模式。

② 100 BASE-FX。100 BASE-FX 是使用光缆作为传输介质的快速以太网，有以下几个要点。

- 可以使用 2 对多模（MM）或单模（SM）光缆，一对用于发送数据信号，一对用于接收数据信号。
- 支持可选的全双工操作方式。
- 光缆连接的最大网段长度因不同情况而异，对使用多模光缆的两个网络开关或开关与适配器连接的情况允许 412m 长的链路，如果此链路是全双工型，则可增加到 2000m；对质量高的单模光缆允许 10km 或更长的全双工式连接。100 BASE-FX 中继器网段长度一般为 150m，但实际上与所用中继器的类型和数量有关。
- 使用与 100 BASE-TX 相同的 4B/5B 编码方法。

③ 100 BASE-T4。100 BASE-T4 是使用 4 对 3、4 或 5 类 UTP 的快速以太网，其要点如下所述。

- 可使用 4 对音频级或数据级 3、4 或 5 类 UTP，信号频率为 25MHz。3 对线用来同时传送数据，而第 4 对线用作冲突检测时的接收信道。
- 最大网段长度为 100m。
- 采用 8B/6T 编码方法，就是将 8 位一组的数据（8B）变成 6 个三进制模式（6T）的信号在双绞线上发送。该编码方法比曼彻斯特编码方法要高级得多。
- 没有单独专用的发送和接收线，所以不可能进行全双工操作。

④ 100 BASE-T2。100 BASE-T4 有两个缺点，一个是要求使用 4 对 3、4 或 5 类 UTP，而某些设施只有 2 对线可以使用；另一个是它不能实现全双工。IEEE 于 1997 年 3 月公布了 802.3Y 标准，即 100 BASE-T2 标准。100 BASE-T2 快速以太网有以下几个要点。

- 采用 2 对声音或数据级 3、4 或 5 类 UTP，其中一对用于发送数据信号，一对用于接收数据信号。
- 最大网段长度是 100m。
- 采用一种比较复杂的五电平编码方案，称为 PAM5X5，即将 MII 接口接收的 4 位半字节数据翻译成 5 个电平的脉冲幅度调制系统。
- 支持全双工操作。

（3）100 BASE-T 快速以太网的组成

快速以太网和一般以太网的组成是相同的，即由工作站、网卡、集线器、中继器、传输介质及服务器等组成。

① 接入 100 BASE-T 快速以太网的工作站必须是较高档的微机，因为接入快速以太网的微机必须具有 PCI 或 EISA 总线。而低档的微机所用的老式的 ISA 总线不能支持 100Mbit/s 的传输速率。

② 快速以太网的网卡有两种，一种既可支持 100Mbit/s 也可支持 10Mbit/s 的传输速率，另一种是只能支持 100Mbit/s 的传输速率。

③ 100Mbit/s 的集线器是 100 BASE-T 快速以太网中的关键部件，分为一般集线器和交换式集线器，一般的集线器可带有中继器的功能。

④ 100 BASE-T 快速以太网中继器的功能与 10 BASE-T 中的相同，即对某一端口接收到的弱信号再生放大后发往另一端口。由于在 100 BASE-T 中网络信号速度已加快 10 倍，所以最多只能由 2 个快速以太网中继器级联在一起。

⑤ 100 BASE-T 快速以太网的传输介质可以采用 3、4、5 类 UTP、STP 以及光纤。

（4）100 BASE-T 快速以太网的拓扑结构

100 BASE-T 快速以太网基本保持了 10 BASE-T 以太网的拓扑结构，即所有的站点都连到集线器上，在一个网络中最多允许有两个中继器级联。

2．千兆位以太网

（1）千兆位以太网的要点

千兆位以太网是一种能在站点间以 1000Mbit/s（1Gbit/s）的速率传送数据的系统。IEEE于 1996 年开始研究制定千兆位以太网的标准，即 IEEE 802.3z 标准，此后不断加以修改完善，1998 年 IEEE 802.3z 标准正式成为千兆位以太网标准。千兆位以太网的要点如下所述。

① 运行速度比 100Mbit/s 快速以太网快 10 倍，可提供 1Gbit/s 的基本带宽。

② 采用星形拓扑结构。

③ 使用和 10Mbit/s、100Mbit/s 以太网同样的以太网帧，与 10 BASE-T 和 100 BASE-T技术向后兼容。

④ 当工作在半双工（共享介质）模式下时，它使用和其他半双工以太网相同的 CSMA/CD介质访问控制机制（其中做了一些修改以优化 1Gbit/s 速度的半双工操作）。

⑤ 支持全双工操作模式。大部分千兆位以太网交换器端口将以全双工模式工作，以获得交换器间的最佳性能。

⑥ 允许使用单个中继器。千兆位以太网中继器像其他以太网的中继器那样能够恢复信号计时和振幅，并且具有隔离发生冲突过多的端口以及检测并中断不正常的超时发送的功能。

⑦ 采用 8B/10B 编码方案，即把每 8 位数据净荷编码成 10 位线路编码，其中多余的位用于错误检查。8B/10B 编码方案会产生 20%的信号编码开销，这表示千兆位以太网系统实际上必须以 1.25GBaud 的速率在电缆上发送信号，以达到 1000Mbit/s 的数据速率。

（2）千兆位以太网的物理层标准

千兆位以太网的物理层标准有如下所述 4 种。

① 1000 BASE-LX（IEEE 802.3z 标准）。"LX" 中的 "L" 代表 "长（Long）"，因此它也被称为长波激光（LWL）光纤网段。1000 BASE-LX 网段基于波长为 1270～1355nm（一般为 1300nm）的光纤激光传输器，它可以被耦合到单模或多模光纤中。当使用纤芯直径为62.5μm 和 50μm 的多模光纤时，传输距离为 550m；使用纤芯直径为 10μm 的单模光纤时，可提供传输距离长达 5km 的光纤链路。

1000 BASE-LX 的线路信号码型为 8B/10B 编码。

② 1000 BASE-SX（IEEE 802.3z 标准）。"SX"中的"S"代表"短（Short）"，因此它也被称为短波激光（SWL）光纤网段。1000 BASE-SX 网段基于波长为 770～860nm（一般为 850nm）的光纤激光传输器，它可以被耦合到多模光纤中。使用纤芯直径为 62.5μm 和 50μm 的多模光纤时，传输距离分别为 275m 和 550m。

1000 BASE-SX 的线路信号码型是 8B/10B 编码。

③ 1000 BASE-CX（IEEE 802.3z 标准）。1000 BASE-CX 网段由一根基于高质量 STP 的短跳接电缆组成，电缆段最长为 25m。1000 BASE-CX 的线路信号码型也是 8B/10B 编码。

④ 1000 BASE-T（IEEE 802.3ab 标准）。1000 BASE-T 使用 4 对 5 类 UTP，电缆最长为 100m，线路信号码型是 PAM5X5 编码。

以上介绍的 1000 BASE-LX、1000 BASE-SX 和 10 BASE-CX 可通称为 10 BASE-X。值得说明的是，千兆位以太网为了满足对速率和可靠性的要求，其物理介质优先使用光纤。

3. 10Gbit/s 以太网

IEEE 于 1999 年 3 月开始 10Gbit/s 以太网的研究，其正式标准是 802.3ae 标准，于 2002 年 6 月完成。

（1）10Gbit/s 以太网的特点

① 数据传输速率是 10Gbit/s。

② 传输介质为多模或单模光纤。

③ 使用与 10Mbit/s、100Mbit/s 和 1Gbit/s 以太网完全相同的帧格式。

④ 线路信号码型采用 8B/10B 和 MB810 两种编码。

⑤ 只工作在全双工方式，显然没有争用问题，也就不必使用 CSMA/CD 协议。

（2）10Gbit/s 以太网的物理层标准

10Gbit/s 以太网的物理层标准包括局域网物理层标准和广域网物理层标准。

① 局域网物理层标准（LAN PHY）。局域网物理层标准规定的数据传输速率是 10Gbit/s。具体包括以下几种：

• 10000 BASE-ER。10000 BASE-ER 的传输介质是波长为 1550nm 的单模光纤，最大网段长度为 10km，采用 64B/66B 线路码型。

• 10000 BASE-LR。10000 BASE-LR 的传输介质是波长为 1310nm 的单模光纤，最大网段长度为 10km，也采用 64B/66B 线路码型。

• 10000 BASE-SR。10000 BASE-SR 的传输介质是波长为 850nm 的多模光纤串行接口，最大网段长度采用 62.5μm 多模光纤时为 28m/160 MHz·km、35m/200 MHz·km；采用 50μm 多模光纤时为 69、86、300m/0.4 GHz·km。10000 BASE-SR 仍采用 64B/66B 线路码型。

② 广域网物理层（WAN PHY）。为了使 10Gbit/s 以太网的帧能够插入 SDH 的 STM-64 帧的有效载荷中，就要使用可选的广域网物理层标准（WAN PHY），其数据速率为 9.95328Gbit/s（约 10Gbit/s），具体包括以下几种。

• 10000 BASE-EW。10000 BASE-EW 的传输介质是波长为 1550nm 的单模光纤，最大网段长度为 10km，采用 64B/66B 线路码型。

• 10000 BASE-L4。10000 BASE-L4 的传输介质为 1310nm 多模/单模光纤 4 信道宽波分复用（WWDM）串行接口，最大网段长度采用 62.5μm 多模光纤时为 300m/500 MHz·km；

采用 50μm 多模光纤时为 240m/400 MHz·km 、300m/500 MHz·km ；采用单模光纤时为 10km。
10000 BASE-L4 选用 8B/10B 线路码型。

- 10000 BASE-SW。10000 BASE-SW 的传输介质是波长为 850nm 的多模光纤串行接口/WAN 接口，最大网段长度采用 62.5μm 多模光纤时为 28m/160 MHz·km 、35m/200 MHz·km ；采用 50μm 多模光纤时为 69、86、300m/0.4 GHz·km 。10000 BASE-SW 采用 64B/66B 线路码型。

4.1.3　交换式局域网

1．交换式局域网的基本概念

对于共享式局域网，其介质的容量（数据传输能力）被网上的各个站点共享。例如，采用 CSMA/CD 的 10Mbit/s 以太网中，各个站点共享一条 10Mbit/s 的通道，这带来了许多问题。如网络负荷重时，由于冲突和重发的大量发生，网络效率急剧下降，这使得网络的实际流通量很难超过 2.5Mbit/s。同时，由于站点何时能抢占到信道带有一定的随机性，使得 CSMA/CD 以太网不适于传送时间性要求强的业务。交换式局域网的出现解决了这些问题。

（1）交换式局域网的概念

交换式局域网所有站点都连接到一个交换式集线器或局域网交换机上，如图 4-10 所示。

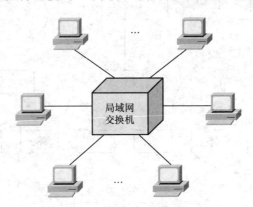

图 4-10　交换式局域网结构示意图

交换式集线器或局域网交换机具有交换功能，它们的特点是所有端口平时都不连通，当工作站需要通信时，能同时连通许多对端口，使每一对端口都能像独占通信媒体那样无冲突地传输数据，通信完成后断开连接。由于消除了公共的通信媒体，每个站点独自使用一条链路，不存在冲突问题，可以提高用户的平均数据传输速率，即容量得以扩大。

交换式局域网采用星形拓扑结构，其优点是十分容易扩展，而且每个用户的带宽并不因为互连的设备增多而降低。

无论是从物理上还是逻辑上，交换式局域网都是星形拓扑结构，多台交换式集线器（或局域网交换机）可以串接，连成多级星形结构。

这里有以下几点需要说明。

- 交换式集线器的规模一般比较小，支持的端口数少，功能也简单。
- 局域网交换机（机箱式）的规模比较大，支持的端口数多，功能也多，在机箱内可插入各种模块，如中继器模块、网桥模块、路由器模块、ATM 模块及 FDDI 模块等，以实现各种网络的互连，当然它的结构和管理也更为复杂。交换式局域网目前一般采用局域网交换机连接站点。

● 因为交换式局域网是在 10 BASE-T 等以太网的基础上发展而来的，所以一般也将交换式局域网称为交换式以太网。

（2）交换式局域网的功能

交换式局域网可向用户提供共享式局域网不能实现的一些功能，主要包括以下几个方面。

① 隔离冲突域。

共享式以太网使用 CSMA/CD 算法来进行介质访问控制，如果两个或更多站点同时检测到信道空闲而有帧准备发送，它们将发生冲突。一组竞争信道访问的站点称为冲突域，如图 4-11 所示。显然同一个冲突域中的站点竞争信道，便会导致冲突和退避。而不同冲突域的站点不会竞争公共信道，它们不会产生冲突。

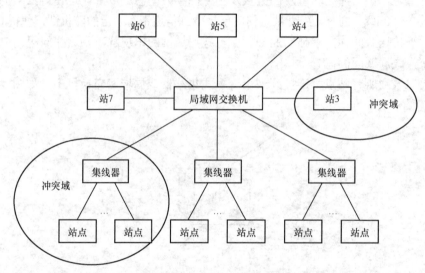

图 4-11 冲突域示意图

在交换式局域网中，每个交换机端口就对应一个冲突域，端口就是冲突域终点。由于交换机具有交换功能，不同端口的站点之间不会产生冲突。如果每个端口只连接一台计算机站点，那么在任何一对站点间都不会有冲突；若一个端口连接一个共享式局域网，那么该端口所有站点之间会产生冲突，但该端口的站点和交换机其他端口的站点之间将不会产生冲突。可见，交换机隔离了每个端口的冲突域。

② 扩展距离

交换机可以扩展局域网的距离。每个交换机端口可以连接不同的局域网，因此每个端口都可以达到不同局域网技术所要求的最大距离，而与连到其他交换机端口局域网的长度无关。

③ 增加总容量

在共享式局域网中，其容量（无论是 10Mbit/s、100Mbit/s 还是 1000Mit/s）由所有接入设备分享。而在交换式局域网中，由于交换机的每个端口具有专用容量，总容量随着交换机的端口数量而增加，所以交换机提供的数据传输容量比共享式 LAN 大得多。例如，假设局域网交换机和用户连接的带宽（或速率）为 M，用户数为 N，则网络总的可用带宽（或速率）为 N×M。

④ 数据率灵活性

对于共享式局域网，不同局域网可采用不同的数据率，但连接到同一共享式局域网的所有设备必须使用相同的数据率。而对于交换式局域网，交换机的每个端口都可以使用不同的数据率，所以可以以不同数据率部署站点，非常灵活。

2. 局域网交换机的基本原理

按所执行的功能不同，局域网交换机（实际指的是以太网交换机）可以分成二层交换和三层交换两种。如果交换机按网桥构造，执行桥接功能，由于网桥的功能属于 OSI 参考模型的第二层，所以此时的交换机属于二层交换。二层交换机根据 MAC 地址转发数据，交换速度快，但控制功能弱，没有路由选择功能。

如果交换机具备路由能力，而路由器的功能属于 OSI 参考模型的第三层，此时的交换机属于三层交换。三层交换机根据 IP 地址转发数据，具有路由选择功能。三层交换是二层交换与路由功能的有机结合（有关网桥和路由器的详细内容请参见本书第 5 章）。

（1）二层交换的原理

二层交换机根据 MAC 地址转发数据，所以内部应有一个反映各站的 MAC 地址与交换机端口的对应关系的 MAC 地址表。当交换机的控制电路收到数据包以后，处理端口会查找内存中的 MAC 地址对照表以确定目的 MAC 的站点挂接在哪个端口上，再通过内部交换矩阵迅速将数据包传送到目的端口；若 MAC 地址表中无目的 MAC 地址，则将数据包广播到所有端口，接收端口回应后，交换机会"学习"新的地址，并把它添加入 MAC 地址表中。

① 交换机刚刚加电启动时，其 MAC 地址表是空的。此时交换机并不知道与其相连的不同的 MAC 地址的终端站点位于哪一个端口，它会根据默认规则将不知道目的 MAC 地址对应哪一个端口的呼入帧发送到除源端口之外的其他所有端口上。

例如，在图 4-12 所示的过程中，站点 A 向站点 C 发送一个帧，站点 C 的 MAC 地址对应的端口是未知的，于是这个帧将被发送到交换机的所有端口上。

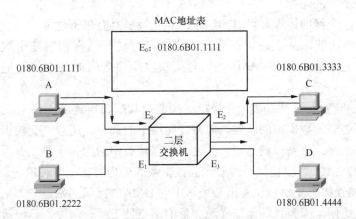

图 4-12　MAC 地址表项的建立

② 交换机基于数据帧的源 MAC 地址来建立 MAC 地址表。当交换机从某个端口接收到数据帧时，首先检查其发送站点的 MAC 地址与交换机端口之间的对应关系是否已记录在 MAC 地址表中，若无，则在 MAC 地址表中加入该表项。

图 4-12 中，交换机收到站点 A 发来的数据帧，在读取其 MAC 地址的过程中，它会将站点 A 的 MAC 地址连同 E0 端口的位置一起加入 MAC 地址表中。如此这般，交换机很快就会建立起一张包括局域网上大多数活跃站点的 MAC 地址同端口之间映射关系的表。

③ 交换机基于目的 MAC 地址来转发数据帧。对收到的每一个数据帧，交换机会查看 MAC 地址表，看其是否已经记录了目的 MAC 地址与交换机端口间的对应关系，若查找到该表项，则可将数据帧有目的地转发到指定的端口，从而实现数据帧的过滤转发。

如图 4-13 所示，假设站点 A 向站点 B 发送一个帧，此时节点 B 的 MAC 地址是已知的，因此该数据帧将直接转发到 E1 端口，而不会发送到 E2 和 E3 端口。

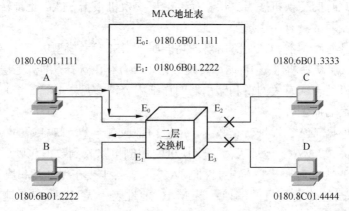

图 4-13　MAC 地址表项的使用

交换机应该能够适应网络构成的变化，为了做到这一点，对于每个新学习到的地址，在加入交换机 MAC 表中之前，都会先赋予其一个年龄值（一般为 300s）。如果该 MAC 地址在年龄值规定的时间内没有任何流量，该地址将从 MAC 表中被删除。而且，每次重新出现该 MAC 地址时，MAC 表中相应的表项将被刷新，以使 MAC 地址表始终保持精确。

（2）二层交换机的功能

根据上述二层交换的原理，可以归纳出二层交换机具有以下功能。

① 地址学习功能。从上述可以看出，交换机在转发数据帧时基于数据帧的源 MAC 地址建立 MAC 地址表，即将 MAC 地址与交换机端口之间的对应关系记录在 MAC 地址表中。

② 数据帧的转发与过滤功能。交换机必须监视其端口所连的网段上发送的每个帧的目的地址，避免不必要的数据帧的转发，以减轻网络中的拥塞。所以，交换机需要将每个端口上接收到的所有帧都读取到存储器中，并处理数据帧头中的相关字段，查看到某个节点的目的 MAC 地址（DMAC）。交换机对所收到的数据帧的处理有如下 3 种情况。

● 丢弃该帧。如果交换机识别出某个帧中的 DMAC 标识的站点与源站点处于同一个端口上，它就不处理此帧，因为目的站点（源、目的站点处于同一网段）已经接收到此帧，这种情况下，该帧将被丢弃。

● 将该帧转发到某个特定端口上。如果检查 MAC 表发现 DMAC 标识的站点处于另一个网上，交换机将把此帧转发到相应的端口上。

● 将帧发送到所有端口上。当交换机查不到 DMAC 标识的位置时，它会将数据帧发送到所有端口上，以确保目的站点能够接收到该信息，此举即为广播。

③ 广播或组播数据帧。二层交换机支持广播或组播数据帧。

广播数据帧是从一个站点发送到其他所有站点的。许多情况下需要广播，比如上述当交换机不知道 DMAC 标识的位置时，若向所有设备发送单播，效率显然是很低的，广播是最好的办法。每个接收到广播数据帧的站点将完整地处理该帧。

广播数据帧可以通过所有位都为 1 的目的 MAC 地址进行标识。MAC 地址通常采用十六进制的格式表示，因此，所有位都为 1 的目的 MAC 地址用十六进制表示为全 F。例如以太网广播地址为"FF-FF-FF-FF-FF-FF"。

交换机收到目的地址位全 1 的数据包后，它将把数据包发送到所有端口上。如图 4-14 所示，站点 D 发送一个广播帧，该数据帧被发送到除接收端口 E3 之外的所有端口。冲突域中的所有节点竞争同一个介质，所以广播域中的所有站点都将接收到同一个广播帧。

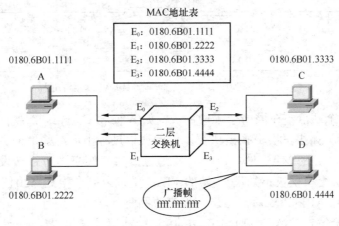

图 4-14　广播帧交换示意图

组播类似于广播，但它的目的地址不是所有的站点，而是一组站点。

值得一提的是，交换机不能隔离广播和组播，交换网络中的所有网段都在同一个广播域中。

（3）三层交换的原理

三层交换机是一个带有路由功能的二层交换机，但它是二者的有机结合，而不是简单地把路由器设备的硬件及软件叠加在二层交换机上。

假设两个使用 IP 的站点要通过三层交换机进行通信。站点 A 在开始发送信息时，已知目的 IP 地址，但不知道在局域网上发送所需要的目的 MAC 地址，要采用地址解析协议（ARP）来确定目的 MAC 地址。这可以分为以下两种情况进行讨论。

① 通信的两个站点位于同一个子网内。例如站点 A 要和站点 B 通信，A 在开始发送时，会把自己的 IP 地址与 B 站的 IP 地址比较，从其软件中配置的子网掩码得出子网地址，来确

定目的站点是否与自己在同一子网内，若是，则根据 MAC 地址进行二层转发。

站点 A 如何得到站点 B 的 MAC 地址呢？A 广播一个 ARP 请求，B 返回其 MAC 地址。A 得到目的站点 B 的 MAC 地址后将这一地址缓存起来，并用此 MAC 地址封包转发数据，二层交换模块通过查找 MAC 地址表确定将数据包发向目的端口。具体过程如图 4-15 所示。

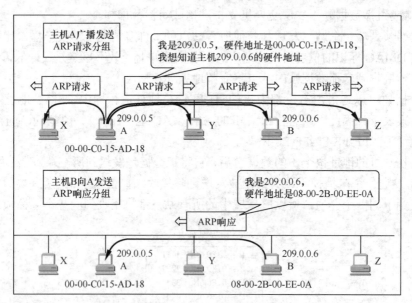

图 4-15　采用地址解析协议 ARP 确定目的 MAC 地址的过程

② 通信的两个站点不在同一个子网内。例如 A 要和 C 通信，A 要向三层交换模块广播一个 ARP 请求，如果三层交换模块在以前的通信过程中已经知道 C 站的 MAC 地址，则向发送站 A 回复 C 的 MAC 地址，然后 A 通过二层交换模块向 C 转发数据，如图 4-16（a）所示。若三层交换模块不知道 C 站的 MAC 地址，则会根据路由信息广播一个 ARP 请求，C 站收到此 ARP 请求后向三层交换模块回复其 MAC 地址，三层交换模块便会保存此地址并回复给发送站 A，同时将 C 站的 MAC 地址发送到二层交换引擎的 MAC 地址表中。此后，A 向 C 发送的数据包便全部交给二层交换机处理，信息得以高速交换，如图 4-16（b）所示。

（4）三层交换的优势

从三层交换机的工作原理可以看出，仅仅在路由过程中才需要三层处理，绝大部分数据都是通过二层交换转发，因此，三层交换机的速度很快，接近于二层交换机的速度，解决了传统路由器低速、复杂所造成的网络瓶颈问题。

另外，与传统的二层交换技术相比，三层交换在划分子网和广播限制等方面提供了较好的控制。传统的通用路由器与二层交换机一起使用也能达到此目的，但是与使用三层交换机的方案相比，三层交换机需要更少的配置、更小的空间、更少的布线，价格更便宜，并能提供更高、更可靠的性能。

归纳起来，三层交换机具有高性能、安全性、易用性、可管理性、可堆叠性、服务质量及容错性等技术特点。

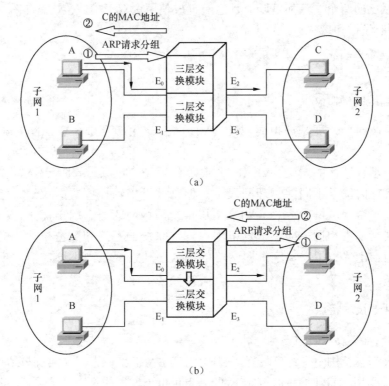

图 4-16 通信的两个站点不在同一个子网内

3. 全双工局域网

全双工局域网的每个站点都可以同时发送和接收数据。交换技术是实现全双工局域网的必要前提，因为全双工要求只有两个站的点对点的连接。但有一点要注意，交换式局域网并不自动就是全双工操作，只有在交换机中设置了全双工端口以及做一些相应的改进后，交换式局域网才是全双工局域网。

（1）全双工局域网的优点

全双工局域网具有如下优点。

① 由于同时发送和接收数据，这在理论上可以使传输速率翻一番。例如工作于全双工模式的 10 BASE-T 双绞线链路速率可达 20Mbit/s。

② 网段长度不再受共享介质半双工局域网计时要求的限制，它只受介质系统本身传输信号能力的限制。

（2）全双工局域网标准

IEEE 于 1997 年 3 月正式制定了 802.3x 全双工局域网标准，规定了全双工操作的使用方法及全双工流量控制机制。

IEEE 802.3x 标准规定全双工操作必须满足以下要求。

- 物理介质必须不受干扰地支持同步发送和接收信号。
- 全双工点对点链路必须连接两个站点。因为没有对共享介质的竞争问题，所以不需要 CSMA/CD 技术。

● 局域网上的两个站点都可以而且已配置成使用全双工模式。这意味着两个局域网接口必须可以同时发送和接收帧。

4.1.4　虚拟局域网

1．虚拟局域网的概念

交换式局域网的发展是虚拟局域网（VLAN）产生的基础，VLAN 是一种比较新的技术。

VLAN 并没有严格的定义，VLAN 大致等效于一个广播域，即 VLAN 模拟了一组终端设备，虽然它们位于不同的物理网段上，但是并不受物理位置的束缚，相互间通信就好像它们在同一个局域网中一样。VLAN 从传统局域网的概念引申而来，在功能和操作上与传统局域网基本相同，提供一定范围内终端系统的互连和数据传输。它与传统局域网的主要区别在于"虚拟"二字，即网络的构成与传统局域网不同，由此也导致了性能上的差异。

2．VLAN 的技术特点

VLAN 具有如下技术特点。

① VLAN 覆盖范围不受距离限制。例如，100 BASE-T 以太网交换机与站点之间的传输距离为 100m（采用 UTP 时），而 VLAN 的站点可位于城市的不同区域或不同省市，甚至不同国家。

② VLAN 建立在交换网络的基础之上，交换设备包括以太网交换机、ATM 交换机和宽带路由器等。

③ 一个 VLAN 能够跨越多个交换机，是一个逻辑的子网，与一个物理的子网是有区别的。一个物理的子网由一个物理缆线段上的设备所构成，一个逻辑的子网由被配置为该 VLAN 成员的设备组成。这些设备可以位于交换区块中的任何地方。

④ VLAN 属于 OSI 参考模型中的第二层（数据链路层）技术，能充分发挥网络的优势，体现交换网络的高速、灵活、易管理等特性。

⑤ VLAN 较普通局域网有更好的网络安全性。在普通的共享式局域网中，安全性很难保证，因为用户只要插入一个活动端口就能访问网段，容易产生广播风暴。而 VLAN 能有效地防止网络的广播风暴，因为一个 VALN 的广播信息不会送到其他 VLAN，而一个 VLAN 中的所有设备都是同一广播域的成员。如果一个站点发送一个广播，该 VLAN 的所有成员都将接收到这个广播但会被不是同一 VLAN 成员的所有端口或设备过滤掉。

3．划分 VLAN 的好处

由于 VLAN 可以分离广播域，所以它为网络提供了大量的好处，主要包括如下几项。

① 提高网络的整体性能。网络上大量的广播流量对该广播域中的节点的性能会产生消极影响，可见广播域的分段有利于提高网络的整体性能。

② 成本低且效率高。如果网络需要，VLAN 技术可以完成分离广播域的工作，而无需添置昂贵的硬件。

③ 网络安全性好。VLAN 技术可使得物理上属于同一个拓扑而逻辑拓扑并不一致的两组设备的流量完全分离，保证了网络的安全性。

④ 可简化网络的管理。VLAN 允许管理员在中央节点来配置和管理网络，VLAN 的建立、修改和删除都十分简便。虚拟工作组也可方便地重新配置，而无需对实体进行再配置。虚拟局域网为网络设备的变更和扩充提供了一种有效的手段，当需要增加、移动或变更网络设备时，只要在管理工作站上用鼠标拖动相应的目标即可实现。

4．划分 VLAN 的方法

划分 VLAN 的方法主要有以下几种。

（1）按端口划分 VLAN

按端口划分 VLAN 是按照局域网交换机端口定义 VLAN 成员。VLAN 从逻辑上把局域网交换机的端口划分开来，也就是把终端系统划分为不同的部分，各部分相对独立，在功能上模拟了传统局域网。按端口划分 VLAN 又分为单交换机端口定义 VLAN 和多交换机端口定义 VLAN 两种。

① 如图 4-17 所示即为单交换机端口定义 VLAN 结构示意图，交换机端口 1、2、6、7 和 8 组成 VLAN1，端口 3、4 和 5 组成 VLAN2。这种 VLAN 只支持一个交换机。

② 多交换机端口定义 VLAN。图 4-18 所示即为多交换机端口定义 VLAN 结构示意图，交换机 1 的 1、2、3 端口和交换机 2 的 4、5、6 端口组成 VLAN1，

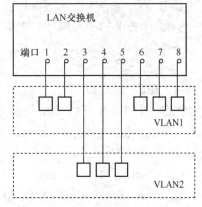

图 4-17　单交换机端口定义 VLAN 结构示意图

交换机 1 的 4、5、6、7、8 端口和交换机 2 的 1、2、3、7、8 端口组成 VLAN2。多交换机端口定义的 VLAN 的特点是一个 VLAN 可以跨多个交换机，而且同一个交换机上的端口可能属于不同的 VLAN。

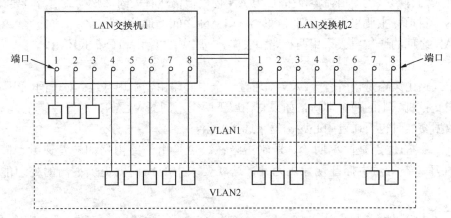

图 4-18　多交换机端口定义 VLAN 结构示意图

用端口定义 VLAN 成员方法的优点是其配置直接了当，但不允许不同的 VLAN 包含

相同的物理网段或交换机端口，例如交换机 1 和 2 端口属于 VLAN1 后，就不能再属于 VLAN2；另外更重要的是当用户从一个端口移动到另一个端口时，网络管理者必须对 VLAN 成员进行重新配置。

（2）按 MAC 地址划分 VLAN

按 MAC 地址划分 VLAN 是用终端系统的 MAC 地址来定义 VLAN。MAC 地址对应于网络接口卡，固定于工作站的网络接口卡内，是与硬件密切相关的地址。正因如此，MAC 地址定义的 VLAN 允许工作站移动到网络的其他物理网段，而自动保持原来的 VLAN 成员资格（因为它的 MAC 地址没变）。所以说，基于 MAC 定义的 VLAN 可视为基于用户的 VLAN，这种 VLAN 要求所有用户在初始阶段必须配置到至少一个 VLAN 中，初始配置由人工完成，随后就可以自动跟踪用户。

（3）按 IP 地址划分 VLAN

按 IP 地址划分 VLAN 也叫三层 VLAN，即用协议类型（如果支持多协议）或网络层地址（例如 TCP/IP 的子网地址）来定义 VLAN 成员资格。

5．VLAN 标准

（1）IEEE 802.1Q

IEEE 802.1Q 是 IEEE 802 委员会制定的 VLAN 标准。是否支持 IEEE 802.1Q 标准，是衡量局域网交换机的重要指标之一。目前，新一代的局域网交换机都支持 IEEE 802.1Q 标准，而较早的设备则不支持。

（2）Cisco 公司的 ISL 协议

ISL（Inter Switch Link）协议是由 Cisco 公司开发的，它支持实现跨多个交换机的 VLAN。该协议使用 10bit 寻址技术，数据包只传送到那些具有相同 10bit 地址的交换机和链路上，并由此来进行逻辑分组，控制交换机和路由器之间广播和传输的流量。

6．VLAN 之间的通信

尽管大约有 80%的通信流量发生在 VLAN 内，但仍然有大约 20%的通信流量要跨越不同的 VLAN。目前，主要采用路由器技术解决 VLAN 之间的通信。

VLAN 之间的通信一般采用两种路由策略，即集中式路由和分布式路由。

（1）集中式路由

集中式路由策略是指所有 VLAN 都通过一个中心路由器实现互连。对于同一交换机（一般指二层交换机）上的两个端口，如果它们属于两个不同的 VLAN，尽管它们在同一交换机上，在数据交换时也要通过中心路由器来选择路由。

这种方式的优点是简单明了、逻辑清晰；缺点是由于路由器的转发速度受限，会加大网络时延，容易发生拥塞现象。因此，这就要求中心路由器提供很高的处理能力和容错特性。

（2）分布式路由

分布式路由策略是将路由选择功能适当地分布在带有路由功能的交换机上（指三层交换机），同一交换机上的不同 VLAN 可以直接实现互通。这种路由方式的优点是具有极高的路由速度和良好的可伸缩性。

4.2　以太网接入技术基本概念

4.2.1　以太网接入的概念

以太网接入也称为 FTTX+LAN 接入，以光纤加交换式以太网的方式实现用户高速接入互联网，可实现的方式是光纤到路边（FTTC）、光纤到大楼（FTTB）、光纤到户（FTTH），泛称为 FTTX。目前一般实现的是光缆到路边或光纤到大楼。

如果接入网也采用以太网，则可以形成从局域网、接入网、城域网到广域网全部是以太网的结构，采用与 IP 一致的统一的以太网帧结构，各网之间无缝连接，中间不需要任何格式转换，将可以提高运行效率，方便管理，降低成本。

4.2.2　以太网接入的网络结构

以太网接入的网络结构采用星形或树形，以接入宽带 IP 城域网的汇聚层为例，以太网接入典型的网络结构如图 4-19 所示。

以太网接入的网络结构根据用户数量及经济情况等可以采用图 4-19（a）所示的一级接入或图 4-19（b）所示的两级接入。

图 4-19（a）所示的以太网接入网适合于小规模居民小区，交换机只有一级，采用三层交换或二层交换都可以。二/三层交换机上行与汇聚层节点采用光纤相连，速率一般为100Mbit/s；下行与用户之间一般采用双绞线连接，速率一般为 10Mbit/s，若用户数超过交换机的端口数，可采用交换机级联方式。

图 4-19（b）所示的以太网接入网适合于中等或大规模居民小区，交换机分两级，第一级交换机采用具有路由功能的三层交换，第二级交换机采用二层交换。

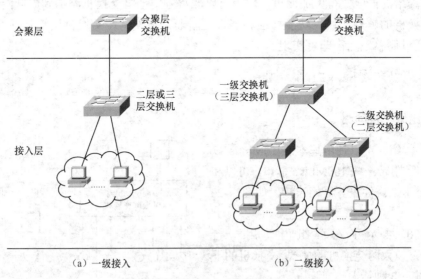

（a）一级接入　　　　　　　　　　（b）二级接入

图 4-19　以太网接入典型的网络结构

对于中等规模的居民小区来说，三层交换机具备一个吉比特或多个百兆上联光口，上行与会聚层节点采用光纤相连（光口直连，电口经光电收发器连接）；三层交换机下联口既可以提供百兆电口（100m 以内），也可以提供百兆光口。下行与二层交换机相连时，若距离大于 100m，采用光纤；距离小于 100m，则采用双绞线。二层交换机与用户之间一般采用双绞线连接。

对于大规模的居民小区来说，三层交换机具备多个吉比特光口直联到宽带 IP 城域网，下联口既可以提供百兆光口，也可以提供吉比特光口；其他情况与中等规模居民小区相同。

4.2.3 以太网交换机扩展技术

1. 级联

级联是由线缆把交换机与交换机通过级联口相连接，以增加同一网络的端口数目。由于级联会导致延迟和衰减，所以级联的数目受到限制。

2. 堆叠

堆叠是通过厂家的堆叠电缆，把性能相同的交换机按照矩阵和菊花链等堆叠方式堆叠起来，可以把性能相同的交换机逻辑上当作一个交换机使用。堆叠也可以增加同一网络的端口数目，但是不同厂家堆叠的个数会受到技术的限制。

3. 集群

交换机集群技术允许通过标准的 Web 浏览器和一个 IP 地址管理多个相互连接的交换机或端口，而不管这些交换机在什么位置或是否在一起。

交换机集群技术带来的好处有如下几个。

① 可使网络管理变得简单而有效。

② 使网络的扩展变得更加简单，因为可以非常方便地将交换机添加到局域网。

③ 交换机的软件升级、功能增强和连接更新非常方便。在交换机网管软件的操作界面上，只需通过简单地点击即可实现。

4.2.4 以太网接入组网实例

1. 群组级交换网络

典型的群组，可以使用基本的 10Mbit/s 以太网交换机，附带一些 100Mbit/s 端口，可以和一个或多个本地文件服务器相连接，如图 4-20 所示。

图 4-20 展示了在群组内使用一台 10/100Mbit/s 以太网交换机的情况，交换机的下行连接有以下 3 种情况。

① 端口连接由一些地理位置接近的工作站组成的网段，即把几台工作站连接到传统集线器上，集线器再上连交换机。

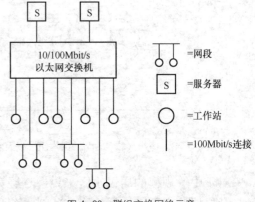

图 4-20 群组交换网络示意

② 直接连接工作站。

③ 连接服务器。

2. 部门级交换网络

几个群组级交换网络结合到一起就形成了部门级交换网络，它一般是两层交换式网络，如图 4-21 所示。

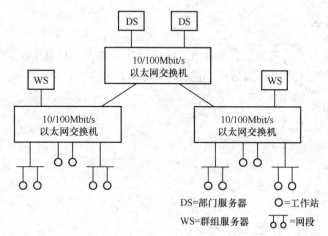

图 4-21 部门级交换网络示意

第一层或低层的交换机专门支持特定的群组，包括本地服务器；上层的一个或几个交换机（称为主干交换机）用来连接群组交换机和部门服务器。群组用户对部门服务器的访问需跨越群组的界限，即通过主干交换机。

由于群组交换机之间的互连和对部门服务器的访问都要通过主干交换机，可见主干交换机的故障对通信的影响会比群组交换机故障大得多，所以对其可靠性要求较高。

另外，主干交换机直接影响群组之间的吞吐率以及与部门服务器的信息交换传输，可使用专门的 100Mbit/s 以太网交换机作为主干交换机。但如果从经济角度出发，也可以选用配有足够多的 100Mbit/s 端口的 10Mbit/s/100Mbit/s 交换机。

3. 企业级交换网络

在部门级交换网络之上，利用路由器连接地理上分散的部门（它可能分布在同一城市、不同城市、一个或几个国家或者全球的不同位置），便构成了一个企业级交换网络，如图 4-22 所示。

图 4-22 企业级交换网络

图 4-22 所示的企业级交换网络是利用一台路由器把部门及交换网络内主干交换机和广域网相连，究竟用一个还是用几个路由器根据特定的组网要求确定。

4.2.5　以太网接入提供的业务种类

1．高速上网业务

FTTX+LAN 接入网可为小区居民用户和企业用户提供高速上网业务，可分为拨号和专线两种业务形式。

2．宽带租用业务

FTTX+LAN 接入网可为企业集团等用户提供 2～100Mbit/s 甚至更高速率的宽带租用业务，通过宽带 IP 城域网将用户局域网络接入 IP 网。

3．网络互连业务

网络互连业务是指简单地为用户提供两个或多个节点之间的宽带 IP 数据传送通道，其适用对象是包括政府、大中小学校、医院、企业、商业及各分支结构等集团用户。

4．视频业务

宽带 IP 城域网可以承载基于 IP 的视频流，开展视频点播、远程监控和远程教学等交互视频服务，FTTX+LAN 接入网可为视频业务提供高带宽的传输通道，将视频业务接入宽带 IP 城域网。

5．IP 电话接入业务

为了适应基于 IP 承载语音这一互联网发展的趋势，FTTX+LAN 接入网可以提供 IP 电话接入业务。

4.2.6　以太网接入的优缺点

1．以太网接入的优点

① 高速传输。用户上网速率目前可以达到 10Mbit/s 以上，以后还能根据用户需要升级。

② 网络可靠、稳定。楼道交换机和小区中心交换机、小区中心交换机和局端交换机之间通过光纤相连，网络稳定性高、可靠性强。

③ 用户投资少，价格便宜。用户只需一台带有网络接口卡（NIC）的 PC 机即可上网。

④ 安装方便。小区、大厦、写字楼内采用综合布线，用户端采用五类网线方式接入，即插即用。

⑤ 技术成熟。以太网接入技术已经出现了很长时间，是一种基本成熟的技术。

⑥ 应用广泛。由于中国特色的民宅大多数非常集中，符合以太网的应用特点，所以说以太网接入技术是具有中国特色的接入技术，应用非常广泛，通过以太网接入方式可实现高速上网、远程办公、VOD 点播、VPN 等多种业务。

2. 以太网接入的缺点

① 五类线布线问题。五类线本身只限于室内使用，限制了设备的摆设位置，致使工程建设难度已成为阻碍以太网接入的重要问题。

② 故障定位困难。以太网接入网络层次复杂，网络层次多导致故障点增加，且难以快速判断排除，使得线路维护难度加大。

③ 用户隔离方法较为烦琐，且广播包较多。

4.3 以太网接入技术的管理

由于宽带接入网是一个公用的网络环境，因此其要求与以太网这样一个私有网络环境有较大区别，主要反映在安全管理（用户之间的广播隔离问题）、IP 地址管理、业务控制管理（包括接入带宽控制、用户接入认证和计费、接入业务的服务质量保证等）方面。

4.3.1 以太网接入的用户广播隔离问题

接入以太网中的主要目的是高速上网，用户一般都不希望自己的网络通信信息被其他用户所获得，所以必须充分考虑用户之间的广播隔离问题。

解决用户之间的广播隔离问题的方法主要有基于 VLAN 实现用户广播隔离、MAC 地址过滤和广播流向指定等。

1. 基于 VLAN 实现用户广播隔离

通过划分 VLAN，可以将交换式以太网络划分为不同的广播域，从而实现安全和隔离的目的，有效防止网络的广播风暴。采用 VLAN 技术实现用户广播隔离是目前用得比较多的一种方法，但是采用 VLAN 实现用户隔离，需要划分的 VLAN 数目较多，由此存在如下一些问题。

① 以太网交换机对 VLAN 的支持存在着数目的限制。

② VLAN 划分过多会增大本网出口的路由设置难度。

③ VLAN 划分过多会对以太网的交换效率以及其他一些应用造成不利的影响；

④ VLAN 划分过多会大量浪费地址。极端情况下，若对交换机的每一个端口划分为一个 VALN，多数厂家的设备每划分一个 VLAN 需要 4 个地址。

所以在接入用户数目较多的情况下，对于各个用户的隔离处理除了采用 VLAN 技术，一般还结合采用其他的方法，比如 PVLAN 技术方案。

（1）PVLAN

PVLAN（Private VLAN）技术在 802.1QVLAN 的基础上对一个 VLAN 进行第二层 VLAN 划分（即在第一层 VLAN 的基础上进行 PVLAN 的划分和隔离），从而实现用户隔离方案，具体讲就是在以太网交换机上配置的能够与其他端口在网络第二层进行隔离的一组端口。

在以太网接入中实现用户隔离时，采用划分 VLAN 以及 PVLAN 相结合的方法，不仅可以减少第一层 VLAN 的数目，并且配置灵活，容易满足各种用户的隔离要求。遗憾的是 PVLAN

不是标准的 IEEE802.1QVLAN 技术，与其他厂家设备存在兼容性问题。

（2）VLAN Stacking

VLAN Stacking 是一种可以针对用户不同 VLAN 封装外层 VLAN Tag 的二层技术，由 802.1ad 定义。这种技术是在一个 VLAN 里再增一层标签，成为双标签的 VLAN，外层的就是 SVLAN（Service provider VLAN），内层的就是 CVLAN（Customer VLAN）。

在运营商接入环境中，往往需要根据用户的应用或接入地点或设备来区分用户需求。VLAN Stacking 可以根据用户报文的 Tag 或 IP/MAC 等给用户报文打上相应的外层 Tag，以达到区分不同用户的目的。

VLAN Stacking 端口有以下特点。

- 具备 VLAN Stacking 功能的端口可以配置多个外层 VLAN，端口可以给不同 VLAN 的帧加上不同的外层 Tag。

- 具备 VLAN Stacking 功能的端口可以在接收帧时给帧加上外层 Tag，发送帧时剥掉帧最外层的 Tag。

这里有一点需要说明，SVLAN 是 802.1Q 的应用方式，而 VLAN 和 SLVAN 能共存，所以这三者完全可以配合使用，但要看交换机的实现功能。

2．MAC 地址过滤

所谓 MAC 地址过滤，是通过在以太网交换机上设置过滤策略来实现用户的二层广播隔离，过滤策略一般是单独针对交换机的某个端口设定，而不是对整个交换机。

MAC 地址过滤包括源 MAC 地址过滤和目的 MAC 地址过滤。源 MAC 地址过滤是通过二层交换机端口进行 MAC 地址的过滤，使得该交换机端口只能接收来自特定源地址的数据包，禁止接收其他非指定源 MAC 地址的广播包。这种方法能够使得各个接入用户之间不能接收到广播包而实现用户隔离。基于目的 MAC 地址的过滤在以太网交换机内指定上联出口 MAC 地址，用户只能向上联端口发送数据包，而不允许向其他目的 MAC 地址发数据包，这就限制了用户间的信息广播，实现了用户的隔离。

MAC 地址过滤要求过滤策略配置功能必须简单、灵活、快速（过滤功能应在 ASIC 芯片这样的硬件上实现），以提高网络系统的效率。

3．广播流向指定

广播流向指定实现用户广播隔离的原理是在交换机上指定某些端口的广播流向，如指定用户端口的所有广播包只能发给上联端口，而不能在用户端口之间互相转发，上联端口下来的广播包则可转发给所有端口，两个用户端口间无法知道对方的 MAC 地址，广播包又不能发送，从而实现了相互隔离。

以上介绍了解决用户之间的广播隔离问题的 3 种方法，MAC 地址过滤和广播流向指定分别可以和 VLAN 技术结合使用，能达到比较好的效果。

4.3.2　以太网接入的 IP 地址管理

以太网接入方式覆盖面非常大，将要延伸到千家万户，必将消耗大量的地址资源。在未完成由 IPv4 升级到 IPv6、IP 地址并不充裕的情况下，对 IP 地址进行管理是至关重要的。

IP 地址分公有 IP 地址和私有 IP 地址。公有 IP 地址是接入 Internet 时所使用的全球唯一的 IP 地址，必须向 Internet 的管理机构申请。私有 IP 地址是仅在机构内部使用的 IP 地址，可以由本机构自行分配，而不需要向 Internet 的管理机构申请。这里的 IP 地址管理指的是公有 IP 地址的管理。基于以太网的接入网公有 IP 地址有两种分配方式，即静态分配方式和动态分配方式。

1. 静态分配方式

静态公有 IP 地址分配一般用于专线接入，上网机器 24 小时在线，用户固定连接在网络端口上。采用静态分配时，建议设备有 IP 地址和 MAC 地址的静态 ARP 绑定、IP 地址和物理端口的对应绑定、IP 地址和 VLAN ID 的对应绑定等绑定功能，设备只允许符合绑定关系的 IP 数据包通过，这样可大大加强对用户的管理。

2. 动态分配方式

动态公有 IP 地址分配一般对应于账号应用，要求用户必须每次均建立连接，认证通过后才分配一个动态 IP 地址，终止连接时收回该地址。

动态分配公有 IP 地址时，地址管理方案有网络地址翻译（NAT）和服务器代理方式，另外还有动态 IP 地址池分配方案。

（1）NAT

NAT 方案解决以太网接入网络地址短缺问题的办法是：以太网网络内部使用私有 IP 地址，当用户需要接入 IP 网时，再由 NAT 设备将私有 IP 地址转换为合法的公有 IP 地址。

NAT 功能通常被集成到路由器、防火墙或者单独的 NAT 设备中，即需要在专用网连接到 Internet 的路由器（或防火墙）中安装 NAT 软件。装有 NAT 软件的路由器（或防火墙）叫做 NAT 路由器（或防火墙），它至少有一个有效的外部全球地址 IPG。

所有使用私有地址的主机在和外界通信时都要在 NAT 路由器（或防火墙）上将其私有地址转换成 IPG 才能和 Internet 连接。

私有 IP 地址与公有 IP 地址转换的过程为

- 内部主机 X 用私有 IP 地址 IPX 和 Internet 上的主机 Y 通信所发送的数据包必须经过 NAT 路由器（或防火墙）。
- NAT 路由器（或防火墙）将数据包的源地址 IPX 转换成全球地址 IPG，但目的地址 IPY 保持不变，然后发送到 Internet。
- NAT 路由器（或防火墙）收到主机 Y 发回的数据包时（数据包中的源地址是 IPY，而目的地址是 IPG），根据 NAT 转换表，NAT 路由器（或防火墙）将目的地址 IPG 转换为 IPX，转发给最终的内部主机 X。

NAT 地址转换方式有静态转换方式、动态转换方式和复用动态方式 3 种。

① 静态转换方式

静态转换方式是在 NAT 表中事先为每一个需要转换的内部地址（私有 IP 地址）创建固定的映射表，建立私有地址与公有地址之间的一一对应关系，即内部网络中的每个主机都被永久映射成外部网络中的某个合法的地址。这样每当内部主机与外界通信时，NAT 路由器（或防火墙）可以做相应的转换。这种方式用于接入外部网络的用户数比较少时。

② 动态转换方式

动态转换方式将可用的公有地址集定义成 NAT Pool（NAT 池），对于要与外界进行通信的内部主机，如果还没有建立转换映射，NAT 路由器（或防火墙）将会动态地从 NAT 池中选择一个公有地址替换其私有地址，而在连接终止时再将此地址回收。

③ 复用动态方式

复用动态方式利用公有 IP 地址和 TCP 端口号来标识私有 IP 地址和 TCP 端口号，即把内部地址映射到外部网络的一个 IP 地址的不同端口上。TCP 协议规定使用 16 位的端口号，除去一些保留的端口外，一个公有 IP 地址可以区分多达 6 万个采用私有 IP 地址的用户端口号。

下面举例说明复用动态方式，参见表 4-1。

表 4-1　　　　　　　　　　　　　　　　NAT 地址转换表

方向	字　段	旧的 IP 地址和端口号	新的 IP 地址和端口号
出	源 IP 地址/源端口号	172.16.0.5/2000	184.26.1.8/3001
出	源 IP 地址/源端口号	172.16.0.6/2001	184.26.1.8/3002
入	目的 IP 地址/目的端口号	184.26.1.8/3001	172.16.0.5/2000
入	目的 IP 地址/目的端口号	184.26.1.8/3002	172.16.0.6/2001

出方向——某专用网内的主机 A，其私有 IP 地址为 172.16.0.5，端口号为 2000。当它向 Internet 发送 IP 数据包时，NAT 路由器（或防火墙）将源 IP 地址和端口号都进行转换，即将私有 IP 地址"172.16.0.5"转换为公有 IP 地址"184.26.1.8"，将主机 A 旧的（原来的）端口号 2000 转换为 3001；另一台主机 B 私有 IP 地址为"172.16.0.6"，端口号为 2001。它也要向 Internet 发送 IP 数据包，NAT 路由器（或防火墙）将其私有 IP 地址"172.16.0.6"转换为同样的公有 IP 地址"184.26.1.8"，将主机 B 旧的（原来的）端口号 2001 转换为与主机 A 不同的新的端口号 3002。

入方向——当 NAT 路由器（或防火墙）收到从 Internet 发来的 IP 数据包时，可根据不同的端口号查 NAT 地址转换表找到正确的目的主机。即根据旧的目的 IP 地址（公有 IP 地址）和端口号"184.26.1.8/3001"查 NAT 地址转换表，转换为新的 IP 地址和端口号"172.16.0.5/2000"，进而找到主机 A；根据旧的目的 IP 地址（公有 IP 地址）和端口号"184.26.1.8/ 3002"查 NAT 地址转换表，转换为新的 IP 地址和端口号"172.16.0.6/2001"，可找到主机 B。

由于一般运营商申请到的公有 IP 地址比较少，而用户数却可能很多，为了更加有效地利用 NAT 路由器（或防火墙）上的全球公有 IP 地址，一般都采用复用动态方式。

（2）服务器代理方式

普通的 Internet 访问是一个典型的客户机与服务器结构，用户利用计算机上的客户端程序，如浏览器发出请求，远端 Web 服务器程序响应请求并提供相应的数据。代理服务器则处于客户机与 Web 服务器之间，其功能就是代理网络用户去取得网络信息。形象地说，它就是网络信息的中转站。

有了代理服务器后，用户的浏览器不是直接到 Web 服务器去取回网页，而是向代理服务器发出请求，Request 信号会先送到代理服务器，由代理服务器来取回浏览器所需要的信息并传送给用户的浏览器。而且，大部分代理服务器都具有缓冲的功能，就好像一个大的 Cache，有很大的存储空间，不断将新取得数据储存到它本机的存储器上，如果浏览器所请求的数据在它本机的存储器上已经存在而且是最新的，那么它就不重新从 Web 服务器取数据，而直接将存储器上的数据传送给用户的浏览器，这样就能显著提高了浏览速度和效率。

例如以太网中一个用户访问了 Internet 上的某一站点后，代理服务器便将访问过的内容存入 Cache 中，如果以太网的其他用户再访问同一个站点，代理服务器便将它缓存中的内容传送给该用户。

代理服务器主要有如下功能。

- 节省 IP 地址——以太网内的众多机器可以通过内网的一台代理服务器（代理服务器同时有一个公有 IP 地址和一个宽带小区内部的私有 IP 地址）连接到外网，用户的所有处理都通过代理服务器来完成。这样，以太网所有用户对外只占用一个公有 IP 地址，而不必租用过多的 IP 地址，既节省了 IP 地址，又降低了网络的维护成本。所以，我们说服务器代理方式是地址管理的一种方案。

- 具有防火墙功能——代理服务器可以保护以太网内部网络不受入侵，也可以设置对某些主机的访问能力进行必要的限制，这实际上起着代理防火墙的作用。

- 提高访问速度——由于代理服务器一般都设置一个较大的硬盘缓冲区（可能高达几 GB 或更大），外界的信息通过时会将其保存到缓冲区中，当其他用户再访问相同的信息时，则直接由缓冲区中取出信息传给用户，从而达到提高访问速度的目的。

（3）动态 IP 地址池分配

动态 IP 地址池分配是从 IP 地址池（IP POOl）动态地为用户分配 IP 地址，动态地址分配设备一般选用基于 IP 的宽带接入服务器。宽带接入服务器对用户的 PPP 连接申请进行处理，解读用户送出的用户名、密码和域名，通过 Radius 代理将用户名和密码通过 IP 网络送到相应的 Radius 服务器进行认证。对通过认证的用户，从宽带接入服务器在用户侧的 IP 地址池（IP POOl）中动态为其分配 IP 地址。

从地址分配的角度看，宽带接入服务器可以节约一定的 IP 地址资源，通过账号、密码等合法性信息鉴别用户身份，实现动态地址占用，可以杜绝非法用户占用网络资源。

4.3.3 以太网接入的业务控制管理

以太网接入方式除了要解决用户之间的广播隔离问题和地址管理以外，还需要考虑实现对以太网接入方式的业务控制管理，主要包括接入带宽控制、用户接入认证和计费、接入业务的服务质量保证等。

1. 接入带宽控制

对于以太网接入方式，不同用户业务对带宽有不同的需求，将带宽根据用户的实际需要分成多个等级，即进行接入带宽控制。

接入带宽控制的方法有两种，即在分散放置的客户管理系统上对每个用户的接入带宽进行控制以及在用户接入点上对用户接入带宽进行控制。

2．用户接入认证和计费

以太网用户接入认证和计费目前主要采用 PPPoE 技术和 DHCP+技术，下面分别进行介绍。

（1）PPPoE 技术概念

PPPoE 基于两种广泛采用的标准——以太网和 PPP，通过把以太网和点对点协议 PPP 的可扩展性及管理控制功能结合在一起，实现对用户的接入认证和计费等功能。采用 PPPoE 技术，用户以虚拟拨号方式接入宽带接入服务器，通过用户名密码验证后才能得到 IP 地址并连接网络。

PPPoE 接入设备主要包括宽带接入服务器和 RADIUS 服务器等。

PPPoE 接入认证的拓扑结构如图 4-23 所示。

（2）PPPoE 的工作过程，PPPoE 的工作过程分 PPPoE 接入设备发现阶段和 PPP 会话阶段（即 PPP 连接建立和 PPP 连接建立后的认证、授权）两个阶段，如图 4-24 所示。

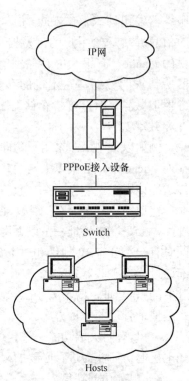

图 4-23 PPPoE 接入认证的拓扑结构

① PPPoE 接入设备发现阶段的过程如下所述。

• 终端用户发送 PPPoE 发现起始广播包，寻找 PPPoE 接入设备（宽带接入服务器），等待其响应；

• PPPoE 接入设备（一个或多个）收到发现起始广播包后，若能提供所需服务，向终端用户发送服务提供包，即向用户应答，告知可以提供 PPPoE 接入；

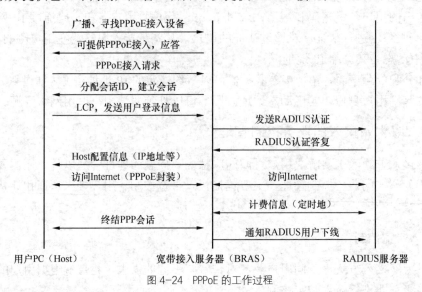

图 4-24 PPPoE 的工作过程

• 终端用户收到服务提供包后，选定某个 PPPoE 接入设备，向其发送接入请求包；

• 被选中的 PPPoE 接入设备收到接入请求包后，产生一个唯一的会话 ID，将其返回给终端用户。

② PPP 会话阶段

经过 PPPoE 接入设备发现阶段后，PPPoE 的工作过程即可进入 PPP 会话阶段。

- 终端用户发起 PPP 连接请求；
- 宽带接入服务器向 RADIUS 服务器请求认证和授权；
- RADIUS 服务器查找自己的用户数据库，根据查找结果把授权信息通过 RADIUS 协议发送给宽带接入服务器；
- 宽带接入服务器根据授权信息启动 PPP，即在 PPPoE 终端用户和 PPPoE 接入设备之间建立起 PPP 连接，传送 PPP 数据（PPP 封装 IP，Ethernet 封装 PPP）；
- 宽带接入服务器向 RADIUS 服务器发送计费开始包，RADIUS 服务器收到计费开始包后，把计费信息写入计费文件 detail；
- 用户上网结束后，断开与宽带接入服务器的连接；
- 宽带接入服务器向 RADIUS 服务器发送计费结束包，RADIUS 服务器收到计费结束包后，把计费信息写入计费文件 detail。

（3）PPPoE 技术的优缺点

① PPPoE 技术具有以下优点。

- 能够利用现有的用户认证、管理和计费系统实现宽窄带用户的统一管理认证和计费。
- 既可以按时长计费，也可以按流量计费，并能够对特定用户设置访问列表过滤或防火墙功能。
- 能够对具体用户访问网络的速率进行控制，且可实现上、下行速率不对称。
- 可实现接入时间控制。
- PPPoE 系统可方便地提供动态业务选择特性，可实现接入不同 ISP 的控制能力。
- PPPoE 设备可以防止地址冲突和地址盗用，所有 IP 应用数据流均使用相同的会话 ID，保障用户使用 IP 地址的安全。
- PPPoE 应用广泛、成熟，而且标准性、互通性好。
- PPPoE 与现有主流的电脑操作系统可以良好兼容。

② PPPoE 技术的缺点主要有如下几项。

- 认证机制比较复杂，对设备处理性能、内存资源需求较高。
- 不支持多播应用，因为 PPPoE 的点对点特性，即使几个用户同属一个多播组，也要为每个用户单独复制一份数据流。
- 有些 PPPoE 接入设备不支持 VLAN，这会对某些应用构成一定的限制。
- 需要购置专门的 PPPoE 接入设备（宽带接入服务器），由于 PPPoE 不能穿过三层网络设备，在使用三层设备组建的城域网中，宽带接入服务器必须分散放置，这在一定程度上增加了网络的建设成本。
- PPPoE 接入设备是通信必经的 Next Hop，即使 PPPoE 拨号认证通过后，倘若 PPPoE 接入设备性能不好，也会成为接入的瓶颈。

（4）DHCP+技术的概念

传统的 DHCP 技术是用一台 DHCP 服务器集中地进行按需自动配置 IP 地址。DHCP+是为了适应网络发展的需要而对传统的 DHCP 协议进行了改进，主要增加了认证功能，拓扑结构如图 4-25 所示。DHCP 服务器在将配置参数发给客户端之前必须将客户端提供的用户名和密码送往 RADIUS 服务器进行认证，通过后才将配置信息发给客户端。

（5）DHCP+的工作原理

DHCP+的工作过程归纳如下。

① 用户 PC 机（DHCP 客户端）发出 DHCP Request 广播包。

② 该包到达网络设备，网络设备得到用户的 VLAN ID，根据 VLAN ID 查用户表得到用户账号，于是将账号送到 RADIUS 服务器认证，RADIUS 服务器返回认证响应。

③ 若账号通过认证，网络设备便将 DHCP Request 转发给 DHCP 服务器。

④ DHCP 服务器返回响应，网络设备将 DHCP 服务器的配置响应转发给用户 PC，同时记录用户的 VLAN ID、MAC 地址、IP 地址等信息，并根据认证结果动态建立基于用户 IP 的 ACL 控制用户访问。

⑤ 当用户访问 Internet 时，网络设备检测到上网流量，向 RADIUS 服务器发送计费开始包。

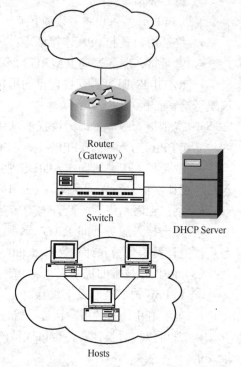

图 4-25　DHCP+接入认证的拓扑结构

⑥ 当用户关机通信终止时，主机发 DHCP Release 包，网络设备删除用户 ACL，并向 RADIUS 服务器发计费结束消息包，该包可包含用户的流量，计费结束。

（6）DHCP+技术的优缺点

① DHCP+的优点主要有如下几点。

• 与 PPPoE 不同的是，DHCP+不再是一个二层协议，通过中继代理，DHCP+可以在交换机环境中应用，从而提高组网的灵活性。

• DHCP+服务器只是在用户接入网络前为用户提供配置与管理信息，以后的通信完全不经过它，所以不会成为瓶颈。

• DHCP+能够很容易地实现组播的应用。

② DHCP+存在以下缺点。

• DHCP+只能通过计时长来计费，不能按流量进行计费。

• 不能防止地址冲突和地址盗用，也不能做到针对特定用户设置 ACL（访问列表）过滤或防火墙功能。

• 不能对用户的数据流量进行控制。

• DHCP+需要改变现有的后台管理系统。

（7）DHCP Option 82

DHCP Option 82（中继代理信息选项 82）是为了增强 DHCP 服务器的安全性，改善 IP 地址配置策略而提出的一种 DHCP 选项。通过在网络接入设备上配置 DHCP 中继代理功能，中继代理把从客户端接收到的 DHCP 请求报文添加进 Option 82 选项（其中包含了客户端的接入物理端口和接入设备标识等信息），然后再把该报文转发给 DHCP 服务器。支持 Option 82 功能的 DHCP 服务器接收到报文后，根据预先配置策略和报文中 Option 82 信息分配 IP 地址和其他配置信息给客户端，同时 DHCP 服务器也可以依据 Option 82 中的信息识别可能的 DHCP 攻击报文并作出防范。DHCP 中继代理收到服务器应答报文后，剥离其中的 Option 82 选项，并根据选项中的物理端口信息把应答报文转交到网络接入设备的指定端口。

采用 DHCP Option 82 时，临时接入者可以在不安装认证客户端的情况下直接访问 Internet 资源，但是不能访问学校、企业、政府单位的内网，适用于各种会务、学术交流、临时参观等应用场景，正式员工可以在会议区通过认证接入内网。

（8）PPPoE 与 DHCP+的比较

以上介绍了 PPPoE 和 DHCP+两种认证方式，下面对这两种认证方式进行综合比较，如表 4-2 所示。

表 4-2　　　　　　　　　　PPPoE 和 DHCP+两种认证方式的比较

功　　能	PPPoE	DHCP+
认证效率	较低	很高
标准化程度	高（RFC 2516）	高（WT146）
封装开销	大（增加 PPPoE 及 PPP 封装）	小（MAC+IP）
客户端软件	需要	不需要
认证服务器	Radius	Radius
地址分配方式	IPCP，基于用户名和密码	DHCP，基于线路号、MAC 地址
Session 建立过程	面向连接的 Session ID	无连接，用户通过 IP 地址标识
安全性	高	高
防地址仿冒能力	高（唯一 Session ID）	高（Anti-spoofing 策略）
控制能力	端口/用户数/带宽	端口/用户数/带宽
组播支持	组播控制点只能在业务控制层	组播控制点可选择在业务控制层或接入层
精确计费	支持	支持

除了 PPPoE 技术和 DHCP+技术以外，另外还有几种公司自主研制开发的适用于以太网接入的认证和计费技术，如河南月太公司研制的业务控制网关系统、Alcatel 等公司采用的本地交换机代理与认证技术、Cisco 公司的专用认证方式 URT（User Registration 和 Tool）SSO（Service-Sing-On）等。这些认证和计费方式只局限于各厂商自己的设备和产品，由于篇幅所限，在此不再做具体介绍。

3. 接入业务的服务质量保证

以太网接入业务强调良好的服务质量 QoS 保证，即在带宽、时延、时延抖动、吞吐量和包丢失率等特性的基础上提供端到端的 QoS。

以太网提供的不同的接入业务需要分配不同的带宽，利用区分服务（DiffServ）模型可针对某种服务类型提供不同级别的服务；将区分服务与带宽保证结合起来，可以限定某个用户的确保带宽，从而将用户不同的业务进分类，提供差异化服务。具体做法是在业务接入控制点根据物理端口或逻辑子端口完成对接入业务的分类和三层 QoS 段标记（IP Precedence 或 EXP），并实现用户上行流量的限速和用户下行流量的限速、整形。

小　　结

1．以太网接入也称为 FTTX+LAN 接入，以光纤加交换式以太网的方式实现用户高速接入互联网，可实现的方式是光纤到路边（FTTC）、光纤到大楼（FTTB）、光纤到户（FTTH）。

2．以太网是总线型局域网的一种典型应用，传统以太网属于共享式局域网，即传输介质作为各站点共享的资源，其介质访问控制方式为载波监听和冲突检测（CSMA/CD）技术。CSMA 代表载波监听多路访问，"先听后发"，CD 表示冲突检测，即"边发边听"。

以太网的端到端往返时延 2τ 称为争用期或碰撞窗口。合法数据帧的最短帧长应是争用期时间 2τ 内所发送的比特（或字节）数。

CSMA/CD 总线网的特点有竞争总线、冲突显著减少、轻负荷有效、广播式通信、发送的不确定性、总线结构和 MAC 规程简单。

3．局域网参考模型中只包括 OSI 参考模型的最低两层，即物理层和数据链路层，数据链路层分为媒体接入控制（MAC）子层和逻辑链路控制（LLC）子层。LLC 子层的标准为 IEEE 802.2，IEEE 802.3 则是以太网 MAC 子层和物理层标准。

以太网的 MAC 子层有两个主要功能：数据封装和解封、介质访问管理。

IEEE 802 标准为局域网规定了一种 48bit 的全球地址，即 MAC 地址（MAC 帧的地址），它是指局域网中每一台计算机所插入的网卡上固化在 ROM 中的地址，所以也叫硬件地址或物理地址。

以太网 MAC 帧格式有两种标准，即 IEEE 的 802.3 标准和 DIX Ethernet V2 标准。TCP/IP 体系经常使用 DIX Ethernet V2 标准的 MAC 帧格式，此时局域网参考模型中的链路层不再划分 LLC 子层，只有 MAC 子层。

4．传统以太网有 10 BASE 5（粗缆以太网）、10 BASE 2（细缆以太网）、10 BASE-T（双绞线以太网）和 10 BASE-T 以太网。

其中 10 BASE-T 以太网应用最为广泛，它有几个要点，一是 10BASE-T 使用两对无屏蔽双绞线，一对线发送数据，另一对线接收数据；二是集线器与站点之间的最大距离为 100m；三是一个集线器所连的站点理论上最多可以有 30 个（实际目前只能达 24 个）；四是可以把多个集线器连成多级星形结构的网络。

5．高速以太网有 100BASE-T、吉比特以太网和 10Gbit/s 以太网。

100BASE-T 快速以太网的特点是传输速率高、沿用了 10BASE-T 的 MAC 协议、可以采用共享式或交换式连接方式、适应性强、经济性好和网络范围变小。

100BASE-T 快速以太网的标准为 IEEE 802.3u，是现有以太网 IEEE 802.3 标准的扩展。

IEEE 802.3u 规定了 100BASE-T 的 3 种物理层标准，即 100BASE-TX、100BASE-FX 和 100BASE-T4。

吉比特以太网的标准是 IEEE 802.3z 标准。它的要点为：运行速度比 100Mbit/s 快速以太网快 10 倍；可提供 1Gbit/s 的基本带宽；采用星形拓扑结构；使用和 10Mbit/s、100Mbit/s 以太网同样的以太网帧，与 10BASE-T 和 100BASE-T 技术向后兼容；当工作在半双工模式下时，它使用 CSMA/CD 介质访问控制机制；支持全双工操作模式；允许使用单个中继器；采用 8B/10B 编码方案。

吉比特以太网的物理层有两个标准，即 1000BASE-X（IEEE 802.3z 标准，基于光纤通道）和 1000BASE-T（IEEE 802.3ab 标准，使用 4 对 5 类 UTP）。

10Gbit/s 以太网的标准是 IEEE 802.3ae 标准，其特点是：与 10Mbit/s、100Mbit/s 和 1Gbit/s 以太网的帧格式完全相同；保留了 IEEE 802.3 标准规定的以太网最小和最大帧长，便于升级；不再使用铜线，而只使用光纤作为传输媒体；只工作在全双工方式，因此没有争用问题，也不使用 CSMA/CD 协议。

10Gbit/s 以太网的物理层标准包括局域网物理层标准和广域网物理层标准。

6．交换式局域网所有站点都连接到一个交换式集线器或局域网交换机上。交换式集线器或局域网交换机具有交换功能，可使每一对端口都能像独占通信媒体那样无冲突地传输数据，不存在冲突问题，可以提高用户的平均数据传输速率（即容量得以扩大）。

交换式局域网的主要功能有隔离冲突域、扩展距离、增加总容量和数据率灵活性。

按所执行的功能不同，局域网交换机（实际指的是以太网交换机）可以分成二层交换和三层交换两种。二层交换机工作于 OSI 参考模型的第二层，执行桥接功能；它根据 MAC 地址转发数据，交换速度快，但控制功能弱，没有路由选择功能。三层交换机工作于 OSI 参考模型的第三层，具备路由能力；它根据 IP 地址转发数据，具有路由选择功能。三层交换技术将二层交换机和第三层路由器的优势有机地结合起来。

7．VLAN 是逻辑上划分的，交换式局域网的发展是 VLAN 产生的基础，VLAN 是一种比较新的技术。

划分 VLAN 的好处是网络的整体性能提高、成本效率高、网络安全性好以及可简化网络的管理。划分 VLAN 的方法主要有根据端口划分 VLAN、根据 MAC 地址划分 VLAN、根据 IP 地址划分 VLAN。

8．以太网接入的网络结构采用星形或树形，根据用户数量及经济情况等可以采用的一级接入或两级接入。

以太网接入可以组成群组级交换网络、部门级交换网络和企业级交换网络。

9．以太网接入提供的业务种类有高速上网业务、宽带租用业务、网络互连、视频业务和 IP 电话业务等。

10．以太网接入的优点有高速传输、网络可靠、稳定、用户投资少价格便宜、安装方便、技术成熟及应用广泛；缺点为五类线布线问题、故障定位困难、用户隔离方法较为烦琐且广播包较多。

11．解决以太网用户之间的广播隔离问题的方法主要有基于 VLAN 实现用户广播隔离、MAC 地址过滤和广播流向指定等。

12．基于以太网的接入网公有 IP 地址有两种分配方式，即静态分配方式和动态分配方式。

采用静态分配时，建议设备有 IP 地址和 MAC 地址的静态 ARP 绑定、IP 地址和物理端口的对应绑定、IP 地址和 VLAN ID 的对应绑定等绑定功能。

动态分配公有 IP 地址时，地址管理方案有：网络地址翻译 NAT 和服务器代理方式，另外还有动态 IP 地址池分配方案。

13. 以太网的接入业务控制管理主要包括接入带宽控制、用户接入认证和计费、接入业务的服务质量保证等。

以太网接入的带宽控制的方法有两种，一是在分散放置的客户管理系统上对每个用户的接入带宽进行控制；二是在用户接入点上对用户接入带宽进行控制。

以太网用户接入认证和计费方式目前主要采用 PPPoE 技术和 DHCP+技术，其中应用较广泛的是 PPPoE 技术。PPPoE 通过把以太网和点对点协议 PPP 的可扩展性及管理控制功能结合在一起，实现对用户的接入认证和计费等功能。

以太网接入业务强调良好的服务质量 QoS 保证，即在带宽、时延、时延抖动、吞吐量和包丢失率等特性的基础上提供端到端的 QoS。

以太网提供的不同的接入业务需要分配不同的带宽。利用区分服务（DiffServ）模型可针对某种服务类型，提供不同级别的服务。将区分服务与带宽保证结合起来，可以限定某个用户的确保带宽，从而将用户不同的业务进分类，提供差异化服务。

习　　题

4-1　简述 CSMA/CD 的控制方法。

4-2　假定 1km 长的 CSMA/CD 网络的数据率为 1Gb/s，信号在网络上的传播速率为 200000km/s，求能够使用此协议的最短帧长。

4-3　CSMA/CD 总线网的特点有哪些？

4-4　100BASE-T 快速以太网的特点有哪些？

4-5　千兆位以太网的物理层标准有哪几种？

4-6　10Gbit/s 以太网的特点有哪些？

4-7　简述二层交换的原理。

4-8　简述三层交换的原理。

4-9　划分 VLAN 的目的是什么？划分 VLAN 的方法有哪些？

4-10　以太网接入的概念是什么？

4-11　画出两级以太网接入的示意图，并说明两级交换机分别采用什么类型的交换机。

4-12　以太网接入提供的业务种类主要有哪些？

4-13　以太网接入的优、缺点有哪些？

4-14　解决以太网接入用户之间的广播隔离问题的方法有哪些？

4-15　动态公有 IP 地址分配时，地址管理方案有哪些？

4-16　以太网接入的业务控制管理主要包括哪些内容？

近些年随着各种新业务的不断涌现，在巨大的市场潜力驱动下，产生了各种各样的接入网技术。光纤通信具有通信容量大、质量高、性能稳定、防电磁干扰及保密性强等优点，因而光纤接入网将成为接入网发展的重点，是宽带接入的长远解决方案。

本章将介绍光纤接入网技术的相关知识，主要内容如下。

- 光纤接入网概述
- ATM 无源光网络接入技术
- 以太网无源光网络接入技术
- 吉比特无源光网络接入技术
- 有源光网络接入技术

5.1 光纤接入网概述

5.1.1 光纤接入网的定义及优点

1．光纤接入网的定义

光纤接入网（Optical Access Network，OAN）是指在接入网中用光纤作为主要传输媒介来实现信息传送的网络形式，或者说是业务节点与用户之间采用光纤通信或部分采用光纤通信的接入方式。其接入方式示意图如图 5-1 所示。

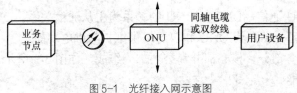

图 5-1　光纤接入网示意图

2．光纤接入网的优点

光纤接入网具有以下优点。

- 支持更高速率的宽带业务。
- 有效解决了接入网的"瓶颈效应"问题。
- 传输距离长。
- 质量高、可靠性好。
- 易于扩容和维护。

5.1.2 光纤接入网的功能参考配置

ITU-TG.982 建议给出的光纤接入网的功能参考配置如图 5-2 所示。

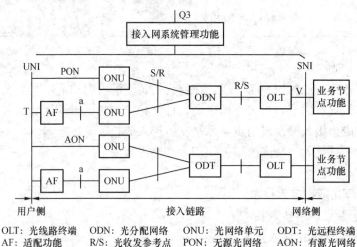

图 5-2 光纤接入网的功能参考配置

光纤接入网主要包含如下配置。

- 4 种基本功能模块：光线路终端 OLT、光分配网络 ODN/光远程终端 ODT，光网络单元 ONU、接入网系统管理功能块。
- 5 个参考点：光发送参考点 S、光接收参考点 R、与业务节点间的参考点 V、与用户终端间的参考点 T、AF 与 ONU 间的参考点 a。
- 3 个接口：网络维护接口 Q3、用户网络接口 UNI、业务节点接口 SNI。

1. OLT 功能块

OLT 的作用是为光纤接入网提供网络侧与本地交换机之间的接口，并经过一个或多个 ODN 与用户侧的 ONU 通信，OLT 与 ONU 的关系为主从通信关系。OLT 对来自 ONU 的信令和监控信息进行管理，从而为 ONU 和自身提供维护与供电功能。

OLT 的内部由业务部分、核心部分和公共部分组成，如图 5-3 所示。

（1）业务部分功能

业务部分主要是指业务端口，对它的要求是至少能携带 ISDN 的基群速率接口，并能配置成至少提供一种业务或能同时支持两种以上不同的业务。

（2）核心部分功能

- 数字交叉连接功能。

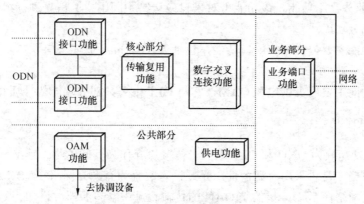

图 5-3 OLT 功能块的组成

- 传输复用功能。
- ODN 接口功能。该功能是根据 ODN 的各种光纤类型而提供一系列的物理光接口，并实现电/光和光/电变换。

（3）公共部分功能

- 供电功能。
- OAM 功能。该功能通过相应的接口实现对所有功能块的运行、管理与维护以及与上层网管的连接。

2. ONU 功能块

ONU 功能块位于 ODN 和用户之间，ONU 的网络侧具有光接口，而用户侧为电接口，因此需要具有光/电和电/光变换功能，并能实现对各种电信号的处理与维护管理功能。图 5-4 给出了 ONU 的基本功能组成示意图。

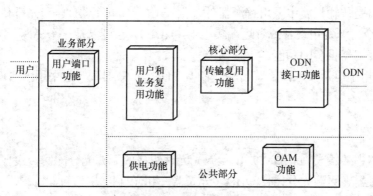

图 5-4 ONU 功能块组成示意图

（1）核心部分功能

- ODN 接口功能。该功能提供一系列物理光接口，与 ODN 相连接，并完成光/电和电/光变换。
- 传输复用功能。该功能用于相关信息的处理和分配。

- 用户和业务复用功能。该功能可对来自或送给不同用户的信息进行组装或拆卸。

（2）业务部分功能

业务部分功能主要提供用户端口功能，包括 $N \times 64\text{kbit/s}$ 适配、信令转换等。

（3）公共部分功能

公共部分功能主要用于供电和 OAM，它与 OLT 中公共部分功能的性质相同。

3．ODN/ODT 功能块

ODN/ODT 功能块为 ONU 和 OLT 提供光传输媒介作为其间的物理连接，即传输设施。

根据传输设施中是否采用有源器件，光纤接入网分为有源光网络（AON）和无源光网络（PON）。有源光网络（AON）指的是 OAN 的传输设施中含有源器件，即为 ODT；而无源光网络指的是 OAN 中的传输设施全部由无源器件组成，即为 ODN。

一般来说，有源光网络较无源光网络传输距离长，传输容量大，业务配置灵活；不足之处是成本高、需要供电系统，维护复杂。而 PON 结构简单，易于扩容和维护，在光纤接入网中得到越来越广泛的应用（上述介绍 OLT 和 ONU 功能块的组成时均是以无源光网络为例的）。

4．接入网系统管理功能块

接入网系统管理功能块是对光纤接入网进行维护管理的功能模块，其管理功能包括配置管理、性能管理、故障管理、安全管理及计费管理。

5.1.3　光纤接入网的分类

如前所述，光纤接入网分为有源光网络（AON）和无源光网络（PON）。

1．有源光网络

有源光网络是传输设施中采用有源器件，由 OLT、ONU、ODT 和光纤传输线路构成，ODT 可以是一个有源复用设备或者远端集中器（HUB），也可以是一个环网。ONU 兼有 SDH 环形网中分播复用器设备的功能。

AON 通常用于电话接入网，其传输体制有 PDH 和 SDH，一般采用 SDH（或 MSTP 技术）；网络结构大多为环形。

2．无源光网络

无源光网络中传输设施 ODN 是由无源光元件组成的无源光分配网，主要的无源光元件有光纤、光连接器、无源光分路器 OBD（分光器）和光纤接头等。

根据采用的技术不同，无源光网络又可以分为以下几类。

- APON——基于 ATM 的无源光网络（在无源光网络中采用 ATM 技术），后更名为宽带 PON（BPON）。
- EPON——基于以太网的无源光网络（采用无源光网络的拓扑结构实现以太网帧的接入）。
- GPON——GPON 业务是 BPON 的一种扩展。

5.1.4 光纤接入网的拓扑结构

在光纤接入网中，ODN/ODT 的配置一般是点到多点的方式，即指多个 ONU 通过 ODN/ODT 与一个 OLT 相连。多个 ONU 与一个 OLT 的连接方式即决定了光纤接入网的结构。

光纤接入网采用的基本拓扑结构有星形、树形、总线形、链形和环形结构等。无源光网络与有源光网络常用的拓扑结构有所不同，下面将分别加以介绍。

1. 无源光网络的拓扑结构

无源光网络的拓扑结构一般采用星形、树形和总线形。

（1）星形结构

星形结构包括单星形结构和双星形结构。

① 单星形结构是指用户端的每一个 ONU 分别通过一根或一对光纤与 OLT 相连，形成以 OLT 为中心向四周辐射的星形连接结构，如图 5-5 所示。

采用此结构时，光纤连接中不使用光分路器，不存在由分路器引入的光信号衰减，网络覆盖的范围大；线路中没有有源电子设备，是一个纯无源网络，线路维护简单；采用相互独立的光纤信道，ONU 之间互不影响且保密性能好，易于升级；光缆需要量大，光纤和光源无法共享，所以成本较高。

② 双星形结构是单星形结构的改进，多个 ONU 均连接到无源光分路器 OBD（分光器），然后通过一根或一对光纤再与 OLT 相连，如图 5-6 所示。

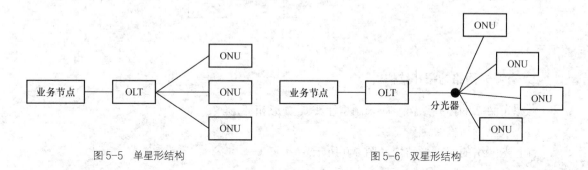

图 5-5 单星形结构　　　　　　　　　　　　　图 5-6 双星形结构

双星形结构适合网径更大的范围，而且具有维护费用低、易于扩容升级、业务变化灵活等优点，是目前采用比较广泛的一种拓扑结构。

（2）树形结构

树形结构是光纤接入网星形结构的扩展，如图 5-7 所示。连接 OLT 的第 1 个分光器将光分成 N 路，下一级连接第 2 级分光器或直接连接 ONU，最后一级的分光器连接 N 个 ONU。树形结构的特点是线路维护容易；不存在雷电及电磁干扰，可靠性高；由于 OLT 的一个光源提供给所有 ONU 的光功率，光源的功率有限，这就限制了所连接 ONU 的数量以及光信号的传输距离。

树形结构光纤接入网的分光器可以采用均匀分光（即等功率分光，分出的各路光信号功率相等）和非均匀分光（即不等功率分光，分出的各路光信号功率不相等）两种。

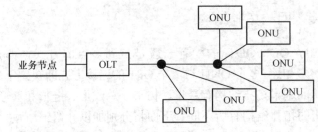

图 5-7　树形结构

（3）总线形结构

总线形结构的光纤接入网如图 5-8 所示。这种结构适合于沿街道、公路线状分布的用户环境，通常采用非均匀分光的分光器沿线状排列。分光器从光总线中分出 OLT 传输的光信号，将每个 ONU 传出的光信号插入到光总线。

该结构下，非均匀的分光器只引入少量的损耗给总线，并且只从光总线中分出少量的光功率；由于光纤线路存在损耗，使在靠近 OLT 和远离 OLT 处接收到的光信号强度有较大差别，因此，对 ONU 中光接收机的动态范围要求较高。

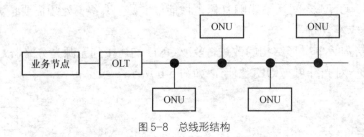

图 5-8　总线形结构

2．有源光网络的拓扑结构

有源光网络的拓扑结构一般采用双星形、链形和环形。

（1）双星形结构

有源光网络的双星形结构如图 5-9 所示。

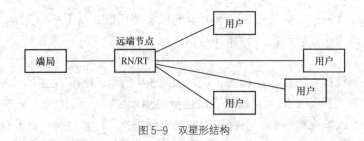

图 5-9　双星形结构

这种结构中引入了远端节点 RN/RT，它既继承了点到点星形结构的一些特点，诸如与原有网络和管道的兼容性、保密性、故障定位容易、用户设备较简单等，又通过向新设的 RN/RT 分配一些复用功能，有时还附加一些有限的交换功能，来减少馈线段光纤的数量，达到克服星形结构成本高的缺点的目的。由于馈线段长度最长,多个用户共享使系统成本大大降低,因此双星形结构是一种经济的、演进的网络结构,很适合于传输距离较远、用户密度较高的企事业用户区和住宅居民用户区。特别是远端节点采用 SDH 复用器的双星形结构不仅覆盖距离远,而且容易升级至高带宽,利用 SDH 特点,可以灵活地向用户单元分配所需的任意带宽。

(2)链形结构

当涉及通信的所有点串联起来并使首末两个点开放时就形成了链形结构(线形结构),如图 5-10 所示。远端节点 RN 可以采用 SDH 分插复用器(ADM),ADM 具有十分经济灵活的上下低速业务的能力,可以节省光纤并简化设备(ADM 兼有 ONU 的功能)。

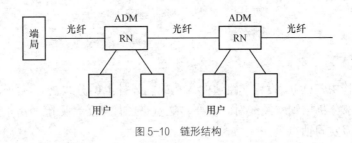

图 5-10 链形结构

这种结构与星形结构正好相反,全部传输设备可以为用户共享,因此,需要总线带宽足够高,可以传送双向的低速通信业务及分配型业务。

(3)环形结构

环形结构是指所有节点共用一条光纤链路,光纤链路首尾相接组成封闭回路的网络结构,如图 5-11 所示。

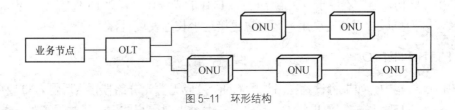

图 5-11 环形结构

这种结构的突出优点是可实现自愈,即无需外界干预,网络就可在较短的时间内自动从失效故障中恢复所传业务;缺点是单环所挂用户数量有限。

以上介绍了光纤接入网几种基本拓扑结构,在实际建设光纤接入网时,采用哪一种拓扑结构,要综合考虑当地的地理环境、用户群分布情况及经济情况等因素。

5.1.5 光纤接入网的应用类型

按照光纤接入网的参考配置,根据 ONU 设置的位置不同,光纤接入网可分成不同种应用类型,主要包括光纤到路边(FTTC)、光纤到大楼(FTTB)、光纤到户(FTTH)或光纤到办公室(FTTO)等。图 5-12 给出了 3 种不同的应用类型。

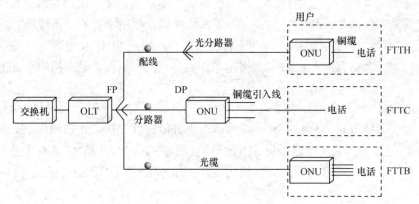

图 5-12　光纤接入网的三种应用类型

1. FTTC

在 FTTC 结构中，ONU 设置在路边的入孔或电线杆上的分线盒处，即 DP 点。从 ONU 到各用户之间的部分仍用铜双绞线对。若要传送宽带图像业务，则除距离很短的情况之外，这一部分可能会需要同轴电缆。

FTTC 结构主要适用于点到点或点到多点的树形——分支拓扑结构，用户为居民住宅用户和小企事业用户。

2. FTTB

FTTB 也可以看做是 FTTC 的一种变形，不同之处在于将 ONU 直接放到了楼内（通常为居民住宅公寓或小企事业单位办公楼），再经多对双绞铜线将业务分送给各个用户。FTTB 是一种点到多点结构，通常不用于点到点结构。FTTB 的光纤化进程比 FTTC 更进一步，光纤已敷设到楼，因而更适合于高密度用户区，也更接近于长远发展目标。

3. FTTH 和 FTTO

在 FTTC 结构中，如果将设置在路边的 ONU 换成无源光分路器，然后将 ONU 移到用户房间内，即为 FTTH 结构。如果将 ONU 放置在大企事业用户的大楼终端设备处，并能提供一定范围的灵活业务，则构成所谓的 FTTO 结构。

FTTO 结构主要用于大企事业用户，业务量需求大，因而结构上适于点到点或环形结构，而 FTTH 结构用于居民住宅用户，业务量需求很小，因而经济的结构必须是点到多点方式。

5.1.6　光纤接入网的传输技术

1. 双向传输技术

光纤接入网的传输技术主要提供完成连接 OLT 和 ONU 的手段。双向传输技术（复用技术）是上行信道（ONU 到 OLT）和下行信道（OLT 到 ONU）的区分，下面介绍几种常用的双向传输技术。

（1）光空分复用

光空分复用（OSDM）就是双向通信的每一方向各使用一根光纤的通信方式，即单工方式，如图 5-13 所示。

在 OSDM 方式中，两个方向的信号在两根完全独立的光纤中传输，互不影响，传输性能最佳，系统设计也最简单，但需要一对光纤和分路器及额外跳线和活动连接器才能完成双向传输的任务。这种方式在传输距离较长时不够经济，但对于 OLT 与 ONU 相距很近的应用场合，则由于光纤价格的不断下降，OSDM 方式仍不失为一种可考虑的双向传输方案。

（2）光波分复用

光波分复用（OWDM）类似于电信号传输系统中的频分复用（FDM）。当光源发送光功率不超过一定门限时，光纤工作于线性传输状态。不同波长的信号只要有一定间隔就可以在同一根光纤上独立地进行传输，而不会发生相互干扰，这就是光波分复用的基本原理。对于双向传输而言，只需将两个方向的信号分别调制在不同波长上即可实现单纤双向传输的目的，称为异波长双工方式，其双向传输原理如图 5-14 所示。

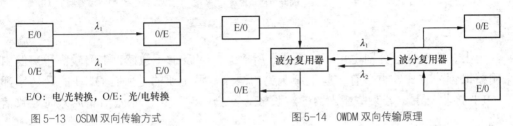

E/O：电/光转换，O/E：光/电转换

图 5-13　OSDM 双向传输方式　　　　　图 5-14　OWDM 双向传输原理

OWDM 的优点是双向传输使用一根光纤，可以节约光纤、光纤放大器、再生器和光终端设备。但单纤双向 OWDM 需要在两端设置波分复用器件，来区分双向信号，从而引入至少 6dB（2×3dB）的损耗。而且，利用光纤放大器实现双工传输时会有来自反射和散射的多径干扰影响。

（3）时间压缩复用方式

时间压缩复用（Time Compression Multiplexing，TCM）又称"光乒乓传输"，在一根光纤上以脉冲串的形式时分复用，每个方向传送的信息首先放在发送缓存中，然后每个方向在不同的时间间隔内将信息发送到单根光纤上。接收端收到时间压缩的信息后在接收缓存中解除压缩。时间压缩复用方式的双向传输原理如图 5-15 所示。

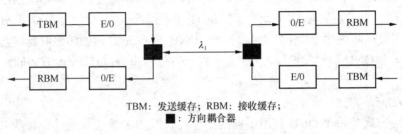

TBM：发送缓存；RBM：接收缓存；
■：方向耦合器

图 5-15　TCM 双向传输原理图

采用 TCM 方式可以用一根光纤完成双向传输任务，节约了光纤、分路器和活动连接器，而且网管系统判断故障比较容易，因而获得了广泛的应用。但这种系统的缺点是两端的耦合器各有 3dB 功率损失，而且 OLT 和 ONU 的电路比较复杂。此外，由于线路速率比信源信息速率高一倍以上，因而不太适于信息率较高的应用场合。

（4）光副载波复用

在光副载波复用（OSCM）中，首先将两个方向的信号分别调制到不同频率的射频波上，然后两个方向的信号再各自调制一个光载波（可以使用一个波长）。在接收端同样也需要二步解调，首先利用光/电探测器从光信号中得到两个方向各自的射频信号，然后再将各射频波解调恢复出两个方向各自的信号。OSCM 双向传输原理如图 5-16 所示。

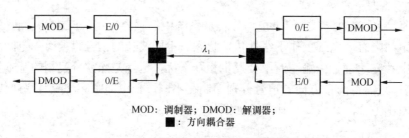

MOD：调制器；DMOD：解调器；
■：方向耦合器

图 5-16　OSCM 双向传输原理图

因为上、下行信号分别占用不同频段，所以系统对反射不敏感，电路较简单。但由于是采用模拟频分方式，也会有一些不可避免的缺点，最主要的是所有 ONU 的光功率都叠加在 OLT 接收机上，若某些激光器的波长较小，会引起互调（光差拍噪声）而导致信噪比恶化。

2. 多址接入技术

在典型的光纤接入网点到多点的系统结构中，通常只有一个 OLT，却有多个 ONU，即 OLT 与 ONU 的连接方式采用点到多点的连接方式，为了使每个 ONU 都能正确无误地与 OLT 进行通信，反向的用户接入，即多点用户的上行接入需要采用多址接入技术。

多址接入技术主要有光时分多址（OTDMA）、光波分多址（OWDMA）、光码分多址（OCDMA）和光副载波多址（OSCMA），下面分别加以介绍。

（1）OTDMA 方式

OTDMA（Optical Time Division Multiple Access）方式是指将上行传输时间分为若干时隙，在每个时隙只安排一个 ONU 发送的信息，各 ONU 按 OLT 规定的时间顺序依次以分组的方式向 OLT 发送。为了避免与 OLT 距离不同的 ONU 所发送的上行信号在 OLT 处合成时发生重叠，OLT 需要有测距功能，不断测量每一个 ONU 与 OLT 之间的传输时延（与传输距离有关），指挥每一个 ONU 调整发送时间，使之不致产生信号重叠。OTDMA 方式的原理如图 5-17 所示。

（2）OWDMA 方式

OWDMA 方式是每个 ONU 使用不同的工作波长，OLT 接收端通过分波器来区分来自不同 ONU 的信号。OWDMA 方式各个上行信道完全透明，而且带宽可以很宽，但波长数目（也就是 ONU 的数目）受到限制。OWDMA 方式的原理如图 5-18 所示。

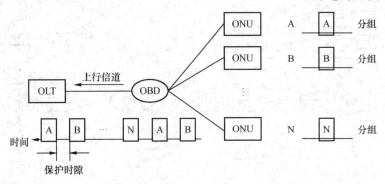

图 5-17   OTDMA 方式的原理示意图

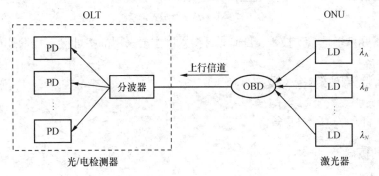

图 5-18   OWDMA 方式的原理示意图

（3）OCDMA 方式

OCDMA 方式是给每个 ONU 分配一个唯一的多址码，将各 ONU 的上行信号码元与自己的多址码进行模二加，再调制相同波长的激光器，在 OLT 用各 ONU 的多址码恢复各 ONU 的信号。OCDMA 方式的原理如图 5-19 所示。

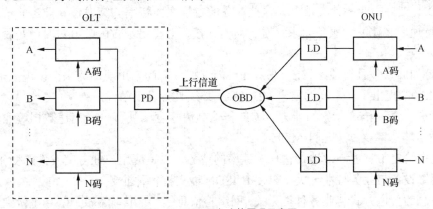

图 5-19   OCDMA 方式的原理示意图

（4）OSCMA 方式

OSCMA 方式采用模拟调制技术，将各个 ONU 的上行信号分别用不同的调制频率调制到不同的射频段，然后用此模拟射频信号分别调制各 ONU 的激光器，把波长相同的各模拟光信号传输至 OBD 合路点后再耦合到同一馈线光纤到达 OLT，在 OLT 端经光/电探测器后输出的电信号通过不同的滤波器和鉴相器分别得到各 ONU 的上行信号。OSCMA 方式的原理结构如图 5-20 所示。

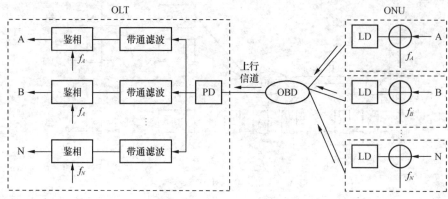

图 5-20　OSCMA 方式原理示意图

以上介绍了几种多址接入技术，目前光纤接入网主要采用的多址接入技术是 OTDMA 方式。

5.2　ATM 无源光网络接入技术

5.2.1　ATM 的基本概念

1. ATM 的概念

（1）B-ISDN

宽带综合业务数字网（B-ISDN）中不论是交换节点之间的中继线，还是用户和交换机之间的用户环路，一律采用光纤传输。这种网络能够提供高于 PCM 一次群速率的传输信道，能够适应全部现有的和将来的可能的业务，从速率最低的遥控遥测（几个比特每秒）到高清晰度电视 HDTV（100~150Mbit/s），甚至最高速率可达几个吉比特每秒。

B-ISDN 支持的业务种类很多，这些业务的特性在比特率、突发性（业务峰值比特速率与均值比特速率之比）和服务要求（是否面向连接、对差错是否敏感、对时延是否敏感）三个方面相差很大。

要支持如此众多且特性各异的业务，还要能支持目前尚未出现而将来会出现的未知业务，无疑对 B-ISDN 提出了非常高的要求，B-ISDN 必须具备以下条件。

① 能提供高速传输业务的能力。为能传输高清晰度电视节目、高速数据等业务，要求 B-ISDN 的传输速率要高达几百 Mbit/s。

② 能在给定带宽内高效地传输任意速率的业务，以适应用户业务突发性的变化。

③ 网络设备与业务特性无关，以便 B-ISDN 能支持各种业务。

④ 信息的传递方式与业务种类无关，网络将信息统一地传输和交换，真正做到用统一的交换方式支持不同的业务。

除此之外，B-ISDN 还对信息传递方式提出了两个要求：保证语意透明性（差错率低）和时间透明性（时延和时延抖动尽量小）。为了满足以上要求，B-ISDN 的信息传递方式采用异步转移模式（Asynchronous Transfer Mode，ATM）。

（2）ATM 的概念

ATM 是一种转移模式（也叫传递方式），在这一模式中信息被组织成固定长度的信元，来自某用户一段信息的各个信元并不需要周期性地出现，从这个意义上来看，这种转移模式是异步的（统计时分复用，也叫异步时分复用）。

统计时分复用是根据用户实际需要动态地分配线路资源（逻辑子信道）的方法。即当用户有数据要传输时才给它分配资源；当用户暂停发送数据时，不给它分配线路资源，线路的传输能力可用于为其他用户传输更多的数据。通俗地说，统计时分复用是各路信号在线路上的位置不是固定的、周期性的出现（动态地分配带宽），不能靠位置识别每一路信号，而是要靠标志识别每一路信号。

2. ATM 信元

ATM 信元具有固定的长度，从传输效率、时延及系统实现的复杂性考虑，CCITT 规定 ATM 信元长度为 53 字节。ATM 信元结构如图 5-21 所示。

其中信头为 5 个字节，包含各种控制信息。信息段占 48 字节，也叫信息净负荷，它载荷来自各种不同业务的用户信息。

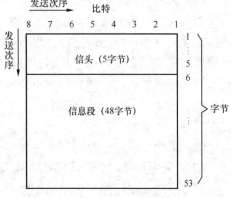

图 5-21　ATM 信元结构

ATM 信元的信头结构如图 5-22 所示，图（a）是用户网络接口 UNI（即 ATM 网与用户终端之间的接口）上的信头结构，图（b）是网络节点接口 NNI（即 ATM 网内交换机之间的接口）上的信头结构。

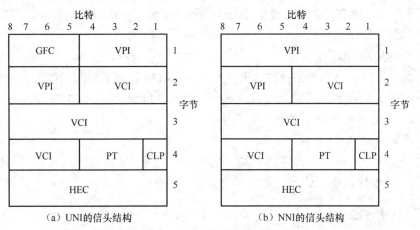

图 5-22　ATM 信元的信头结构

- GFC——一般流量控制（4bit）。它用于控制用户向网上发送信息的流量，只用在 UNI（其终端不是一个用户，而是一个局域网），在 NNI 不用。
- VPI——虚通道标识符。UNI 上 VPI 为 8bit，NNI 上 VPI 为 12bit。
- VCI——虚通路标识符。UNI 和 NNI 上，VCI 均为 16bit。VPI 和 VCI 合起来即构成一个信元的路由信息，标识了一个虚电路。VPI/VCI 为虚电路标识（详情后述）。
- PT——净荷类型（3bit）。它指出信头后面 48 字节信息域的信息类型。
- CLP——信元优先级比特（1bit）。CLP 用来说明该信元是否可以丢弃，CLP=0，表示信元具有高优先级，不可以丢弃；CLP=1 的信元可以丢弃。
- HEC——信头校验码（8bit）。它采用循环冗余校验 CRC，用于信头差错控制，保证整个信头的正确传输。

在 ATM 网中，利用 AAL 协议将各种不同特性的业务都转化为相同格式的 ATM 信元进行传输和交换。

3. ATM 的特点

（1）以面向连接的方式工作

为了保证业务质量，降低信元丢失率，ATM 以面向连接的方式工作，即终端在传递信息之前先提出呼叫请求，网络根据现有的资源情况及用户的要求决定是否接受这个呼叫请求。如果网络接受这个呼叫请求，则保留必要的资源，即分配 VPI/VCI 和相应的带宽，并在交换机中设置相应的路由，建立起虚电路（虚连接）。网络依据 VPI/VCI 对信元进行处理，当该用户没有信元发送时，其他用户可占用这个用户的带宽。虚电路标志 VPI/VCI 用来标识不同的虚电路。

（2）采用异步时分复用

ATM 采用异步时分复用的优点体现在两个方面，一方面使 ATM 具有很大的灵活性，网络资源得到最大限度的利用。另一方面 ATM 网络可以适用于任何业务，不论其特性如何，网络都按同样的模式来处理，真正做到了完全的业务综合。

（3）ATM 网中没有逐段链路的差错控制和流量控制

由于 ATM 的所有线路均使用光纤，而光纤传输的可靠性很高，一般误码率（或者说误比特率）低于 10^{-8}，没有必要逐段链路进行差错控制。为了简化网络的控制，ATM 将差错控制和流量控制都交给终端完成。

（4）信头的功能被简化

由于不需要逐段链路的差错控制、流量控制等，ATM 信元的信头功能十分简单，主要是标志虚电路和信头本身的差错校验，另外还有一些维护功能（比 X.25 分组头的功能简单得多）。所以信头处理速度很快，处理时延很小。

（5）信息段的长度较小

为了降低交换节点内部缓冲区的容量，减小信息在缓冲区内的排队时延，与分组交换相比，ATM 信元长度比较小，这有利于实时业务的传输。

4. ATM 的虚连接

ATM 的虚连接建立在虚通路（VC）和虚通道（VP）上，ATM 信元的复用、传输和交换过程均在 VC 和 VP 上进行。下面介绍有关 VC、VP 的一些基本概念。

（1）VC 和 VP

① VC——虚通路（也叫虚信道），是描述 ATM 信元单向传送能力的概念，是传送 ATM 信元的逻辑信道（子信道）。

② VCI——虚通路标识符。ATM 复用线上具有相同 VCI 的信元在同一逻辑信道（即虚通路）上传送。

③ VP——虚通道，是在给定参考点上具有同一虚通道标识符（VPI）的一组 VC。实际上 VP 也是传送 ATM 信元的一种逻辑子信道。

④ VPI——虚通道标识符。它标识了具有相同 VPI 的一组 VC。

ATM 网中，一条物理链路被划分为若干个 VP 子信道，VP 子信道又进一步划分为若干个 VC 子信道。由图 5-22 可知，VPI 有 8bit（UNI）和 12bit（NNI），VCI 有 16bit，所以，一条物理链路可以划分成 $2^8 \sim 2^{12}=256 \sim 4\,096$ 个 VP，而每个 VP 又可分成 $2^{16}=65536$ 个 VC。也就是一条物理链路可建立 $2^{24} \sim 2^{28}$ 个虚连接。由于不同的 VP 中可有相同的 VCI 值，所以 ATM 的虚连接由 VPI/VCI 共同标识（或者说只有利用 VPI 和 VCI 两个值才能完全地标识一个 VC），VPI、VCI 合起来构成一个路由信息。

（2）VCC 和 VPC

① VC 链路（VC link）——两个存在点（VC 连接点）之间的链路，经过该点时 VCI 值转换。VCI 值用于识别一个具体的 VC 链路，一条 VC 链路产生于分配 VCI 值的时候，终止于取消这个 VCI 值的时候。

② VCC（Virtual Channel Connection，虚通路连接）——由多段 VC 链路链接而成。一条 VCC 在两个 VCC 端点之间延伸（在点到多点的情况下，一条 VCC 有两个以上的端点）。

③ VP 链路（VP link）——两个存在点（VP 连接点）之间的链路，经过该点 VPI 值改变。VPI 值用于识别一个具体的 VP 链路，一条 VP 链路产生于分配 VPI 值的时候，终止于取消这个 VPI 值的时候。

④ VPC（Virtual Parth Connection，虚通道连接）——由多条 VP 链路链接而成。一条 VPC 在两个 VPC 端点之间延伸（在点到多点的情况下，一条 VPC 有两个以上的端点），VPC 端点是虚通路标志 VCI 产生、变换或终止的地方。

VCC 与 VPC 的关系如图 5-23 所示。

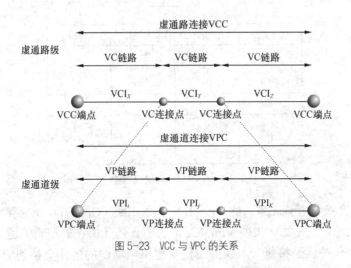

图 5-23 VCC 与 VPC 的关系

由图可见，VCC 由多段 VC 链路链接而成，每段 VC 链路有各自的 VCI。每个 VPC 由多段 VP 链路链接而成，每段 VP 链路有各自的 VPI 值。每条 VC 链路和其他与其同路的 VC 链路（两个 VC 连接点之间可以有多条 VC 链路，它们称为同路的 VC 链路）一起组成一个虚通道连接 VPC。

（3）VP 交换和 VC 交换

VP 交换仅对信元的 VPI 进行处理和变换，或者说经过 VP 交换，只有 VPI 值改变，VCI 值不变。VP 交换可以单独进行，它是将一条 VP 上的所有 VC 链路全部转送到另一条 VP 上去，而这些 VC 链路的 VCI 值都不改变。VP 交换的实现比较简单，图 5-23 中的 VP 连接点就属于 VP 交换点。

VC 交换同时对 VPI、VCI 进行处理和变换，也就是经过 VC 交换，VPI、VCI 值同时改变。VC 交换必须和 VP 交换同时进行。当一条 VC 链路终止时，VPC 也就终止了。这个 VPC 上的多条 VC 链路可以各奔东西加入不同方向的新的 VPC 中。

VC 和 VP 交换合在一起才是真正的 ATM 交换。VC 交换的实现比较复杂，图 5-23 中的 VC 连接点就属于 VC 交换点。

5．ATM 交换

（1）ATM 交换的基本原理

ATM 交换的基本原理如图 5-24 所示。

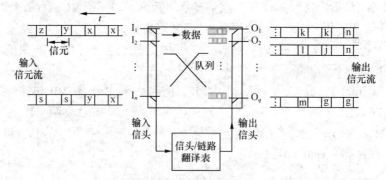

输入链路	信头值	输出链路	信头值
I_1	x y z	O_1 O_q O_2	k m l
⋮			
I_n	x y s	O_1 O_2 O_q	n j g

图 5-24　ATM 交换的基本原理

图 5-24 中的交换节点有 n 条入线（$I_1 \sim I_n$），q 条出线（$O_1 \sim O_q$）。每条入线和出线上传送的都是 ATM 信元流，信元的信头中 VPI/VCI 值表明该信元所在的逻辑信道（即 VP 和 VC）。ATM 交换的基本任务就是将任一入线上的任一逻辑信道中的信元交换到所要去的任一出线上的任一逻辑信道上去，也就是入线 I_i 上的输入信元被交换到出线 O_i 上，同时其信头值（指的是 VPI/VCI）由输入值 α 变成（或翻译成）输出值 β。例如图中入线 I_1 上信头为 x 的信元被交换到出线 O_1 上，同时信头变成 k；入线 I_1 上信头为 y 的信元被交换到出线 O_q 上，同时信头变为 m；等等。输入、输出链路的转换及信头的改变是由 ATM 交换机中的翻译表来实现的，这里的信头改变就是 VPI/VCI 值的转换，这是 ATM 交换的基本功能之一。

（2）ATM 交换的基本功能

综上所述，ATM 交换有以下基本功能。

① 空分交换（空间交换）。将信元从一条传输线改送到另一条传输线上去，这实现了空分交换。在进行空分交换时要进行路由选择，所以这一功能也称为路由选择功能。

② 信头变换。就是信元的 VPI/VCI 值的转换，也就是逻辑信道的改变（因为 ATM 网中的逻辑信道是靠信头中的 VPI/VCI 来标识的）。信头的变换相当于进行了时间交换，但要注意，ATM 的逻辑信道和时隙没有固定的关系。

③ 排队。由于 ATM 是一种异步转移方式，信元的出现是随机变的，所以来自不同入线的两个信元可能同时到达交换机，并竞争同一条出线，由此会产生碰撞。为了减少碰撞，需在交换机中提供一系列缓冲存储器，以供同时到达的信元排队用。排队也是 ATM 交换机的一个基本功能。

（3）ATM 交换机之间信元的传输方式

ATM 交换机之间信元的传输方式有如下所述 3 种。

① 基于信元（cell）——ATM 交换机之间直接传输 ATM 信元。

② 基于 SDH——利用同步数字体系 SDH 的帧结构来传送 ATM 信元，目前 ATM 网主要采用这种传输方式。

③ 基于 PDH——利用准同步数字体系 PDH 的帧结构来传送 ATM 信元。

5.2.2 APON 的概念及特点

1. APON 的概念

ATM 无源光网络（APON）是 PON 技术和 ATM 技术相结合的产物，即在无源光网络上实现基于 ATM 信元的传输，即 ATM-PON。

APON 最初是在 20 世纪 90 年代中期由全业务接入网络组织（Full-Services Access Network，FSAN）运作开发的。FSAN 是一个由 21 个大型电信公司组成的集团，它们共同合作，研究和开发这种新型的支持数据、视频和语音信息的宽带接入系统。当时，ATM 是人们公认的最佳链路层协议，PON 是人们公认的最佳的物理层协议，两者理所当然的结合产生了 APON 技术。

经过 FSAN 的不懈努力，1998 年 10 月通过了全业务接入网采用的 APON 格式标准 ITU-T G.985.1；2000 年 4 月批准其控制通道规范的标准 ITU-T G.985.2；2001 年又发布了关于波长分配的标准 ITU-T G.985.3，利用波长分配增加业务能力的宽带光接入系统。目前在北美、日本和欧洲都有 APON 产品的实际应用。

2. APON 的特点

在无源光网络上使用 ATM，不仅可以利用光纤的巨大带宽提供宽带服务，也可以利用 ATM 进行高效的业务管理，特别是 ATM 在实现不同业务的复用以及适应不同带宽的需要方面有很大的灵活性。APON 具有以下主要特点。

① 综合接入能力。APON 综合了 ATM 技术和无源光网络技术，可以提供现有的从窄带到宽带等各种业务。APON 的对称应用上行和下行数据率都可达到 155Mbit/s，非对称应用下行方向的数据率可达到 622Mbit/s，用户的接入速率可以从 64kbit/s 到 155Mbit/s 间灵活分配。

② 高可靠性。局端至远端用户之间没有有源器件，可靠性较有源光网络大大提高；而且基于 ATM 技术的 APON 可以有良好的 QoS 保证。

③ 接入成本低。APON 系统中运用了无源器件和资源共享方式,降低了单个用户的接入成本。

④ 资源利用率高。采用带宽动态分配技术,大大提高了资源的利用率;对下行信号采取搅动等加密措施,可以防止非法用户的盗用。

⑤ 技术复杂。APON 技术复杂、成本较高,并且带宽仍然有限。

5.2.3　APON 的系统结构

典型的 APON 系统的网络拓扑结构为星形结构,作为点到多点的应用来说,为了更适应于将来进行系统的升级和扩容,同时加上光分配网的灵活性,使得 APON 系统支持更多的拓扑结构,如树形、总线形等。APON 系统结构示意图如图 5-25 所示。

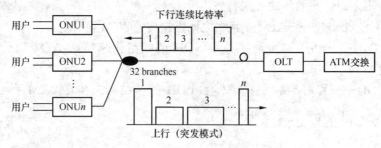

图 5-25　APON 系统结构示意图

APON 由光线路终端 OLT、光网络单元 ONU 和无源光分路器 POS(简称分光器)组成。

1. OLT

APON 的 OLT 通过 VB5 接口与外部网络连接,为了能够与现存的各类交换机实现互连,系统也具有向外部网络提供现存窄带接口的能力,如 V5 接口等。OLT 和 ONU 通过 ODN 在业务节点接口和用户网络接口之间提供 ATM 业务的透明传输。OLT 由业务接口功能模块、ATM 交叉连接功能模块、ODN 接口功能模块、OAM 功能模块和供电功能模块等组成。

(1)业务接口功能模块

业务接口功能模块用于实现系统不同类型的业务节点接入,如 PSTN 交换机、Internet 服务器及 VOD 服务器等,其业务接口主要包括 VB5.x 或 V5.x 接口。该功能模块可以将 ATM 信元插入上行的 SDH 净负荷区,也能够从下行的 SDH 挣负荷区中提取 ATM 信元。VB5 接口的速率可以是 SDH 的 STM-l(155Mbit/s)或者 STM-4(622Mbit/s)。

(2)ATM 交叉连接功能模块

ATM 交叉连接功能模块是一个无阻塞的 ATM 信元交换模块,主要实现多个信道的交换、信元的路由、信元的复制及错误信元的丢弃等功能。

(3)ODN 接口功能模块

ODN 的每个接口模块驱动一个无源光网络,接口模块数的多少由所支持用户数的多少来确定。ODN 的主要功能如下。

① 提取上行帧中的 ATM 信元(即拆卸 APON 上行帧),往下行帧中插入 ATM 信元(即组装成 APON 下行帧)。

② 对下行帧进行电/光变换，对上行帧进行光/电变换。

③ 和 ONU 一起实现测距功能，并且将测得的定距数据存储，以便在电源或者光中断后重新启动 ONU 时恢复正常工作。

④ 从突发的上行光信号数据中恢复时钟。

⑤ 给用户信息提供一定的加密保护，通过 MAC 协议给用户动态地分配带宽。

（4）OAM 功能模块

OAM 功能模块对 OLT 的所有功能模块提供操作、管理和维护手段，如配置管理、故障管理、性能管理等；也提供标准的 Q3 接口与 TMN 相连。

（5）供电功能模块

供电功能模块用于将外部电源变换为所要求的机内各种电压。

2．ODN

ODN 为 OLT 和 ONU 之间的物理连接提供光传输介质；它主要包括单模光纤和光缆、光连接器、无源光分路器（简称分光器）、无源光衰减器及光纤接头等无源光器件。

ODN 中最重要的部件是分光器，其作用是将 1 路光信号分为 N 路光信号，具体功能为分发下行数据，并集中上行数据。分光器带有一个上行光接口，若干下行光接口，从上行光接口过来的光信号被分配到所有的下行光接口传输出去，从下行光接口过来的光信号被分配到唯一的上行光接口传输出去。

根据 ITU-T 的建议，APON 系统中一个 ODN 的分光比最高能达到 1:32，即一个 ODN 最多支持 32 个 ONU；APON 光纤的最大距离为 20km，光功率损耗为 10～25dB。

3．ONU

ONU 实现与 ODN 之间的接口及接入网用户侧的接口功能。ONU 主要由用户端口功能模块、业务传输复用/解复用模块、ODN 接口功能模块、供电功能模块和 OAM 功能模块等组成。

（1）用户端口功能模块

该模块提供各类用户接口，上行接收用户信息并将其适配为 ATM 信元，下行完成相反的变换。

用户接口单元采用模块化设计，使系统支持现存的各类业务，而且通过添加新模块也可以方便地升级适用到将来的新业务。

（2）业务传输复用/解复用功能模块

该模块将来自不同用户的信元进行组装、拆卸，以便和各种不同的业务接口端相连，上行将不同用户的信元进行复用送至 ODN 接口模块；下行将 ODN 接口模块传来的信元进行解复用送至各个用户端。

（3）ODN 接口功能模块

该模块实现的功能如下所述。

① 向上行 APON 帧中插入 ATM 信元（即组装成 APON 上行帧），从下行 APON 帧中抽取 ATM 信元（即拆卸 APON 下行帧）。

② 光/电、电/光变换功能。

③ 与 OLT 一起完成测距功能。

④ 在 OLT 的控制下调整发送光功率，当与 OLT 通信中断时，则切断 ONU 光发送，以减小该 ONU 对其他 ONU 通信的串扰。

（4）供电功能模块

该模块用于提供 ONU 电源。其供电方式可以是本地交流供电，也可以是直流远供。ONU 在备用电池供电的情况下也能够正常工作。

（5）OAM 功能模块

该模块对 ONU 所有的功能块提供操作、管理和维护。

5.2.4　APON 的工作原理及帧结构

1．APON 的工作原理

G.983 建议规定了 APON 的传输复用和多址接入方式。双向传输方式一般采用单纤波分复用（WDM）方式，上行传输（ONU 到 OLT）使用 1310nm 波长，下行传输（OLT 到 ONU）使用 1550nm 波长。下行传输采用时分复用（TDM）+广播方式，上行时分多址接入技术采用（TDMA）方式。现有产品的典型线路速率是下行 622Mbit/s 或 155Mbit/s、上行 155Mbit/s。

在下行方向，由 ATM 交换机传来的 ATM 信元先送给 OLT，OLT 将其变为连续的 155.52Mbit/s 或 622.08Mbit/s 的下行帧，采用时分复用（TDM）并以广播方式传送给所有 ONU，每个 ONU 可根据信元的 VCI/VPI 选出属于自己的信元送给用户终端。

上行方向采用时分多址接入方式（TDMA），来自各个 ONU 的信元需排队等候属于自己的发送时隙来发送，为防止 ATM 信元发生碰撞，需要一定的机制避免冲突。由 OLT 轮询各个 ONU，得到 ONU 的上行带宽要求，OLT 合理分配带宽后，以上行授权的形式允许 ONU 发送上行信元，即只有收到有效上行授权的 ONU 才有权利在上行帧中占有指定的时隙。

2．APON 的帧结构

APON 上、下信道都由连续的时隙流组成。下行每时隙宽为发送一个信元的时间，上行每时隙宽为发送 56 字节（一个信元再加 3 字节开销）的时间。按 G983.1 建议，APON 可采用两种速率结构，即上下行均为 155.520Mbit/s 的对称帧结构或者下行 622.080Mbit/s、上行 155.520Mbit/s 的不对称帧结构。

APON 系统下行帧结构如图 5-26 所示。APON 下行帧由连续的时隙组成，每个时隙填充一个 53 字节的 ATM 信元，每 28 个时隙包含一个 PLOAM 信元（物理层管理维护信元）。

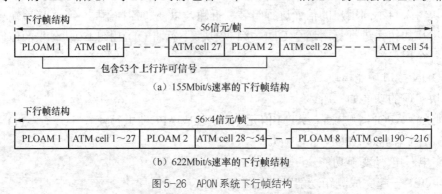

图 5-26　APON 系统下行帧结构

155.520Mbit/s 速率的下行链路上每帧 56 个时隙，含两个 PLOAM 信元，如图 5-26（a）所示；而 622.080Mbit/s 速率的下行链路上每帧 224 个时隙，有 8 个 PLOAM 信元，如图 5-26（b）所示。由于下行方向是广播模式，各个 ONU 将收到所有帧，并自主从相应时隙中取出属于自己的信元，所以在下行方向上不需要 OLT 进行控制。

APON 的上行帧格式如图 5-27 所示。APON 的上行帧每帧有 53 个时隙，每个时隙除了填充一个 53 字节的信元外，在每个时隙的信元之前还有 3 字节的开销用于同步定界，并提供防卫时间。

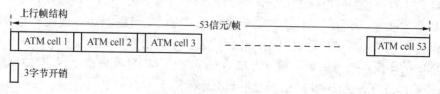

图 5-27　APON 系统上行帧结构

开销包括如下三个部分：
- 防卫时间域——最少 4 比特，用来防止上行信元间碰撞的保护时间；
- 前导比特——用作比特同步和幅度恢复；
- 定界比特——用于指示 ATM 信元或微时隙开始的定界符。

这 3 个部分的长度是可编程的，由 OLT 决定，并通过下行的 PLOAM 信元告知 ONU。OLT 在下行 PLOAM 信元中给 ONU 发送上行允许，ONU 才能在上行帧中占有一个时隙，并且 OLT 根据需要要求 ONU 定时发送 PLOAM 信元或微时隙。

在此解释一下微时隙：上行时隙可以包含可分割时隙，它由来自多个 ONU 的微时隙（对应微信元）组成，MAC 协议利用这些微时隙可以向 OLT 传送 ONU 的排队状态信息，以实现带宽动态分配。

G983.1 规定了多种授权信号（均为 8bit 长），分别用于上行发送 ATM 信元、PLOAM 信元、微信元和空闲等的授权指示。

上行帧的 53 个时隙（对应 53 个 ONU 的信息）需要带 53 个授权信号，则每个下行帧携带 53 个授权信号，分别与上行帧的 53 个时隙对应。ONU 只有收到给予自己的授权信号后，才能在相应的上行时隙发送上行信元。每个 PLOAM 信元携带 27 个授权信号，两个 PLOAM 信元可以携带 54 个授权信号，而一帧只需携带 53 个授权信号，于是，第 2 个 PLOAM 信元的最后一个授权信号区填充空闲授权信号。对于非对称帧结构，622.080Mbit/s 速率的下行帧中第 2 个 PLOAM 信元的最后一个授权信号区与后面的 6 个 PLOAM 信元的授权信号区全部填充空闲授权信号。

APON 系统是一个共享带宽的网络，每个用户会对带宽产生不同的需求。这就要求网络有一个功能强大的 MAC 协议，以完成信元时隙分配、带宽的动态分配及接入允许/请求等功能。APON 系统对 MAC 协议的要求是能够对各个用户提供公平、高效、高质量的接入，保证接入延迟、信元延迟变化、信元丢失率等参数尽可能小。而且，MAC 协议的选取还需要考虑协议实现的复杂程度，通常采用基于信元的授权分配算法，即由 ONU 发送"请求"至 OLT，OLT 收到 ONU 请求之后根据授权分配算法向 ONU 发送"许可"。

5.2.5 APON 的关键技术

APON 的关键技术主要有时分多址接入的控制、快速比特同步、突发信号的收发以及动态带宽分配等。

1. 时分多址接入的控制

在上行方向，由于 PON 的 ODN 实际上是共享传输媒介，需要适当的接入控制才能保证各个 ONU 的上行信号完整地到达 OLT。由于 APON 的接入复用是在时域实现的，如何实现 OLT 到 ONU 无冲突、有效的上行接入是必须要考虑的重要问题，G.983 建议采用 TDMA 的上行接入控制。不同的距离造成的延时不同，因此为了不使上行信号发生冲突，OLT 必须测量到各个 ONU 的距离，并将指定的延时告知 ONU；各个 ONU 在发送上行信号时根据指定的延时相互协调，并将各自的 ATM 信元复用到上行帧里。

测距过程通过使用上行/下行信元（PLOAM 信元）携带的带内信令数据，即 PLOAM 信元携带的测距允许信号、PLOAN 允许、数据允许、ONU 序列号以及测距时间等消息来实现。当多个 ONU 同时连到线上时，OLT 会根据 ONU 序列号使用二叉树的排除机制先对其中一个进行测距。首先，OLT 打开测距窗口，测量来自 ONU 的上行信元的延时；然后 OLT 将等效延时告知 ONU；随后 ONU 调节发送延时。测距方法有扩频方式、带外方式和带内开窗测距方式，APON 一般采用带内开窗测距方式。

2. 快速比特同步

在采用的测距机制控制 ONU 的上行发送后，由于各种因素的影响，上行信号还是有一定的相位漂移。在上行帧的每个时隙里有 3 字节开销，防卫时间用于防止微小的相位漂移损害信号，前导比特则用于同步获取。

OLT 在接收上行帧时先搜索前导比特，并以此快速获取码流的相位信息，达到比特同步；然后根据定界比特确定 ATM 信元的边界，完成字节同步。OLT 只有在收到 ONU 上行突发的前几个比特内实现比特同步，才能准确恢复 ONU 的信号。

同步获取可以通过将收到的码流与特定的比特图案进行相关运算来实现。可是一般的滑动搜索方法延时太大，不适用于快速比特同步，因而可以采用并行的滑动相关搜索方法。具体方法是，将收到的信号用不同相位的时钟进行采样，采样结果同时（并行）与前导比特进行相关运算，比较运算结果，在相关系数大于某个门限时将最大值对应的取样信号作为输出，并把该相位的时钟作为最佳时钟源；如果若干相关值相等，则可以取相位居中的信号和时钟。这种方法虽然可以快速实现比特同步，但缺点是电路比较复杂。

3. 突发信号的收发

在采用 TDMA 的上行接入中，各个 ONU 必须在指定的时间区间内完成光信号的发送，以免与其他信号发生冲突。为了实现突发模式，收发端都要采用特别的技术。光突发发送电路要求能够非常快速地开启和关断，迅速建立信号，因而传统的电光转换模块中采用的加反馈自动功率控制将不适用，并且需要使用响应速度很快的激光器。

APON 系统上行传输中由于不同 ONU 到 OLT 所经过的路径长度不同，信道特性和传输时延也不相同，在接收端，由于来自各个用户的信号光功率是不同且变化的，APON 系统采用了光功率动态调节技术保证 OLT 正确地接收各个 ONU 的数据。OLT 光接收机需要有大的动态范围，并能设定和改变门限，以便以最快的速度进行判决，即突发接收电路必须在每次收到新的信号时调整接收电平（门限）。电平调整通过 APON 系统中时隙的前导比特实现，突发模式前置放大器的阈值调整电路可以在几个比特内迅速建立起阈值，接收电路将根据这个门限正确恢复数据。另外，通过预先对每个 ONU 的输出功率进行调节，可以降低对 OLT 接收机动态范围的要求。

4．动态带宽分配

APON 能够提供宽带综合的接入，所以 APON 的 MAC 协议必须能够充分利用上行带宽，同时支持不同业务的 QoS 要求，这就对 MAC 协议提出了要求。MAC 协议中的带宽分配算法既要考虑连接业务的性能特点及其服务质量的要求，又要考虑接入控制的实时性。在 APON 系统中，相对于主干网，其业务量要小得多，因此一般选用在建立连接时无缓冲存储的一类带宽分配算法。通过动态分配带宽，APON 能有效地管理网络资源，为用户的不同类型的业务提供满足要求的连接。

对于 APON，采用 ATM 作为承载协议，可以支持多种带宽速率和 QoS 要求的业务，包括语音、数据等，并提供明确的 QoS 保证。但由于 ATM 协议复杂，带宽不足，价格较高，目前国内 xPON 更倾向于使用 EPON 和 GPON。

5.3　以太网无源光网络接入技术

5.3.1　EPON 的网络结构及设备功能

以太网无源光网络（EPON）是基于以太网的无源光网络，即采用无源光网络的拓扑结构实现以太网帧的接入，EPON 的标准为 IEEE 802.3ah。

1．EPON 的网络结构

EPON 的网络结构一般采用双星形或树形，其示意图如图 5-28 所示。

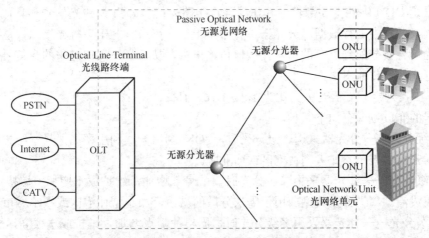

图 5-28　EPON 的网络结构示意图

EPON 中包括无源网络设备和有源网络设备。

- 无源网络设备——无源网络设备指的是光分配网络（ODN），包括光纤、无源分光器、连接器和光纤接头等。它一般放置于局外，称为局外设备。

- 有源网络设备——包括无线路终端（OLT）、光网络单元（ONU）和设备管理系统（EMS）。

EPON 中较为复杂的功能主要集中于 OLT，而 ONU 的功能较为简单，这主要是为了尽量降低用户端设备的成本。

2. EPON 的设备功能

（1）OLT

在 EPON 中，OLT 既是一个交换机或路由器，又是一个多业务提供平台（Multiple Service Providing Platform，MSPP），提供面向无源光纤网络的光纤接口。OLT 将提供多个 Gbit/s 和 10Gbit/s 的以太网口，支持 WDM 传输，与多种业务速率相兼容。

OLT 根据需要可以配置多块 OLC（Optical Line Card），OLC 与多个 ONU 通过分光器连接，分光器是一个简单设备，它不需要电源，可以置于全天候的环境中。

OLT 的具体功能如下。

① 提供 EPON 与服务提供商核心网的数据、视频和语音网络的接口，具有复用/解复用功能。

② 光/电转换，电/光转换。

③ 分配和控制信道的连接，并有实时监控、管理及维护功能。

④ 具有以太网交换机或路由器的功能。

OLT 布放位置一般有 3 种方式，一是放置于局端中心机房（交换机房、数据机房等），覆盖范围大，便于维护和管理，节省运维成本，利于资源共享；二是放置于远端中心机房，覆盖范围适中，便于操作和管理，同时兼顾容量和资源；三是置于户外机房或小区机房，节省光纤，但管理和维护困难，覆盖范围比较小，需要解决供电问题，一般不建议采用这种方式。

OLT 位置的选择主要取决于实际的应用场景，一般建议将 OLT 放置于中心机房。

（2）分光器

分光器是 ODN 中的重要部件，其作用是将 1 路光信号分为 N 路光信号，具体功能为分发下行数据，并集中上行数据。分光器带有一个上行光接口，若干下行光接口，从上行光接口过来的光信号被分配到所有的下行光接口传输出去，从下行光接口过来的光信号被分配到唯一的上行光接口传输出去。

EPON 中，规定分光器的分光比为 1:8、1:16、1:32、1:64。

分光器的布放方式有如下 3 种。

① 一级分光——分光器采用一级分光时，PON 端口一次利用率高，易于维护，其典型应用于需求密集的城镇，如大型住宅区或商业区。

② 二级分光——分光器采用二级分光时，故障点增加，维护成本增加，熔接点/接头增加，分布较灵活。二级分光典型应用于需求分散的城镇，如小型住宅区或中小城市。

③ 多级分光——分光器采用多级分光时，同样故障点增加，维护成本很高，熔接点/接头增加，分布非常灵活，其典型应用于成带状分布的农村或商业街。

分光器的分光方式包括等功率分光和不等功率分光两种，对于城市住宅小区等，由于业务分布比较均匀，一般采用等功率分光；对于农村、矿区、沿海或河床的养殖基地、商业街等特殊环境的应用，由于业务分布极不均匀，可采用不等功率分光。

（3）光网络单元（ONU）

① ONU 的功能

ONU 放置在用户侧，其功能为：

- 给用户提供数据、视频和语音与 PON 之间的接口（若用户业务为模拟信号，ONU 应具有模/数、数/模转换功能）；
- 光/电（以太网帧格式）转换、电/光转换；
- 提供以太网二层、三层交换功能——ONU 采用了技术成熟的以太网络协议，在中带宽和高带宽的 ONU 中，实现了成本低廉的以太网第二层第三层交换功能，此类 ONU 可以通过层叠来为多个最终用户提供共享高带宽。在通信过程中，不需要协议转换，就可实现 ONU 对用户数据透明传送。ONU 也支持其他传统的 TDM 协议，而且不增加设计和操作的复杂性。

② ONU 布放的位置

根据 ONU 布放的位置，可将 EPON 分为以下几种情况：

- 光纤到户（FTTH）——适用于用户居住比较分散且用户对带宽的要求较高的区域。
- 光纤到大楼（FTTB）——适用于在单栋商务楼用户相对数量不多、带宽要求不高的场景。
- 光纤到路边（FTTC）——是带宽与投资的折中。

③ ONU 的种类

根据应用场合，ONU 可以分为以下几类：

- SFU（单家庭用户终端）——主要用于 FTTH 模式，支持宽带接入终端及语音等功能，具有多个以太网接口及 POTS 接口。
- HGU——主要用于 FTTH 模式，具有家庭网关功能，具有多个以太网接口、1 个 WLAN 接口、POTS 接口及有线电视接口。
- MDU-D（多用户终端）——主要用于家庭 FTTB/FTTC 模式，具有宽带接入终端功能，具有多个用户侧接口（包括以太网接口或 ADSL2+/VDSL2 接口）。
- MDU-L——主要用于集团客户 FTTB 模式，具有宽带接入终端功能，具有多个以太网接口、E1 及 POTS 接口等。
- SBU（单商用用户终端）——主要用于 FTTO 模式，支持宽带接入终端功能，具有以太网接口、E1 及 POTS 接口。

（4）设备管理系统

EPON 中的 OLT 和所有 ONU 被设备管理系统（EMS）管理。设备管理系统提供与业务提供者核心网络的接口，管理功能有故障管理、配置管理、计费管理、性能管理和安全管理。

5.3.2 EPON 的工作原理及帧结构

EPON 系统采用 WDM 技术实现单纤双向传输。使用两个波长时，下行（OLT 到 ONU）使用 1510nm，上行（ONU 到 OLT）使用 1310nm，用于分配数据、语音和 IP 交换式数字视频（SDV）业务，如图 5-29 所示。

使用 3 个波长时，下行使用 1510nm，上行使用 1310nm，增加一个下行 1550nm 波长携带下行 CATV 业务。

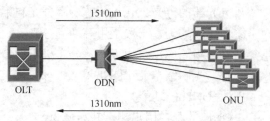

图 5-29　EPON 系统采用 WDM 实现单纤双向传输示意图

1. 下行通信

EPON 下行通信采用时分复用（TDM）+广播的传输方式，传输原理如图 5-30 所示。具体地说，OLT 将时分复用后的信号发给分光器，分光器采用广播方式将信号发给所有 ONU。在 EPON 中，根据 IEEE 802.3 以太网协议，传送的是可变长度的数据包（MAC 帧），最长可为 1518 字节。每个数据包带有一个 EPON 包头（逻辑链路标识 LLID），唯一标识该信息包是发给 ONU-1、ONU-2 还是 ONU-3 等，也可标识为广播数据包发给所有 ONU 或发给特定的 ONU 组（多点传送数据包）。当数据包到达 ONU 时，ONU 通过地址匹配接受并识别发给它的数据包，丢弃发给其他 ONU 的数据包。

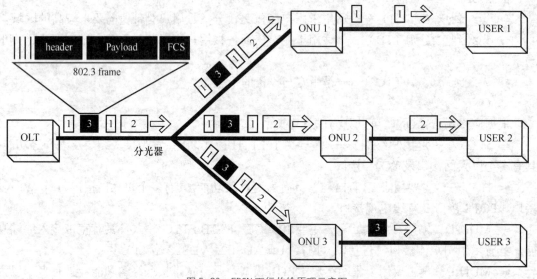

图 5-30　EPON 下行传输原理示意图

在光信号上进行的时分复用是指，在发送端（OLT），将发给各支路（ONU）的电信号各自经过一个相同波长的激光器转变为支路光信号，各支路的光信号分别经过延时调整后经合路器合成一路高速光复用信号并馈入光纤；在接收端，收到的光复用信号首先经过光分路器分解为支路光信号，各支路的光信号再分送到各支路的光接收机转换为各支路电信号。

EPON 下行传输的数据流被组成固定长度的帧，其帧结构如图 5-31 所示。EPON 下行传输速率为 1.25Gbit/s，每帧帧长为 2ms，携带多个可变长度的数据包。含有同步标识符的时钟信息位于每帧的开头，用于 ONU 与 OLT 的同步，同步标识符占 1 个字节。下行方向上，每帧中包含的 ONU 数据分组没有顺序，长度也是可变的。

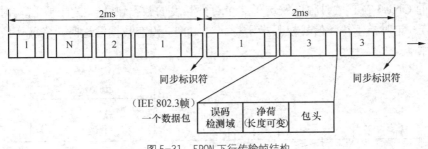

图 5-31 EPON 下行传输帧结构

2．上行通信

在上行方向，EPON 采用时分多址接入（TDMA）方式，具体来说，就是每个 ONU 只能在 OLT 已分配的特定时隙中发送数据帧，每个特定时刻只能有一个 ONU 发送数据帧。否则 ONU 间将产生时隙冲突，导致 OLT 无法正确接收各个 ONU 的数据，所以要对 ONU 发送上行数据帧的时隙进行控制。每个 ONU 都有一个 TDMA 控制器，它与 OLT 的定时信息一起控制各 ONU 上行数据包的发送时刻，以避免复合时相互间发生碰撞和冲突。

EPON 上行传输原理如图 5-32 所示。

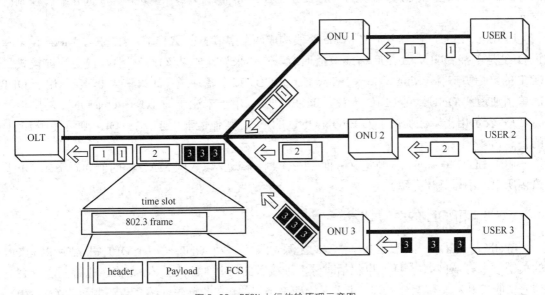

图 5-32 EPON 上行传输原理示意图

连接于分光器的各 ONU 发送上行信息流，经过分光器耦合到共用光纤，以 TDM 方式复合成一个连续的数据流。此数据流组成帧，其帧长也是 2ms，每帧有一个帧头，表示该帧的开始。每帧进一步分割成可变长度的时隙，每个时隙分配给一个 ONU。EPON 上行帧结构如图 5-33 所示。

假设一个 OLT 携带的 ONU 个数是 N 个，则在 EPON 的上行帧结构中会有 N 个时隙，每个 ONU 占用一个。但时隙的长度并不是固定的，它是根据 ONU/ONT 发送的最长消息，也就是 ONU 要求的最大带宽和 802.3 帧来确定的。ONU 可以在一个时隙内发送多个 802.3 帧，

图 5-33 中的 ONU3 在它的时隙内发送了 2 个可变长度的数据包和一些时隙开销。时隙开销包括保护字节、定时指示符和信号权限指示符。当 ONU 没有数据发送时，它就用空闲字节填充自己的时隙。

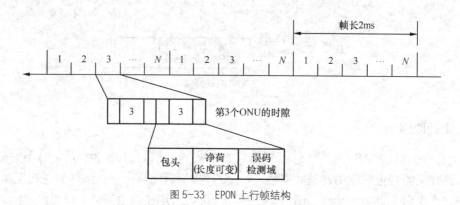

图 5-33　EPON 上行帧结构

EPON 系统中，一个 OLT 携带多个 ONU，通过引入逻辑链路标识 LLID 来区分各个 ONU。当每个 ONU 注册成功后，OLT 会为它分配唯一的 LLID，并以 LLID 为单位进行上行带宽的分配。因此，在 EPON 系统内，LLID 是 ONU 的唯一标识，也是上行带宽分配和控制的单元。

LLID 长 15bit，它与 1bit 的 Mode 字段构成两个字节 Mode&LLID（16bit）。Mode 用来标识 OLT 是单播/ONU，还是广播或多播通道，具体来说，如果该比特为 1，说明当前模式是 OLT 的单拷贝广播（Single Copy Broadcast，SCB）或多播通道；如果值为 0，表示用于 OLT 的单播通道和 ONU。对 LLID 来说，0x7FFF 表示用于未注册的 1G EPON ONU 的广播，0x7FFE 表示用于未注册的 10G EPON ONU 的广播，其他值都用于单播；OLT 则可使用 LLID 的任意值。

由于 LLID 的引入，在帧定义方面，EPON 帧修改了以太网 MAC 帧的前导码格式（由于篇幅所限，不做具体介绍）。

5.3.3　EPON 的关键技术

EPON 与 APON 同样属于共享带宽的无源光网络，多个 ONU 与一个 OLT 相连。所以 EPON 的关键技术与 APON 一样，也包括时分多址接入的控制（测距技术）、快速比特同步、突发信号的收发和动态带宽分配等，其实现原理是类似的。在此首先介绍多点控制协议（MPCP），然后主要阐述 EPON 关键技术中的测距技术、动态带宽分配、EPON 的安全性及可靠性。

1. 多点控制协议

（1）多点控制协议的作用

多点控制协议（Multi-Point Control Protocol，MPCP）是解决 EPON 系统技术难点的关键协议。它通过定义特定的控制帧消息结构，解决上行信道复用、测距及时延补偿等 EPON 的难点问题。

MPCP 是整个 EPON 系统正常工作的核心，是对 IEEE802.3 标准的重要扩展。采用 MPCP，可以实现一个可控制的网络配置，如 ONU 的自动发现、终端站点的带宽分配及查询和监控等。MPCP 的具体作用如下所述。

- 规定 OLT 和 ONU 之间的控制机制。
- 提供 ONU 控制管理信息。
- 提供 ONU 带宽管理信息。
- 提供业务监控信息控制。

（2）采用 MPCP 的好处

- 可以优化网络资源，如利用测距可以实现多个 ONU 共享传输线路，提高了带宽利用率。
- 能实现对 EPON 系统的动态带宽分配。ONU 可以报告其带宽需求，使网络管理者根据情况进行动态带宽分配。OLT 控制每个 ONU 的上行接入带宽，带宽分配有静态和动态两种带宽分配，静态带宽由 ONU 的窗口尺寸决定，动态带宽根据 ONU 的需要由 OLT 分配决定。
- 提供灵活的网络管理。

2. EPON 的关键技术

（1）测距技术

在 EPON 中，一个 OLT 可以接 16～64 个 ONU，ONU 至 OLT 的距离有长有短，最短的可以是几米，最长的可以达 20km。EPON 采用 TDMA 方式接入技术，使每一个 ONU 的上行信号在公用光纤汇合后，插入指定的时隙，彼此间既不发生碰撞，也不要间隔太大。所以 OLT 必须要准确知道数据在 OLT 和每个 ONU 之间传输的往返时间 RTT（Round Trip Time），即 OLT 要不断地对每一个 ONU 与 OLT 的距离进行精确测定（即测距），以便控制每个 ONU 发送上行信号的时刻。

测距具体过程如下。OLT 发出一个测距信息，此信息经过 OLT 内的电子电路和光电转换延时后，光信号进入光纤传输并产生延时到达 ONU，经过 ONU 内的光电转换和电子电路延时后又发送光信号到光纤并再次产生延时，最后到达 OLT，OLT 把收到的传输延时信号和它发出去的信号相位进行比较，从而获得传输延时值。OLT 以距离最远的 ONU 的延时为基准，算出每个 ONU 的延时补偿值 T_d，并通知 ONU。该 ONU 在收到 OLT 允许它发送信息的授权后，延时 T_d 后再发送自己的信息，这样各个 ONU 采用不同的 T_d 补偿时延调整自己的发送时刻，以便使所有 ONU 到达 OLT 的时间都相同。G.983.1 建议要求测距精度为 ±1bit。

在 EPON 系统中，OLT 和每个 ONU 内部都有一个 32bit 的计数器，计数器每 16ns 增加1，这些定时器为设备提供本地的时间戳，即时钟。OLT 的本地时钟为整个 PON 系统的时钟基准，其下面所有 ONU 的时钟都要同步到 OLT 的时钟上。EPON 系统所采用的多点控制协议 MPCP 消息都有一个 4 字节长度的 timestamp 字段，用于携带发送该 MPCP 消息时的本地计数器的值，进而实现本地时刻值的传递。

具体的测距原理如图 5-34 所示，OLT 和 ONU 之间的往返时间 RTT 主要由两部分组成，即 $T_{DOWNSTREAM}$ 和 $T_{UPSTREAM}$。如果 OLT 发送 MPCP 消息时的本地时刻为 t_0，那么这个消息在经过光纤长度为 L 的传输后到达 ONU，ONU 会立刻设置本地时间为 t_0；在经过 T_{WAIT} 时间后，ONU 向 OLT 发送上行 MPCP 消息时，会把本地时钟当前的值 t_1 写入 timestamp 字段，这个消息经过

同样长度的光纤后到达 OLT 时，OLT 当前的本地时间我们设为 t_2，那么，可以推出

$$RTT=T_{DOWNSTREAM}+T_{UPSTREAM}=(t_2-t_0)-T_{WAIT}=(t_2-t_0)-(t_1-t_0)=t_2-t_1$$

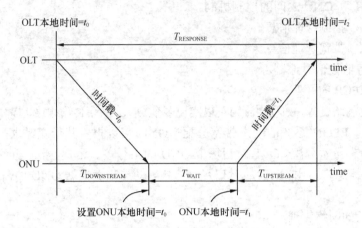

$T_{DOWNSTREAM}$：下行传输时延；
$T_{UPSTREAM}$：上行传输时延；
T_{WAIT}：在 ONU 上的等待时间，$=t_1-t_0$；
$T_{RESPONSE}$：在 OLT 上的响应时间，$=t_2-t_0$

图 5-34　测距原理示意图

可以看出，OLT 只要简单地把本地计数器的值与接收到的 MPCP 消息中携带的 ONU 本地计数器的值相减就得到了 RTT。一般情况下，光信号在光纤传输中的时延占 RTT 的绝大部分，设备内部处理时延基本可忽略，因此 RTT 值基本能够反映光纤长度，通过简化后的公式 $L=3.75\times RTT$，其中 L 的单位是 m，RTT 的单位是纳秒 ns。OLT 根据计算出的每个 ONU 的 RTT 值进行授权窗口的补充，在完成注册阶段的测距后，OLT 还必须不断地对 ONU 进行实时的 RTT 测量以实现动态补偿。

（2）动态带宽分配

动态带宽分配（DBA）是 EPON 系统的主要优点之一。通过 DBA 功能，OLT 可以对每个 ONU 的上下行带宽进行动态管理，按照 ONU 的业务类型和带宽需求，依据网络带宽使用状态来灵活分配 ONU 的带宽，试行按需分配，可以实现按流量和业务类型的管理，既可以保证相关业务的 QoS，又可以方便用户管理。

EPON 标准中没有定义 DBA 的具体算法，具体的实现算法有多种，目前各芯片厂家都可以支持 DBA 算法，主要的 DBA 算法的衡量指标是算法效率和有效性。

（3）安全性及可靠性

EPON 系统可以对上下行的数据进行加密，每个 ONU 可采用专用密钥以保证其安全性，而且对密钥可以定期更新。具体安全保障措施如下。

- 任意 ONU 只能接收发送给本 ONU 和端口的数据。
- 任意 ONU 端口不能看到其他 ONU 或其他端口的上行数据信息。
- 数据是否加密由 ONU 与 OLT 进行协商，密钥的转换同时进行。

在 IEEE 802.3ah 有关 EPON 的定义中，专门定义了有关 EPON 系统的维护功能，以利于系统运行时的维护和故障分析。而且，G.983.1 建议采用双 PON 系统，以保证 EPON 系

统的可靠性，即用备用的 PON 保护工作的 PON，一旦工作的 PON 发生故障，可切换到备用的 PON 上。

5.3.4 EPON 的优缺点

1. EPON 的优点

EPON 的优点主要表现在以下几个方面。

① 相对成本低，维护简单，容易扩展，易于升级。

EPON 结构在传输途中不需电源，没有电子部件，因此容易铺设，基本不用维护，长期运营成本和管理成本的节省很大；EPON 系统对局端资源占用很少，模块化程度高，系统初期投入低，扩展容易，投资回报率高。

② 提供非常高的带宽。

EPON 目前可以提供上下行对称的 1.25Gbit/s 的带宽，并且随着以太技术的发展可以升级到 10Gbit/s。

③ 服务范围大。

EPON 作为一种点到多点网络，可以利用局端单个光模块及光纤资源，服务大量终端用户。

④ 带宽分配灵活，服务有保证。

对带宽的分配和保证都有一套完整的体系。EPON 可以通过 DBA（动态带宽算法）、DiffServ、PQ/WFQ、WRED 等来实现对每个用户进行带宽分配，并保证每个用户的 QoS。

2. EPON 的缺点

① 受政策制约及运营商之间竞争的影响，小区信息化接入的开展存在较多变数。

② 设备需要一次性投入，在建设初期，如果用户数较少，相对成本会较高。

5.3.5 EPON 的组网应用实例

基于 EPON 的优点，它在许多场合得到广泛应用，而且组网方式非常灵活，下面介绍几个应用实例。

1. EPON 单独组网

（1）FTTB

① 集团客户采用 FTTB 方式的 EPON 接入 IP 网的组网示意图如图 5-35 所示。

这种方式的 ONU 可以选用 MDU-L 或 SBU 设备，放在集团客户信息机房或楼道。集团客户通过 MDU 统一提供语音和数据专线，实现低成本接入；如果企业内部部署了 PBX，可以采用 SBU 设备提供 E1 接口接入 PBX。

② 家庭客户采用 FTTB 方式的 EPON 接入 IP 网的组网示意图如图 5-36 所示。这种方式的 ONU 可以选用 MDU-D 设备，放置在高层设备间。根据住宅楼的内部布线情况，用户与 ONU 之间可以灵活适应双绞线等的不同接入方式。

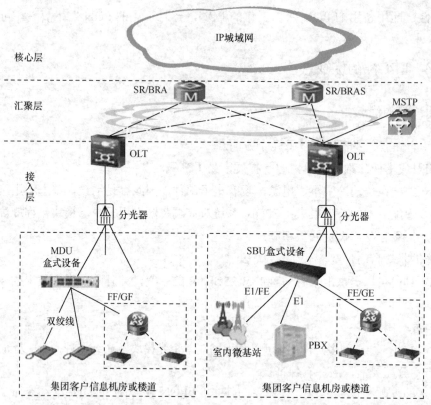

图 5-35　集团客户 FTTB 接入 IP 网的组网示意图

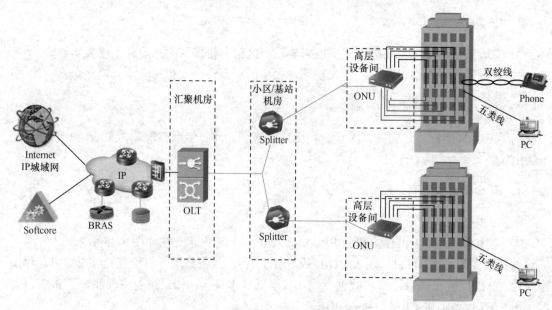

图 5-36　家庭客户 FTTB 接入 IP 网的组网示意图

（2）FTTH/FTTO

FTTH/FTTO 方式适合于有潜在高带宽需求且能够承受较高资费的用户，主要为高档小区、别墅区或者集团客户等。采用 FTTH 方式的 EPON 接入示意图如图 5-37 所示。这种方式下，局端部署 OLT，每个家庭/办公室内部署一个内置 IAD（综合接入设备）功能的 ONU，可为单个用户提供数据、语音和视频等业务。

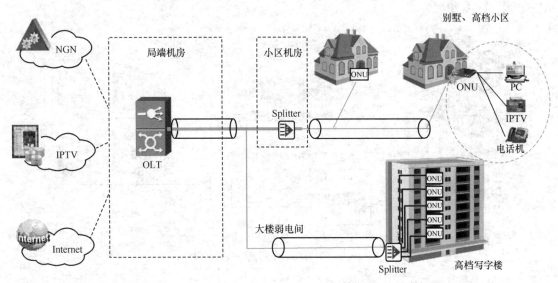

图 5-37 采用 FTTH 方式的 EPON 接入示意图

2. EPON 混合组网

（1）FTTB+LAN/WLAN/ DSL 混合组网方式

EPON 可以采用 FTTB+LAN/WLAN/ DSL 混合组网方式，如图 5-38 所示。

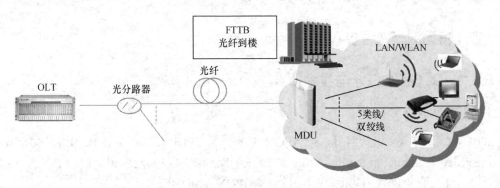

图 5-38 FTTB+LAN/WLAN/ DSL 混合组网方式示意图

FTTB+LAN/WLAN/ DSL 混合组网方式是目前 PON 接入网的主要建设模式，局端部署 OLT，在楼内部署支持多用户的、内置 LAN 交换机功能和 IAD（综合接入设备）功能的 ONU（MDU），ONU 通过 5 类线、双绞线等方式延伸到用户。

该方式的典型应用场景有如下几种。

- FTTB+LAN——适合中小集团客户比较集中的商业楼宇和高档小区。
- FTTB+WLAN——适合各类热点区域。
- FTTB+DSL——仅当驻地网已具备双绞线且无法新建 5 类线时采用该方式。

（2）FTTC+ DSL 混合组网方式

FTTC+ DSL 混合组网方式如图 5-39 所示，将 ONU 放在路边，而由 ONU 到用户采用 ADSL 或 VDSL 组网方式。

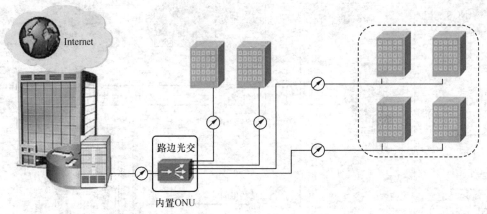

图 5-39　FTTC+DSL 混合组网方式示意图

FTTC 建设模式主要应用在以下场合。

- 宽带下沉（光进铜不退），光纤到小区/路边，ONU 提供宽带上网、IPTV 等宽带数据业务，原有电话接入方式不变。此时 ONU 需要开通 ADSL2+或 VDSL2 接口。
- 宽带下沉（光进铜退），光纤到小区/路边，ONU 能够提供宽带上网、IPTV、电话业务，将原有程控电话业务转移到软交换平台（或通过 V5 接口连接程控交换机）。此时 ONU 需要开通 ADSL2+或 VDSL2 接口、POTS 接口。

5.4　吉比特无源光网络接入技术

5.4.1　GPON 的概念与技术特点

1. GPON 的概念

2001 年底，FSAN 更新网页，把 APON 更名为了 BPON，即"宽带 PON"。2001 年 1 月左右，EFMA（Ethernet in the First Mile Alliance，第一英里以太网联盟）提出 EPON 概念的同时，FSAN 也开始进行 1Gbit/s 以上的 PON-GPON 标准的研究。

吉比特无源光网络（GPON）业务是 BPON 的一种扩展，相对于其他 PON 标准而言，GPON 标准提供了前所未有的高带宽（下行速率近 2.5Gbit/s），上、下行速率有对称和不对称两种，其非对称特性更能适应宽带数据业务市场。

与 EPON 直接采用以太网帧不同，GPON 标准规定了一种特殊的封装方法，即 GEM（GPON Encapsulation Method）。GPON 可以同时承载 ATM 信元和/或 GEM 帧，有很好的提供服务等级、支持 QoS 保证和全业务接入的能力。在承载 GEM 帧时，可以将 TDM 业务映射到 GEM 帧中，使用标准的 8kHz（125μs）帧能够直接支持 TDM 业务。作为一种电信级的技术标准，GPON 还规定了在接入网层面上的保护机制和完整的 OAM 功能。

2. GPON 的技术特点

归纳起来，GPON 具有以下技术特点。

（1）具有全业务接入能力

相对于 EPON 技术，GPON 更注重对多业务的支持能力。GPON 系统用户接口丰富，可以提供包括 64kbit/s 业务、E1 电路业务、ATM 业务、IP 业务和 CATV 等在内的全业务接入能力，是提供语音、数据和视频综合业务接入的理想技术。

（2）可提供较高的带宽和较远的覆盖距离

GPON 可以提供 1244Mbit/s、2488Mbit/s 的下行速率和 155Mbit/s、622Mbit/s、1244Mbit/s 和 2488Mbit/s 的上行速率，能灵活地提供对称和非对称速率。

此外，GPON 系统中，一个 OLT 可以支持最多 64（或 128）个 ONU；GPON 的物理传输距离最长可达到 20 公里，逻辑传输距离最长可达到 60 公里。

（3）带宽分配灵活，有服务质量保证

GPON 系统采用 DBA 算法，可以灵活调用带宽，能够保证各种不同类型和等级业务的服务质量。

（4）具有保护机制和 OAM 功能

GPON 具有保护机制和完整的 OAM 功能，另外 ODN 的无源特性减少了故障点，便于维护。

（5）安全性高

GPON 系统下行采用高级加密标准 AES 加密算法对下行帧的负载部分进行加密，可以有效地防止下行数据被非法 ONU 截取。同时，GPON 系统会通过 PLOAM 通道随时维护和更新每个 ONU 的密钥。

（6）系统扩展容易

GPON 系统模块化程度高，对局端资源占用很少，树型拓扑结构使系统扩展容易。

（7）技术相对复杂、设备成本较高

GPON 承载有 QoS 保障的多业务和强大的 OAM 能力等优势很大程度上是以技术和设备的复杂性为代价的，从而使得相关设备成本较高。但随着 GPON 技术的发展和大规模应用，GPON 设备的成本可能会有相应地下降。

5.4.2 GPON 的协议层次模型与标准

1. GPON 协议层次模型

GPON 协议层次模型如图 5-40 所示。

GPON 协议层次模型主要包括 3 层，分别为物理媒质层（PMD 层）、传输汇聚层（TC 层）和系统管理控制接口（OMCI）层。

（1）PMD 层

PMD 层提供了在 GPON 物理媒质上传输信号的手段，其要求可参见 G.984.2 标准，其中规定了光接口的规范，包括上下行速率、工作波长、双工

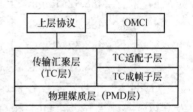

图 5-40　GPON 协议层次模型

方式、线路编码、链路预算以及光接口的其他详细要求。

（2）TC 层

TC 层是 GPON 技术的核心，G.984.3 标准规定了帧结构、DBA、ONU 激活、OAM 功能及安全性等方面的要求。TC 层包括成帧子层（Framing Sublayer）和适配子层（Adaptation Sublayer）两个子层。

- 成帧子层的主要作用是提供 GPON 传输汇聚（GTC）净荷和物理层操作管理维护（PLOAM）的复用和解复用、GTC 帧头的生成和解码（即在发送端封装成 GTC 帧，在接收端进行帧拆卸）以及嵌入式 OAM 的处理；另外，成帧子层还完成测距、带宽分配、保护倒换等功能。

- 适配子层的主要作用是利用 GEM 提供对上层协议和 OMCI 的适配（即 GEM 帧的封装和拆卸），同时还提供 DBA 控制等功能。

（3）OMCI 层

OMCI 层提供了对 ONU 进行远程控制和管理的手段，其要求在 G.984.4 和 G.988 标准中规定。

2．GPON 的标准

2003 年 3 月，ITU-T 颁布了描述 GPON 总体特性的 G.984.1 和规范 PMD 层的 G.984.2 标准；2004 年 2 月和 6 月发布了规范 TC 层的 G.984.3 和规范系统管理控制接口（OMCI）的 G.984.4 标准。2008 年 3 月，ITU-T 发布了新的 G.984.1 和 984.3。

（1）G.984.1（G.gpon.gsr）

G.984.1 标准的名称是"千兆比特无源光网络的总体特性"，该标准主要规范了 GPON 系统的总体要求，包括光纤接入网的体系结构、业务类型、业务节点接口和用户网络接口、物理速率、逻辑传输距离以及系统的性能目标。

G.984.1 对 GPON 提出了总体目标，要求 ONU 的最大逻辑距离差可达 20km，支持的最大分路比为 16、32 或 64，不同的分路比（分光比）对设备的要求不同。从分层结构上看，ITU 定义的 GPON 由 PMD 层和 TC 层构成，分别由 G.984.2 标准和 G.984.3 标准进行规范。

（2）G.984.2（G.gpon.pmd）

G.984.2 标准的名称为"千兆比特无源光网络的物理媒体相关（PMD）层规范"，该标准主要规范了 GPON 系统的物理层要求，规定了 GPON 系统的上、下行速率（有对称和不对称几种），具体包括如下几种。

- 下行 1244.16Mbit/s、上行 155.52Mbit/s。
- 下行 1244.16Mbit/s、上行 622.08Mbit/s。
- 下行 1244.16Mbit/s、上行 1244.16Mbit/s。
- 下行 2488.32Mbit/s、上行 155.52Mbit/s。
- 下行 2488.32Mbit/s、上行 622.08Mbit/s。
- 下行 2488.32Mbit/s、上行 1244.16Mbit/s。
- 下行 2488.32Mbit/s、上行 2488.32Mbit/s。

G.984.2 标准规定了在各种速率等级下 OLT 和 ONU 光接口的物理特性，提出了 1.244Gbit/s 及其以下各速率等级的 OLT 和 ONU 光接口参数。但是，对于 2.488Gbit/s 速率等级并没有定义光接口参数，原因在于此速率等级的物理层速率较高，对光器件的特性提出了更高的要求，有待进一步研究，从实用性角度看，在 PON 中实现 2.488Gbit/s 速率等级将会比较难。

（3）G.984.3（G.gpon.gtc）

G.984.3 标准名称为"千兆比特无源光网络的传输汇聚（TC）层规范"，于 2003 年完成。该标准规定了 GPON 的 TC 层的 GTC 帧格式、封装方法、适配方法、测距机制、QoS 机制、安全机制、动态带宽分配及操作维护管理功能等。

G.984.3 是 GPON 系统的关键技术要求，它引入了 TC 层，用于承载 ATM 业务流和 GEM 业务流。GEM 是一种新的封装结构，主要用于封装那些长度可变的数据信号和 TDM 业务。

（4）G.984.4（GPON OMCI 规范）

G.984.4 标准的名称为"GPON 系统管理控制接口（OMCI）规范"，于 2004 年 6 月正式完成。该标准提出了对 OMCI 层的要求，目标是实现多厂家 OLT 和 ONT 设备的互通性。而且该标准指定了协议无关的 MIB 管理实体，模拟了 OLT 和 ONT 之间信息交换的过程。

5.4.3　GPON 的系统结构及设备功能

1. GPON 的系统结构

GPON 系统与其他 PON 接入系统相同，也是由 OLT、ONU、ODN 组成。GPON 可以灵活地组成树形、星形、总线形等拓扑结构，典型结构为树形结构。GPON 的系统结构示意图如图 5-41 所示。

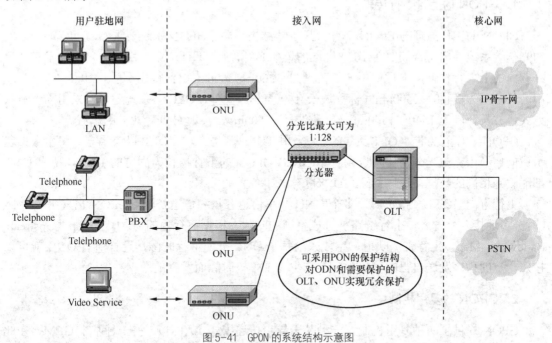

图 5-41　GPON 的系统结构示意图

2. GPON 的设备功能

（1）OLT

OLT 位于局端，是整个 GPON 系统的核心部件，功能与 APON 和 EPON 中的 OLT 类似，具体如下。

① 向上提供广域网接口，包括千兆以太网、ATM 和 DS-3 接口等。

② 集中带宽分配，控制 ODN。

③ 光/电转换，电/光转换。

④ 实时监控、运行维护管理光网络系统。

（2）ONU

ONU 放置在用户侧，具体功能如下。

① 为用户提供 10/100 Base-T、Tl/El 和 DS-3 等应用接口。

② 光/电（以太网帧格式）转换，电/光转换。

③ 可以兼有适配功能。

（3）ODN

ODN 是一个连接 OLT 和 ONU 的无源设备，其中最重要的部件是分光器，其作用与 APON 和 EPON 中的一样。

GPON 系统支持的分光比为 1:16、1:32、1:64，随着光收发模块的发展演进，支持的分光比将达到 1:128。

5.4.4　GPON 的工作原理

1．GPON 的上、下行传输

GPON 的工作原理与 EPON 一样，只是帧结构不同。GPON 系统要求 OLT 和 ONU 之间的光传输系统使用符合 ITU-TG.652 标准的单模光纤，上、下行一般采用波分复用技术实现单纤双向的上下行传输，上行使用波长范围为 1260~1360nm（标称波长是 1310nm），下行使用波长范围为 1480~1500nm（标称波长 1490nm）。此外，GPON 系统还可以采用第三波长方式，波长范围为 1540~1560nm（标称波长 1550nm），实现 CATV 业务的承载。

GPON 在下行方向（OLT 到 ONU）采用 TDM+广播方式。OLT 以广播方式将由数据包组成的帧经由无源光分路器发送到各个 ONU。GPON 的下行帧长为固定的 125μs，所有 ONU 都能收到相同的数据，通过 ONU ID 来区分属于各自的数据。

上行方向（ONU 到 OLT），多个 ONU 共享信道容量和信道资源。GPON 也采用 TDMA（时分多址接入）方式，上行链路被分成不同的时隙，根据下行帧的 US BW Map（Upstream Bandwidth Map，上行带宽映射）字段来给每个 ONU 分配上行时隙，这样所有 ONU 就可以按照一定的秩序发送自己的数据，不会产生为了争抢时隙而发生的数据冲突。

2．GPON 的复用机制

GPON 提供了两种复用机制，一种基于异步传递模式（ATM），另一种基于 GEM，在此重点介绍基于 GEM 的复用机制。

GEM 是 GPON 的一种新的数据封装方法，可以封装任何一种业务。GEM 帧由 5 字节的帧头（Header）和可变长度的净荷（Payload）组成（后述）。与 ATM 相同，GEM 也提供面向连接的通信，但是 GEM 的封装效率更高。

（1）基于 GEM 的上行复用

在 GPON 结构的上行方向，采用 GEM 端口（GEM Port）、传输容器（T-CONT）和 ONU

三级复用结构，如图 5-42 所示。

　　每个 ONU 可以包含一个或多个 T-CONT，每个 T-CONT 可由一个或多个 GEM Port 构成。

　　GEM Port 的作用类似于 ATM 网中的 VP，是在 TC 适配子层中与特定用户数据流相关联的逻辑连接（逻辑信道）。GEM Port-ID 是 GEM Port 的标识，作用类似于 VPI。

　　T-CONT 是 PON 接口上包含一组 GEM Port 的流量承载实体，是上行带宽分配 DBA 的单元，只在上行方向上存在。它由 Alloc-ID 来标识，该值由 OLT 分配，在 ONU 去激活后失效。

　　GPON 支持的 T-CONT 类型与 ITU-TG.983.4 中规定的相同，分为 5 类，不同种类的 T-CONT 拥有不同类型的带宽，因此可以支持不同 QoS 的业务。T-CONT 可分配的带宽有固定带宽、确保带宽、非确保带宽和尽力而为带宽，4 种类型带宽分配的优先级依次下降。

　　（2）基于 GEM 的下行复用

　　在 GPON 结构的下行方向，采用 GEM Port 和 ONU 两级复用结构，如图 5-43 所示。

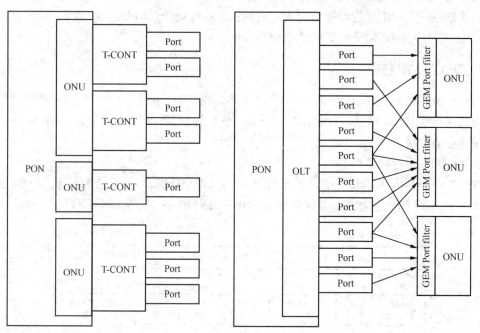

图 5-42　基于 GEM 的 GPON 上行复用结构　　　　图 5-43　GPON 基于 GEM 的下行复用结构

　　OLT 将数据流封装到不同的 GEM Port 中，ONU 根据 GEM Port 接收属于自己的数据流。

　　ONU 采用 ONU-ID 来标识，每个 ONU-ID 在 PON 接口上是唯一的，在 ONU 下电或去激活前有效。ONU-ID 是在 ONU 激活过程中由 OLT 通过 PLOAM 消息分配的一个 8bit 的值，其中 0～253 为可分配的值，254 为保留值，255 用于广播或尚未分配 ID 的 ONU。

　　（3）GEM 帧

　　GEM 帧结构如图 5-44 所示。

　　GEM 帧包括 5 字节的帧头和可变长度的净荷。帧头包括 4 个字段，各字段的作用如下。

　　● PLI 用于指示净荷长度，共 12bit，即 GEM 净荷的长度最多是 4095 字节，超过此长度就需要分片。

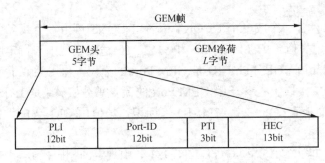

PLI: 净荷长度指示　　　　　　Port-ID: 端口编号
PTI: 净荷类型指示　　　　　　HEC: 帧头差错控制

图 5-44　GEM 帧结构

- Port-ID 是 GEM 端口的标识,相当于 APON 中的 VPI。12 bit 的 Port-ID 可以提供 4096 个不同的端口，用于支持多端口复用，由 OLT 分配。
- PTI 为 3bit，用于指示净荷类型，同时指示在净荷分片时是否为一帧中最后一片。
- HEC 为 13bit，用于帧头的错误检测和纠正。

3. GPON 的帧结构

GPON 采用 125μs 长度的帧结构,用于更好地适配 TDM 业务,继续沿用 APON 中 PLOAM 信元的概念传送 OAM 信息,并加以补充丰富。帧的净负荷中分 ATM 信元和 GEM 帧,可以实现综合业务的接入。

（1）GPON 下行帧结构

GPON 下行帧周期为 125μs，若下行速率为 2.488Gbit/s，下行帧的长度 38880 字节。对于 1.244Gbit/s 的上行速率,上行帧的长度即为 19440 字节。GPON 下行帧结构如图 5-45 所示。

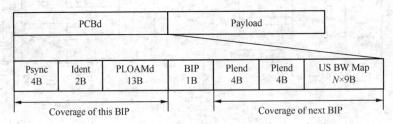

图 5-45　GPON 的下行帧结构

GPON 下行帧包括下行物理层控制块（Physical Control Block downstream，PCBd）和载荷部分（Payload）两部分。

PCBd 用于提供帧同步、定时及动态带宽分配等 OAM 功能。Payload 用于透明承载 ATM 信元或 GEM 帧。

PCBd 部分各字段的作用如下所述。

- Psync（Physical synchronization，物理层同步）长度为 4 字节，用作 ONU 与 OLT 同步。
- Ident 长度为 2 字节，用作超帧指示，其值为 0 时指示一个超帧的开始。
- PLOAMd（PLOAM downstream）长度为 13 字节，用于承载下行 PLOAM 信息。

- BIP 长度为 1 字节，是比特间插奇偶校验 8 比特码，用作误码监测。
- Plend（Payload Length downstram）长度为 4 字节，用于说明 US BW Map 域的长度及载荷中 ATM 信元的数目，为了增强容错性，Plend 出现两次。
- US BW Map 域长度为 $N×9$ 字节，用于上行带宽分配，带宽分配的控制对象是 T-CONT，一个 ONU 可分配多个 T-CONT，每个 T-CONT 可包含多个具有相同 QoS 要求的 VPI/VCI（用来识别 ATM 业务流）或 Port ID（用来识别 GEM 业务流），这是 GPON 动态带宽分配技术中引入的概念，提高了动态带宽分配的效率。

ONU 根据 PCBd 获取同步等信息，并依据 ATM 信元头的 VPI/VCI 过滤 ATM 信元，依据 GEM 帧头的 Port ID 过滤 GEM 帧。

（2）GPON 上行帧结构

GPON 上行帧周期为 125μs，帧格式的组织由下行帧中的 US BW Map 域字段确定。GPON 上行帧结构如图 5-46 所示。

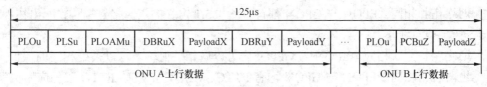

图 5-46　GPON 上行帧结构

GPON 上行帧各字段的作用如下。

- PLOu（Physcial Layer Overhead upstream，上行物理层开销）包含前导码、定界符、BIP、PLOAMu 指示及 FEC 指示，其长度由 OLT 在初始化 ONU 时设置。ONU 在占据上行信道后首先发送 PLOu 单元，以使 OLT 能够快速同步，并正确接收 ONU 的数据。
- PLSu 长度为 120 字节，为功率测量序列，用于调整光功率。
- PLOAMu（PLOAM upstream）长度为 13 字节，用于承载上行 PLOAM 信息，包含 ONU ID、Message ID、Message 及 CRC。
- DBRu 长度为 2 字节，包含 DBA 域及 CRC 域，用于申请上行带宽。
- Playload 域用于填充 ATM 信元或者 GEM 帧。

5.4.5　GPON 的关键技术

GPON 的关键技术与 APON、EPON 一样，主要包括时分多址接入的控制（测距技术和时延补偿）、快速比特同步、突发信号的收发、动态带宽分配以及安全性和可靠性等。

在 GPON 系统中实现上述技术的原理或方法与 APON、EPON 类似，具体原理或方法前面两节已经做过介绍，不再赘述。

5.4.6　GPON 与 APON、EPON 的比较

1. 技术比较

以上介绍了 APON、EPON 和 GPON 技术，下面做简单比较，如表 5-1 所示。

表 5-1 APON、EPON 和 GPON 技术的比较

比 较 项 目	APON	EPON	GPON
TDM 支持能力	TDM over ATM	TDM over Ethernet	TDM over ATM/ TDM over Packet
下行速率（Mbit/s）	155/622/1244	1250	1244/2488
上行速率（Mbit/s）	155/622	1250	155/622/1244/2488
分路比（分光比）	32	32～64	64～128
最大传输距离（km）	20	20	60

由于 EPON 和 GPON 技术应用比较广泛，下面重点阐述 EPON 与 GPON 技术的相同部分与不同部分。

（1）EPON 与 GPON 技术的相同部分

① 系统构成相同。EPON 与 GPON 均由 OLT、ODN、ONU 构成，符合 G.985.1 的定义。

② 网络拓扑相同。EPON 与 GPON 都符合 G.985.1 定义的点对多点架构，网络拓扑可以是星形、树形或总线形。

③ 网络保护方式相同。EPON 与 GPON 均可以做相关保护，可以采用相同的保护策略。

④ 组网应用相同。EPON 与 GPON 均有 FTTC、FTTB、FTTH/ FTTO 三种应用类型。

（2）EPON 与 GPON 技术的不同部分

① 标准的完备性。GPON 标准完备性好，定义了一个相对封闭的系统标准，对于诸如业务类型、映射方式、DBA 机制等都有详细定义；EPON 标准只是对物理层和控制协议进行了定义，尚未定义 DBA 机制以及业务相关内容。

② 系统工作方式。GPON 定义了 7 种对称和不对称速率、3 种复用工作方式；EPON 只有一种对称工作速率和工作方式。

③ 技术实现复杂度。GPON 重新定义了自己的映射和 TC 帧结构，并定义了多种复用方式，技术实现较复杂；EPON 基于以太网，除了扩充定义 MPCP 协议外，没有改变以太网帧格式，技术实现简单。

④ 业务承载能力不同。

• GPON 基于同步方式，具有标准 8kHz 时钟，利于 TDM 业务传送；EPON 基于异步方式，没有同步时钟，TDM 业务需要通过 TDM over IP/ Ethernet 实现。

• EPON 和 GPON 提供的业务可以是窄带业务和宽带业务，具体包括语音（普通电话、软交换语音）、数据（以太网业务、IP 业务）、视频业务（模拟/数字电视、IPTV）等。

• 在 FTTH 上，主要针对企业用户，他们的带宽需求高、支付能力强，主要采用 GPON 实现业务应用；在 FTTB/FTTC 上，主要采用 EPON 实现业务应用，适用于家庭用户，资费比较低。

• 如果需要提供的业务都是 IP，或对 TDM 业务的要求不高，EPON 是最佳选择；如果要兼顾 IP 业务与 TDM 业务，尤其是对 TDM 业务有严格要求时，GPON 会更有优势。

2. GPON 技术的发展

XG-PON 指的是 10-Gigabit PON，是下一代 GPON 技术。它采用了更高速率的传输

技术，其中 XG-PON1 的速率为 10Gbit/s 下行、2.5Gbit/s 上行，XG-PON2 采用 10Gbit/s 对称速率。G.987 系列标准已规范了 XG-PON1，XG-PON2 尚未标准化。

5.5 有源光网络接入技术

有源光网络（AON）传输设施 ODN 中采用有源器件，传输体制一般采用简化的 SDH 技术或 MSTP 技术。本章首先简单介绍 SDH 和 MSTP 技术的基本概念，然后在此基础上讨论 AON 的一些技术问题。

5.5.1 SDH 技术

1．SDH 的概念

SDH 网是由一些 SDH 的网络单元（NE）组成的，在光纤上进行同步信息传输、复用、分插和交叉连接的网络。SDH 网中不含交换设备，它只是交换局之间的传输手段。SDH 网的概念中包含以下几个要点。

① SDH 网有全世界统一的网络节点接口 NNI，从而简化了信号的互通以及信号的传输、复用、交叉连接等过程。

② SDH 网有一套标准化的信息结构等级，称为同步传递模块；并具有一种块状帧结构，允许安排丰富的开销比特用于网络的 OAM 功能。

③ SDH 网有一套特殊的复用结构，允许现存准同步数字体系（PDH）、同步数字体系和 B-ISDN 的信号都能纳入其帧结构中进行传输，具有兼容性和广泛的适应性。

④ SDH 网大量采用软件进行网络配置和控制，增加新功能和新特性非常方便，适合将来不断发展的需要。

⑤ SDH 网有标准的光接口，允许不同厂家的设备在光路上互通。

⑥ SDH 网的基本网络单元有终端复用器（TM）、分插复用器（ADM）、再生中继器（REG）和同步数字交叉连接设备（SDXC）等。

2．SDH 的优点

SDH 与 PDH 相比，其优点主要体现在如下几个方面。

① SDH 有全世界统一的数字信号速率和帧结构标准。SDH 把北美、日本和欧洲、中国流行的两大准同步数字体系（3 个地区性标准）在 STM-1 等级上取得统一，第一次实现了数字传输体制上的世界性标准。

② SDH 采用同步复用方式和灵活的复用映射结构，净负荷与网络是同步的。因而只需利用软件控制即可使高速信号一次分接出支路信号，即所谓的一步复用特性，使上下业务十分容易实现，也使数字交叉连接（DXC）的实现大大简化。

③ SDH 帧结构中安排了丰富的开销比特，因而使得 OAM 能力大大加强。

④ SDH 有标准的光接口标准，使光接口成为开放型的接口，可以在光路上实现横向兼容，各厂家产品都可在光路上互通。

⑤ SDH 与现有的 PDH 网络完全兼容。SDH 可兼容 PDH 的各种速率，同时还能方便地

容纳各种新业务信号。

⑥ SDH 的信号结构的设计考虑了网络传输和交换的最佳性，以字节为单位复用有利于现代信号的处理和交换。

3. SDH 的速率体系

同步数字体系最基本的模块信号（即同步传递模块）是 STM-1，其速率为 155.520Mbit/s。更高等级的 STM-N 信号是将基本模块信号 STM-1 同步复用、字节间插的结果，其中 N 是正整数。目前 SDH 只能支持一定的 N 值，即 N 为 1、4、16、64。

ITU-T G.707 建议规范的 SDH 标准速率如表 5-2 所示。

表 5-2   SDH 标准速率

等　　级	STM-1	STM-4	STM-16	STM-64
速率（Mbit/s）	155.520	622.080	2488.320	9953.280

4. SDH 的基本网络单元

目前实际应用的 SDH 的基本网络单元有 4 种，即终端复用器（TM）、分插复用器（ADM）、再生中继器（REG）和数字交叉连接设备（SDXC），下面分别加以介绍。

（1）终端复用器

终端复用器结构如图 5-47 所示，图中速率以 STM-1 等级为例。

终端复用器位于 SDH 网的终端，概括地说，终端复用器的主要任务是将低速支路信号复用进 STM-N 帧结构，并经电/光转换成为 STM-N 光线路信号；其逆过程正好相反。

（2）分插复用器

分插复用器结构如图 5-48 所示，图中速率以 STM-1 等级为例。

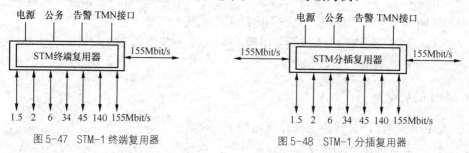

图 5-47 STM-1 终端复用器　　　　　　图 5-48 STM-1 分插复用器

分插复用器位于 SDH 网的沿途，它将同步复用和数字交叉连接功能综合于一体，具有灵活地分插任意支路信号的能力，在网络设计方面有很大灵活性。ADM 也具有光/电转换和电/光转换功能。

（3）再生中继器

再生中继器是光中继器，其作用是将光纤长距离传输后受到较大衰减及色散畸变的光脉冲信号转换成电信号后进行放大整形、再定时、再生为规划的电脉冲信号，然后再调制变换为光脉冲信号送入光纤继续传输，以延长传输距离。

（4）数字交叉连接设备

简单来说，数字交叉连接设备的作用是实现支路之间的交叉连接。SDH 网络中的 DXC

设备称为 SDXC，是一种具有一个或多个 PDH（G.702）或 SDH（G.707）信号端口，并至少可以对任何端口速率（和/或其子速率信号）与其他端口速率（和/或其子速率信号）进行可控连接和再连接的设备。从功能上看，SDXC 是一种兼有复用、配线、保护/恢复、监控和网管的多功能传输设备，不仅直接代替了复用器和数字配线架（DDF），而且还可以为网络提供迅速有效的连接和网络保护/恢复功能，并能经济有效地提供各种业务。

SDXC 的配置类型通常用 SDXC *X/Y* 来表示，其中 *X* 表示接入端口数据流的最高等级，*Y* 表示参与交叉连接的最低级别。数字 1～4 分别表示 PDH 体系中的 1～4 次群速率，其中 1 也代表 SDH 体系中的 VC-12（2Mbit/s）及 VC-3（34Mbit/s），4 也代表 SDH 体系中的 STM-1，（或 VC-4），数字 5 和 6 分别表示 SDH 体系中的 STM-4 和 STM-16。例如 SDXC 4/1 表示接入端口的最高速率为 140Mbit/s 或 155Mbit/s，而交叉连接的最低级别为 VC-12（2Mbit/s）。

目前实际应用的 SDXC 设备主要有 3 种基本的配置类型，类型 1 提供高阶 VC（VC-4）的交叉连接（SDXC 4/4 属此类设备）；类型 2 提供低阶 VC（VC-12、VC-3）的交叉连接（SDXC4/1 属此类设备）；类型 3 提供低阶和高阶两种交叉连接（SDXC 4/3/1 和 SDXC 4/4/1 属此类设备）。另外还有一种对 2Mbit/s 信号在 64kbit/s 速率等级上进行交叉连接的设备，一般称为 DXC1/0，因其不属于 SDH，因此未归入上面的类型之中。有关 VC-12、VC-3 和 VC-4 等概念将在后面详细介绍。

SDXC 设备与相应的网管系统配合，可支持如下功能。

- 复用功能：将若干个 2Mbit/s 信号复用至 155Mbit/s 信号中，或从 155Mbit/s、140Mbit/s 中解复用出 2Mbit/s 信号。

- 业务汇集：将不同传输方向上传送的业务填充入同一传输方向的通道中，最大限度地利用传输通道资源。

- 业务疏导：将不同的业务加以分类，归入不同的传输通道中。

- 保护倒换：当传输通道出现故障时，可对复用段、通道等进行保护倒换。由于这种保护倒换不需要知道网络的全面情况，因此一旦需要倒换，倒换时间很短。

- 网络恢复：当网络某通道发生故障后，迅速在全网范围内寻找替代路由，恢复被中断的业务。网络恢复由网管系统控制，而恢复算法（也就是路由算法）主要包括集中控制和分布控制两种，它们各有千秋，可互相补充，配合应用。

- 通道监视：通过 SDXC 的高阶通道开销监视（HPOH）功能，采用非介入方式对通道进行监视，并进行故障定位。

- 测试接入：通过 SDXC 的测试接入口（空闲端口）将测试仪表接入被测通道上进行测试。测试接入有中断业务测试和不中断业务测试两种类型。

5. SDH 的帧结构

SDH 的帧结构必须适应同步数字复用、交叉连接和交换的功能，同时也希望支路信号在一帧中均匀分布、有规律，以便接入和取出。ITU-T 最终采纳了一种以字节为单位的矩形块状（或称页状）帧结构，如图 5-49 所示。

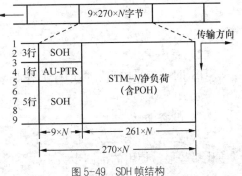

图 5-49　SDH 帧结构

STM-*N* 由 270×*N* 列、9 行组成,即帧长度为 270×*N*×9 个字节或 270×*N*×9×8 个比特。帧周期为 125μs。

对于 STM-1 而言,帧长度为 270×9=2430 个字节,相当于 19440 比特,帧周期为 125μs,由此可算出其比特速率为 270×9×8/125×10^{-6}=155.520Mbit/s。

由图 5-49 可见,整个帧结构可分为如下所述 3 个主要区域。

(1)SOH(段开销)区域

段开销(Section Over Head)是帧结构中为了保证信息净负荷正常、灵活传送所必需的附加字节,是供网络运行、维护和管理使用的字节。段开销区域是用于传送 OAM 字节的。帧结构左边的 9×*N* 列、8 行(除去第 4 行)分配给段开销。

(2)净负荷区域

净负荷区域(payload)是帧结构中存放各种信息负载的地方,信息净负荷第一字节在此区域中的位置不固定。图 5-49 中横向第 10×*N*~270×*N*、纵向第 1~9 行的 2349×*N* 个字节都属此区域,其中含有少量的通道开销(POH)字节,用于监视、管理和控制通道性能;其余荷载业务信息。

(3)AU-PTR 区域

AU-PTR(管理单元指针)用来指示信息净负荷的第一个字节在 STM-*N* 帧中的准确位置,以便在接收端能正确分解。图 5-49 所示帧结构第 4 行左边的 9×*N* 列分配给管理单元指针用。

6. SDH 的复用映射结构

(1)SDH 的一般复用映射结构

SDH 的一般复用映射结构(简称复用结构)如图 5-50 所示,它是由一些基本复用单元组成的有若干中间复用步骤的复用结构。

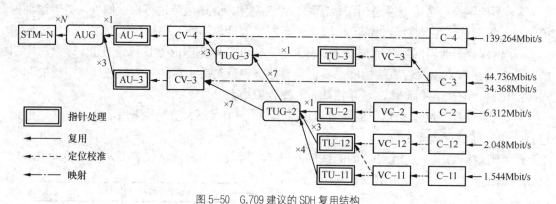

图 5-50 G.709 建议的 SDH 复用结构

(2)复用单元

SDH 的基本复用单元包括标准容器 C、虚容器 VC、支路单元 TU、支路单元组 TUG、管理单元 AU 和管理单元组 AUG,如图 5-50 所示。

① 标准容器(C)

容器是一种用来装载各种速率的业务信号的信息结构,主要完成适配功能(速率调整),以便让那些最常使用的准同步数字体系信号能够进入有限数目的标准容器。目前,针对常用的准同步数字体系信号速率，ITU-T 建议 G.707 已经规定了 5 种标准容器：C-11，C-12，C-2，C-3 和 C-4，其标准输入比特率如图 5-50 所示，分别为 1544kbit/s、2048kbit/s、6312kbit/s、34368kbit/s（或 44736kbit/s）和 139264kbit/s。

参与 SDH 复用的各种速率的业务信号都应首先通过速率调整等适配技术装进一个恰当的标准容器。已装载的标准容器又作为虚容器的信息净负荷。

② 虚容器（VC）

虚容器是用来支持 SDH 的通道层连接的信息结构，它由容器输出的信息净负荷加上通道开销（POH）组成，即

$$VC\text{-}n = C\text{-}n + VC\text{-}n\ POH$$

虚容器可分成低阶虚容器和高阶虚容器两类。VC-1 和 VC-2 为低阶虚容器；VC-4 和 AU-3 中的 VC-3 为高阶虚容器，若通过 TU-3 把 VC-3 复用进 VC-4，则该 VC-3 应归于低阶虚容器类。

③ 支路单元和支路单元组（TU 和 TUG）

支路单元（TU）是提供低阶通道层和高阶通道层之间适配的信息结构。有四种支路单元，即 TU-n（n＝11，12,2,3）。TU-n 由一个相应的低阶 VC-n 和一个相应的支路单元指针（TU-nPTR）组成，即

$$TU\text{-}n = VC\text{-}n + TU\text{-}n\ PTR$$

TU-n PTR 指示 VC-n 净负荷起点在 TU 帧内的位置。

在高阶 VC 净负荷中固定地占有规定位置的一个或多个 TU 的集合称为支路单元组（TUG）。

VC-4/3 中有 TUG-3 和 TUG-2 两种支路单元组。一个 TUG-2 由一个 TU-2 或 3 个 TU-12 或 4 个 TU-11 按字节交错间插组合而成；一个 TUG-3 由一个 TU-3 或 7 个 TUG-2 按字节交错间插组合而成。一个 VC-4 可容纳 3 个 TUG-3；一个 VC-3 可容纳 7 个 TUG-2。

④ 管理单元和管理单元组（AU 和 AUG）

管理单元（AU）是提供高阶通道层和复用段层之间适配的信息结构，有 AU-3 和 AU-4 两种管理单元。AU-n（n=3,4）由一个相应的高阶 VC-n 和一个相应的管理单元指针（AU-nPTR）组成，即

$$AU\text{-}n = VC\text{-}n + AU\text{-}n\ PTR；n=3,4$$

AU-n PTR 指示 VC-n 净负荷起点在 AU 帧内的位置。

在 STM-N 帧的净负荷中固定地占有规定位置的一个或多个 AU 的集合称为管理单元组（AUG）。一个 AUG 由一个 AU-4 或 3 个 AU-3 按字节交错间插组合而成。

需要强调指出的是，由于在 AU 和 TU 中要进行速率调整，因而低一级数字流在高一级数字流中的起始点是浮动的。为了准确地确定起始点的位置，设置了两种指针（AU-PTR 和 TU-PTR）分别对高阶 VC 在相应 AU 帧内的位置以及 VC-1、2、3 在相应 TU 帧内的位置进行灵活动态的定位。顺便提一下，在 N 个 AUG 的基础上再附加段开销便可形成最终的 STM-N 帧结构。

（3）复用过程

我们了解了 SDH 的基本复用单元后，由上述图 5-50 所示的复用结构，可归纳出各种业

务信号纳入 STM-*N* 帧的过程都要经历映射（mapping）、定位（aligning）和复用（multiplexing）3 个步骤。

① 映射是一种在 SDH 边界处使各支路信号适配进虚容器的过程。

② 定位是以附加于 VC 上的 TU-PTR 或 AU-PTR 指示和确定低阶 VC 帧的起点在 TU 净负荷中的位置，或高阶 VC 帧的起点在 AU 净负荷中的位置。

③ 复用是以字节交错间插方式把 TU 组织进高阶 VC 或把 AU 组织进 STM-*N* 帧的过程。

（4）我国使用的 SDH 复用映射结构

在 G.709 建议的复用映射结构中，从一个有效负荷到 STM-*N* 帧的复用路线不是唯一的，但对于一个国家或地区则必须使复用路线唯一化。

我国的光同步传输网技术体制规定以 2Mbit/s 为基础的 PDH 系列作为 SDH 的有效负荷，并选用 AU-4 复用路线，其基本复用映射结构如图 5-51 所示。

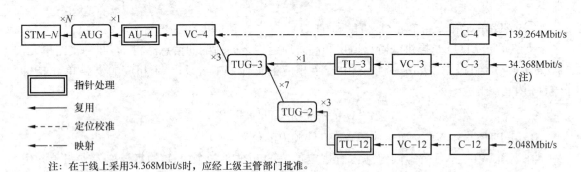

注：在干线上采用34.368Mbit/s时，应经上级主管部门批准。

图 5-51   我国的基本复用映射结构

由图 5-51 可见，我国的 SDH 复用映射结构规范可有 3 个 PDH 支路信号输入口。一个 139.264Mit/s 可被复用成一个 STM-1（155.520Mbit/s）；63 个 2.048Mbit/s 可被复用成一个 STM-1；3 个 34.368Mbit/s 也能复用成一个 STM-1，因后者信道利用率太低，所以在规范中加 "注"，即较少采用。

7. SDH 的网络拓扑结构

SDH 的网络拓扑结构有 5 种类型，即线形、星形、树形、环形及网状网（或网孔形），如图 5-52 所示。

图 5-52（a）是线形拓扑结构（也叫链形），它将各网络节点串联起来，同时保持首尾两个网络节点呈开放状态。其中在链状网络的两端节点上配备有终端复用器，而在中间节点上配备有分插复用器。

图 5-52（b）是星形拓扑结构，其中一个特殊节点（即枢纽点）与其他互不相连的网络节点直接相连。枢纽点配置交叉连接器（DXC）以提供多方向的互联，而在其他节点上配置终端复用器（TM）。

图 5-52（c）是树形拓扑结构，它是由星形结构和线形结构组合而成的网络结构。在这种拓扑结构中，连接三个以上方向的节点应设置 DXC，其他节点可设置 TM 或 ADM。

图 5-52（d）是环形拓扑结构，它将所有网络节点串联起来，并且使之首尾相连，而构

成的一个封闭环路。通常在环形网络结构中的各节点上，可选用分插复用器，对于重要节点也可以选用交叉连接设备。

图 5-52（e）是网孔形拓扑结构，这种拓扑结构大部分节点直接相互连接，个别节点不直接相互连接。在网孔形拓扑结构中，每个网络节点上均需设置一个 DXC，可为任意两节点间提供两条以上的路由。

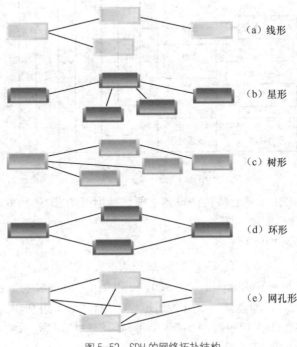

（a）线形
（b）星形
（c）树形
（d）环形
（e）网孔形

图 5-52　SDH 的网络拓扑结构

5.5.2　MSTP 技术

基于 SDH 的 AON 最新发展趋势是支持 IP 业务的接入，目前至少需要支持以太网接口的映射。为了使基于 SDH 的 AON 能够支持 IP 业务的接入，光纤接入网中也采用了 MSTP 技术。

1．MSTP 的概念

MSTP 是指基于 SDH，同时实现 TDM、ATM、以太网等业务的接入、处理和传送，提供统一网管的多业务传送平台。它将 SDH 的高可靠性、严格 QoS 和 ATM 的统计复用以及 IP 网络的带宽共享等特征集于一身，可以针对不同 QoS 业务提供最佳传送方式。

以 SDH 为基础的 MSTP 方案的出发点是充分利用大家所熟悉和信任的 SDH 技术，特别是其保护恢复能力和确保的延时性能，加以改造以适应多业务应用。多业务节点的基本实现方法是将传送节点与各种业务节点物理上融合在一起，构成具有各种不同融合程度、业务层和传送层一体化的下一代网络节点，我们把它称为融合的网络节点或多业务节点。具体实施时，可以将 ATM 边缘交换机、IP 边缘路由器、终端复用器、分插复用器、数字交叉连接设备节点和 DWDM 设备结合在一个物理实体，以统一控制和管理。

2．MSTP 的功能模型

MSTP 的功能模型如图 5-53 所示。

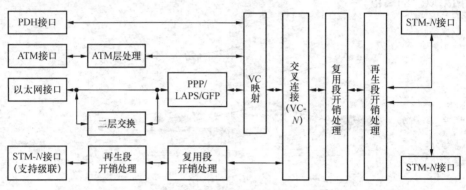

图 5-53　MSTP 的功能模型

由图可见，基于 SDH 的多业务传送设备主要包括标准的 SDH 功能、ATM 处理功能、IP/以太网处理功能等，具体归纳如下。

（1）支持 TDM 业务功能

SDH 系统和 PDH 系统都具有支持 TDM 业务的能力，因而基于 SDH 的多业务传送节点应能够满足 SDH 节点的基本功能，可实现 SDH 与 PDH 信息的映射和复用，同时又能够满足级联、虚级联的业务要求，即能够提供低阶通道 VC-12、VC-3 级别和高阶通道 VC-4 级别的虚级联或相邻级联功能（由于篇幅所限，在此不再介绍级联的概念，读者可参阅相关的书籍），并提供级联条件下的 VC 通道的交叉处理功能。

（2）支持 ATM 业务功能

MSTP 设备具有 ATM 的用户接口，可向用户提供宽带业务，而且具有 ATM 交换功能、ATM 业务带宽统计复用功能等。

（3）支持以太网业务功能

MSTP 设备中存在两种以太网业务的适配方式，即透传方式和采用二层交换功能的以太业务适配方式。

以太网业务透传方式是指以太网接口的 MAC 帧（MAC 帧的数据部分装入的一般是 IP 数据包）不经过二层交换，直接进行协议封装，映射到相应的 VC 中，然后通过 SDH 网络实现点到点的信息传输。

采用二层交换功能是指在将以太网业务（MAC 帧）映射进 VC 虚容器之前，先进行以太网二层交换处理，这样可以把多个以太网业务流复用到同一以太网传输链路中，从而节约局端端口和网络带宽资源。由于平台中具有以太网的二层交换功能，因而可以利用生成树协议（STP）对以太网的二层业务实现保护。

3．MSTP 节点的功能

归纳起来，基于 SDH 的、具有以太网业务功能的 MSTP 节点应具备以下功能。

① 传输链路带宽的可配置。

② 以太网的数据封装方式可采用 PPP 协议、LAPS 协议和 GFP 协议。

③ 能够保证包括以太网 MAC 帧、VLAN 标记等在内的以太网业务的透明传送。

④ 可利用 VC 相邻级联和虚级联技术来保证数据帧传输过程中的完整性。

⑤ 具有转发/过滤以太网数据帧的功能和用于转发/过滤以太网数据帧的信息维护功能。

⑥ 能够识别符合 IEEE 802.1q 规定的数据帧，并根据 VLAN 信息进行数据帧的转发/过滤操作。

⑦ 支持 IEEE 802.1d 生成树协议 STP、多链路的聚合和以太网端口的流量控制。

⑧ 提供自学习和静态配置两种可选方式以维护 MAC 地址表。

4．MSTP 的特点

① 继承了 SDH 技术的诸多优点，如良好的网络保护倒换性能、对 TDM 业务较好的支持能力等。

② 支持多种物理接口。由于 MSTP 设备负责多种业务的接入、汇聚和传输，所以 MSTP 必须支持多种物理接口，常见的接口类型有 TDM 接口（T1/E1、T3/E3）、SDH 接口（OC-N/STM-M）、以太网接口（10/100BASE-T、GE）及 POS 接口等。

③ 支持多种协议。MSTP 对多种业务的支持要求其必须具有对多种协议的支持能力。

④ 提供集成的数字交叉连接功能。MSTP 可以在网络边缘完成大部分交叉连接功能，从而节省传输带宽以及省去核心层中昂贵的数字交叉连接系统端口。

⑤ 具有动态带宽分配和链路高效建立能力。在 MSTP 中可根据业务和用户的即时带宽需求，利用级联技术进行带宽分配和链路配置、维护与管理。

⑥ 能提供综合网络管理功能。MSTP 可以提供对不同协议层的综合管理，便于网络的维护和管理。

⑦ MSTP 可以支持多种网络结构（与 SDH 的相同），包括线形、星形、环形、网状等。而且 MSTP 设备可以灵活配置成 SDH 的任何一种网元，即终端复用器、分插复用器、再生中继器和数字交叉连接设备等。

基于上述诸多优点，MSTP 技术获得了广泛的应用。

5.5.3　AON 中简化的 SDH 技术

目前 SDH/MSTP 技术在电信核心网中得到了广泛应用，在接入网中应用 SDH/MSTP 技术，可以将它在核心网中的巨大带宽优势和技术优势带入接入网领域。但是，干线使用的机架式大容量 SDH/MSTP 设备不是为接入网设计的，如果直接应用于接入网还是比较昂贵的。接入网中需要的 SDH/MSTP 设备应该是小型化、低成本、易于安装维护的，因此在接入网中需要对 SDH/MSTP 标准和设备进行简化，以降低系统成本，提高传输效率，更便于组网。具体需要解决的问题有以下几个方面。

1．系统简化

SDH 传输网用于干线网中，PDH 信号作为支路装入 SDH 帧结构时，一般需要经历几次映射和一次（或多次）指针调整（参见图 5-50 或图 5-51）。而在基于 SDH 技术的 AON 中，接入网业务一般只需经过一次映射而不必再进行指针调整，所以可以将指针值设置为一个固定值，进而简化系统。

2. 设立子速率

SDH 的标准速率 STM-1 即为 155.520Mbit/s、622.080Mbit/s、2488.320Mbit/s 和 9953.280Mbit/s。应用于接入网时，所需传输的数据量比较小，过高的速率容易造成浪费（基于 SDH 的 AON 的速率一般最高为 155.520Mbit/s）。因此需要规范低于 STM-1 的速率。于是在接入网中设计了子速率，分别为 51.840Mbit/s 和 7.488Mbit/s。

3. 设备简化

按照 ITU-T 建议和国标所生产的 SDH/MSTP 设备一般包括电源盘、公务盘、时钟盘、群路盘、交叉盘、连接盘、2Mbit/s 支路盘和 2Mbit/s 接口盘等。在接入网中并不需要许多功能，因而可以对 SDH 设备进行简化，通常是省去电源盘、交叉盘和连接盘，简化时钟盘，把两个一发一收的群路盘做成一个两发两收的群路盘，把 2Mbit/s 支路盘和 2Mbit/s 接口盘合并成一个盘，这样的 SDH 设备即可以满足接入网一般业务的需求。

4. 组网方式简化

基于 SDH 和基于 MSTP 的 AON 的网络拓扑结构一般采用环形网，并配以一定的链形（线形）结构。组网时可以把几个大的节点组成环，不能进入环的节点则采用链形或星形，其示意图如图 5-54 所示。

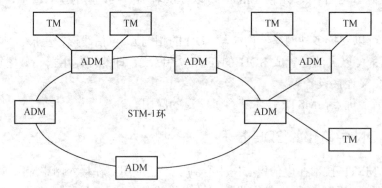

图 5-54　基于 SDH 和基于 MSTP 的 AON 的网络结构简化示意图

AON 中一般采用 SDH 网的终端复用器和分插复用器两种网元，而且 AON 中采用的 SDH 网元（或 MSTP 节点）应该兼有 ONU 等功能块的基本功能。

5. 网管系统简化

与干线网相比接入网相对简单得多，不需要太全面的管理功能，因此网管系统可以有很大的简化空间。

6. 其他方面的简化

① 在指标方面，由于接入网信号传送范围小，故各种传输指标要求都低于核心网。

② 保护方式方面，对于干线网，SDH 系统可以采用通道保护方式或复用段保护方式，或两者都采用。接入网没有干线网那么复杂，因而通常采用最简单也最便宜的二纤通道保护方式就可以，这样还能节省成本。

5.5.4 AON 所采用的 SDH 自愈技术

SDH 网之所以得到广泛应用，是由于其有自愈功能。所谓自愈，就是无需人为干预，网络就能在极短时间内从失效故障中自动恢复所携带的业务，使用户感觉不到网络已出了故障。其基本原理就是使网络具备备用（替代）路由，并重新确立通信能力。自愈的概念只涉及重新确立通信，具体失效元部件的修复与更换仍需人工干预才能完成。

自愈网的实现方式多种多样，主要有线路保护倒换、环形网保护（自愈环）、DXC 保护及混合保护等。接入网中采用比较多的是线路保护倒换和环形网保护。

1. 线路保护倒换

线路保护倒换是最简单的自愈形式，其基本原理是当出现故障时由工作通道（主用）倒换到保护通道（备用），用户业务得以继续传送。

（1）线路保护倒换方式

线路保护倒换有如下所述两种方式。

① 1+1 方式。1+1 方式采用并发优收，即工作段和保护段在发送端永久地连在一起（桥接），信号同时发往工作段（主用）和保护段（备用），而在接收端择优选择接收性能良好的信号。

② 1:n 方式。所谓 1:n 方式是保护段由 n 个工作段共用，正常情况下，信号只发往工作段（主用），保护段（备用）空闲。当其中任意一个工作段出现故障时，均可倒至保护段（一般 n 的取值范围为 1～14）。1:1 方式是 1:n 方式的一个特例。

（2）线路保护倒换的特点

归纳起来，线路保护倒换的主要特点如下所述。

① 业务恢复时间很短，可短于 50ms。

② 若工作段和保护段属同缆复用，即主用和备用光纤在同一缆芯内，则有可能导致工作段（主用）和保护段（备用）同时因意外故障而被切断，此时这种保护方式就失去作用了。解决的办法是采用地理上的路由备用，当主用光缆被切断时，备用路由上的光缆不受影响，仍能将信号安全地传输到对端。但该方案至少需要双份光缆和设备，成本较高。

2. 环形网保护（自愈环）

采用环形网实现自愈的方式称为自愈环。目前自愈环的结构种类很多，按环中每个节点插入支路信号在环中流动的方向来分，可以分为单向环和双向环；按保护倒换的层次来分，可以分为通道倒换环和复用段倒换环；按环中每一对节点间所用光纤的最小数量来分，可以划分为二纤环和四纤环。

自愈环共有 5 种，分别为二纤单向通道倒换环、二纤双向通道倒换环、二纤单向复用段倒换环、四纤双向复用段倒换环和二纤双向复用段倒换环。下面介绍接入网中采用的两种通道倒换环。

（1）二纤单向通道倒换环

二纤单向通道倒换环结构如图 5-55（a）所示。

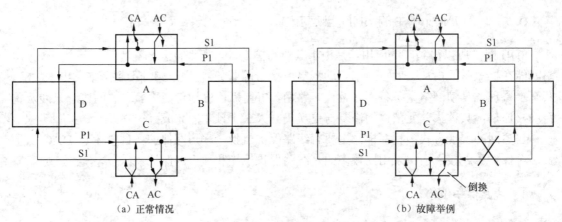

（a）正常情况　　　　　　　　（b）故障举例

图 5-55　二纤单向通道倒换环

二纤单向通道保护环由两根光纤实现，一根用于传送业务信号，称 S1 光纤；另一根用于保护，称 P1 光纤。基本原理采用 1+1 保护方式，即利用 S1 光纤和 P1 光纤同时携带业务信号并分别沿两个方向传输，但接收端只择优选择其中的一路。

例如节点 A 至节点 C 进行通信（AC），业务信号将同时馈入 S1 和 P1，S1 沿顺时针将信号送到 C，而 P1 则沿逆时针将信号送到 C，接收端分路节点 C 同时收到两个方向来的支路信号，按照分路通道信号的优劣决定选哪一路作为分路信号，正常情况下，S1 光纤送来的信号为主信号，因此节点 C 接收来自 S1 光纤的信号。节点 C 至节点 A 的通信（CA）同理。

当 BC 节点间的光缆被切断时，两根光纤同时被切断，如图 5-55（b）所示。在节点 C，由于 S1 光纤传输的信号 AC 丢失，则按通道选优准则，倒换开关由 S1 光纤转至 P1 光纤，使通信得以维护。一旦排除故障，开关再返回原来位置，而 C 到 A 的信号 CA 仍经主光纤到达，不受影响。

（2）二纤双向通道倒换环

二纤双向通道倒换环的保护方式有两种，为 1+1 方式和 1:1 方式。

1+1 方式的二纤双向通道倒换环如图 5-56（a）所示。

1+1 方式的二纤双向通道倒换环的原理与单向通道倒换环基本相同，也是采用"并发优收"的原则，唯一不同的是返回信号沿相反方向（这正是双向的含义）。例如，节点 A 至节点 C 的通信（AC），主用光纤 S1 沿顺时针方向传信号，备用光纤 P1 沿逆时针方向传信号；而节点 C 至节点 A 的通信（CA），主用 S2 光纤沿逆时针方向（与 S1 方向相反）传信号，备用 P2 光纤沿顺时针方向传信号（与 P1 方向相反）。

当 BC 节点间的两根光纤同时被切断时，如图 5-56（b）所示，AC 方向的信号在节点 C

倒换，即倒换开关由 S1 光纤转向 P1 光纤，接收由 P1 光纤传来的信号；CA 方向的信号在节点 A 也倒换，即倒换开关由 S2 光纤转向 P2 光纤，接收由 P2 光纤传来的信号。

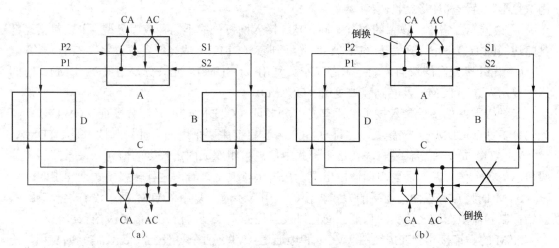

图 5-56　1+1 方式二纤双向通道倒换环

这种 1+1 方式的双向通道倒换环的主要优点是可以利用相关设备在无保护环或线性应用场合下具有通道再利用的功能，从而使总的分插业务量增加。

二纤双向通道倒换环如果采用 1:1 方式，在保护通道中可传额外业务量，只在故障出现时，才从工作通道转向保护通道。这种结构的特点是：虽然需要采用 APS 协议，但可传额外业务量，可选较短路由，易于查找故障等。

小　　结

1. 光纤接入网（OAN）是指在接入网中采用光纤作为主要传输媒介来实现信息传送的网络形式，或者说是本地交换机或远端模块与用户之间采用光纤通信或部分采用光纤通信的接入方式。

光纤接入网可以支持更高速率的宽带业务，能够有效解决接入网的"瓶颈效应"问题，具有传输距离长、质量高、可靠性好以及易于扩容和维护等优点

2. 光纤接入网包括 4 种基本功能块，即光线路终端（OLT）、光配线网（ODN）、光网络单元（ONU）以及适配功能块（AF）；有 5 个参考点，即光发送参考点 S、光接收参考点 R、与业务节点间的参考点 V、与用户终端间的参考点 T 以及 AF 与 ONU 间的参考点 a；有 3 个接口，即网络维护接口 Q3、用户网络接口 UNI 和业务节点接口 SNI。

3. 光纤接入网根据传输设施中是否采用有源器件分为有源光网络（AON）和无源光网络（PON）。

有源光网络的传输设施中采用有源器件，其传输体制有 PDH 和 SDH，一般采用 SDH。

无源光网络中的传输设施 ODN 是由无源光元件组成的无源光分配网，主要的无源光元件有光纤、光连接器、无源光分路器（分光器）和光纤接头等。根据采用的技术不同，无源光网络又可以分为基于 ATM 的无源光网络（APON）、基于以太网的无源光网络（EPON）和

GPON。

4．无源光网络的拓扑结构一般采用星形、树形和总线形；有源光网络的拓扑结构一般采用双星形、链形和环形结构。

5．根据光网络单元设置的位置不同，光纤接入网可分成不同种应用类型，主要包括光纤到路边（FTTC）、光纤到大楼（FTTB）、光纤到家（FTTH）或光纤到办公室（FTTO）等。

6．光纤接入网的双向传输技术有光空分复用（OSDM）、光波分复用（OWDM）、时间压缩复用方式（TCM）及光副载波复用（OSCM）。

光纤接入网的多址接入技术主要有光时分多址（OTDMA）、光波分多址（OWDMA）、光码分多址（OCDMA）、光副载波多址（OSCMA），目前主要采用的多址接入技术是 OTDMA。

7．ATM 是一种转移模式，在这一模式中信息被组织成固定长度的信元，来自某用户一段信息的各个信元并不需要周期性地出现，从这个意义上来看，这种转移模式是异步的。

ATM 的特点有以面向连接的方式工作、采用异步时分复用、ATM 网中没有逐段链路的差错控制和流量控制、信头的功能被简化以及采用固定长度的信元且信息段的长度较小。

ATM 的虚连接建立在虚通路（VC）和虚通道（VP）两个等级上，ATM 信元的复用、传输和交换过程均在 VC 和 VP 上进行。

ATM 交换机之间信元的传输方式有基于信元（cell）、基于 SDH 和基于 PDH 3 种，采用比较多的是基于 SDH。

8．APON（ATM-PON）是 PON 技术和 ATM 技术相结合的产物，即在无源光网络上实现基于 ATM 信元的传输。

APON 具有综合接入能力、高可靠性、接入成本低、资源利用率高和技术复杂等特点。

典型的 APON 系统（点到多点的应用）的网络拓扑结构为星形结构、树形、总线形等，由光线路终端（OLT）、光网络单元（ONU）和无源光分路器（POS）组成。

9．APON 的双向传输方式一般采用单纤波分复用（WDM）方式，上行传输（ONU 到 OLT）使用 1310nm 波长，下行传输（OLT 到 ONU）使用 1550nm 波长。下行传输采用时分复用（TDM）+广播方式，上行时分多址接入技术采用（TDMA）方式。下行传输速率为 622Mbit/s 或 155Mbit/s，上行传输速率为 155Mbit/s。

APON 可采用两种速率结构，即上下行均为 155.520Mbit/s 的对称帧结构；或者是下行 622.080Mbit/s、上行 155.520Mbit/s 的不对称帧结构。

10．APON 的关键技术主要有时分多址接入的控制、快速比特同步、突发信号的收发和动态带宽分配等。

11．EPON 是基于以太网的无源光网络，即采用无源光网络的拓扑结构实现以太网帧的接入，EPON 的标准为 IEEE 802.3ah。

EPON 的网络结构一般采用双星形或树形，其中包括无源网络设备和有源网络设备。无源网络设备指的是光分配网络（ODN），包括光纤、无源分光器、连接器和光纤接头等。有源网络设备包括光线路终端（OLT）、光网络单元（ONU）和设备管理系统（EMS）。

12．EPON 系统采用 WDM 技术实现单纤双向传输。使用两个波长时，下行（OLT 到 ONU）使用 1510nm，上行（ONU 到 OLT）使用 1310nm。使用 3 个波长时，增加一个下行 1550nm 波长携带下行 CATV 业务。

EPON 下行采用时分复用（TDM）+广播的传输方式，传输速率为 1.25Gbit/s，每帧帧长为 2ms，携带多个可变长度的数据包（MAC 帧）。EPON 上行方向采用时分多址接入（TDMA）方式，其帧长也是 2ms。

13．EPON 的关键技术与 APON 一样，也包括时分多址接入的控制（测距技术）、快速比特同步、突发信号的收发和动态带宽分配等。多点控制协议（MPCP）是解决 EPON 系统技术难点的关键协议。

14．EPON 的优点主要表现在相对成本低，维护简单，容易扩展，易于升级；提供非常高的带宽；服务范围大；带宽分配灵活，服务有保证。EPON 的缺点有受政策制约及运营商之间竞争的影响，小区信息化接入的开展存在较多变数；设备需要一次性投入，在建设初期如果用户数较少相对成本较高。

15．EPON 可以单独组网，有集团客户 FTTB 接入及家庭客户 FTTB 接入，还有 FTTH/FTTO；EPON 也可以混合组网，具体有 FTTB+LAN/WLAN/DSL 混合组网方式和 FTTC+ DSL 混合组网方式。

16．GPON 是 BPON 的一种扩展，提供了前所未有的高带宽（下行速率近 2.5Gbit/s），上、下行速率有对称和不对称两种。GPON 标准规定了一种特殊的封装方法，即 GEM。

GPON 业务支持能力强，具有全业务接入能力；可提供较高带宽和较远的覆盖距离；带宽分配灵活，有服务质量保证；具有保护机制和 OAM 功能；安全性高；系统扩展容易，便于升级；技术相对复杂、设备成本较高。

17．GPON 协议层次模型主要包括物理媒质相关层（PMD 层）、传输汇聚层（TC 层）和系统管理控制接口（OMCI）层 3 层。

GPON 的标准包括描述 GPON 总体特性的 G.984.1、规范 ODN 物理媒质相关（PMD）层的 G.984.2 标准、规范传输汇聚（TC）层的 G.984.3 和规范系统管理控制接口（OMCI）的 G.984.4 标准。

18．GPON 系统与其他 PON 接入系统相同，也是由 OLT、ONU、ODN 三部分组成的。GPON 可以灵活地组成树形、星形、总线形等拓扑结构，其中典型结构为树形结构。

19．GPON 的工作原理与 EPON 一样，只是帧结构不同；GPON 提供了基于异步传递模式（ATM）和基于 GEM 两种复用机制；GPON 采用 125μs 长度的帧结构，帧的净负荷中分ATM 信元和 GEM 帧，GEM 帧包括 5 字节的帧头和可变长度净荷。

20．GPON 的关键技术主要包括时分多址接入的控制（测距技术和时延补偿）、快速比特同步、突发信号的收发、动态带宽分配以及安全性和可靠性等。

21．有源光网络传输设施 ODN 中采用有源器件，其传输体制一般采用简化的 SDH 技术或 MSTP 技术。

SDH 网是由一些 SDH 的网络单元（NE）组成，在光纤上进行同步信息传输、复用、分插和交叉连接的网络。SDH 的基本网络单元有 4 种，即终端复用器（TM）、分插复用器（ADM）、再生中继器（REG）和数字交叉连接设备（SDXC）。SDH 的网络结构有线形、星形、树形、环形及网状网（或网孔形）5 种类型。

22．多业务传送平台（MSTP）是指基于 SDH，同时实现 TDM、ATM、以太网等业务接入、处理和传送，提供统一网管的多业务传送平台。它将 SDH 的高可靠性、严格 QoS 和 ATM的统计复用以及 IP 网络的带宽共享等特征集于一身，可以针对不同 QoS 业务提供最佳传送方式。

23. 有源光网络中采用简化的 SDH 技术，包括系统简化、设立子速率、设备简化、组网方式简化（采用环形网，并配以一定的链形）以及网管系统简化等。

有源光网络所采用的 SDH 自愈技术为链形网采用线路保护倒换方式；环形网采用二纤单向通道倒换环和二纤双向通道倒换环。

习　题

5-1　光纤接入网的优点有哪些？

5-2　光纤接入网包括哪几种基本功能块？有哪几个参考点？

5-3　光纤接入网的应用类型有哪几种？

5-4　光纤接入网的多址接入技术有哪几种？各自的概念如何？

5-5　APON 的概念是什么？其特点有哪些？

5-6　EPON 的设备有哪些？其功能分别是什么？

5-7　简述 EPON 的工作原理。

5-8　多点控制协议（MPCP）的作用是什么？

5-9　简述 EPON 的测距具体过程。

5-10　EPON 系统具有哪些优、缺点？

5-11　GPON 的技术特点有哪些？

5-12　GPON 标准有哪几种？主要内容为何？

5-13　画出 GEM 帧结构示意图，并说明各字段的作用。

5-14　简要比较 EPON 和 GPON 技术。

5-15　AON 中采用的简化的 SDH 技术包括哪几个方面？

5-16　AON 所采用的 SDH 自愈环有哪几种？

第6章 无线接入网技术

虽然有线接入网具有诸多优势，而且发展也较快，但是当遇到山地、港口和开阔地等特殊的地理位置和环境时，便会出现布线困难，施工周期长和后期维护不便等问题，而且不能适应终端的移动性。为了解决这些问题，无线接入网应运而生。

本章将介绍无线接入网技术，主要内容如下所述。

- 无线接入网的基本概念
- 本地多点分配业务系统
- 无线局域网
- 微波存取全球互通系统

6.1 无线接入网的基本概念

6.1.1 无线接入网的概念及优点

1. 无线接入网的概念

无线接入网是指从业务节点接口到用户终端全部或部分采用无线方式，即利用卫星、微波及超短波等传输手段向用户提供各种电信业务的接入系统。

2. 无线接入网的优点

无线接入网具有以下主要优点。

① 建网投资费用低，与有线网建设相比，省去了不少线路设备，而且网络设计灵活，安装迅速。

② 扩容可以因需求而定，方便快捷，防止了过量配置设备而造成浪费。

③ 开发运营成本低，无线接入取消了铜线分配网和铜线分接线等，也就无需配备维护人员，因而大大降低了运营费用。

6.1.2 无线接入网的分类

无线接入网可分为固定无线接入网和移动无线接入网两大类。

1. 固定无线接入网

固定无线接入网主要为固定位置的用户或仅在小区内移动的用户提供服务，其用户终端主要包括电话机、传真机或数据终端（如计算机）等。

宽带固定无线接入技术代表了宽带接入技术的一种新的不可忽视的发展趋势，不仅开通快、维护简单、用户密度较大时成本低，而且改变了本地电信业务的传统观念，最适于新的本地网竞争者与传统电信公司和有线电视公司展开有效竞争，也可以作为电信公司有线接入的重要补充而得到应有的发展。

固定无线接入网的实现方式主要包括直播卫星（DBS）系统、多路多点分配业务（MMDS）系统、本地多点分配业务（LMDS）系统、无线局域网（WLAN）及微波存取全球互通（WiMAX）系统等。这里简单介绍 DBS 及 MMDS，后面几节将详细阐述 LMDS 系统、WLAN 及 WiMAX 系统。

（1）DBS 系统

DBS 也叫数字直播卫星接入技术，是利用地球同步轨道卫星实现广播电视、多媒体数据直接向小团体及家庭传送的一种卫星传输模式，通过卫星将视像、图文和声音等节目进行点对面的广播，接收者只需要使用小型卫星接收天线，即可收到来自卫星的电视或广播节目。与传统通信卫星相比，直播卫星能够全面覆盖某一国家或地区，而且能够实现双向数据传输；同时，用户天线体积较小，造价也较为低廉。

而且 DBS 系统通信距离远，费用与距离无关，覆盖面积大且不受地理条件限制，频带宽（带宽 500MHz），容量大，适用于多业务传输，可为全球用户提供大跨度、大范围、远距离的漫游和机动灵活的移动通信服务等。

目前，美国已经可以提供 DBS 服务，主要用于 Internet 接入，其中最大的 DBS 网络就是休斯网络系统公司的 Direct PC。该产品实际就是小口径卫星终端（VSAT）产品，其用户通过一个碟形天线、一块卫星接入卡及相应的软件接收从通信卫星传来的信号。Direct PC 的数据传输也是不对称的，在接入 Internet 时，下载速率为 400kbit/s，上行速率为 33.6kbit/s，这一速率虽然比普通拨号 Modem 提高不少，但与 DSL 及 Cable Modem 技术仍无法相比。

（2）MMDS 系统

MMDS 是一种点对多点分布、提供宽带业务的无线接入，适用于中小企业用户和集团用户。MMDS 可以为用户提供 Internet 接入、本地用户的数据交换、语音业务和 VOD 视频点播业务，并提供 T1/E1、100Base-T 和 OC-3 接口与其他网络连接。

MMDS 最初用于传输单向电视和网络广播，1970 年，FCC 在 2.5GHz 上划分了 200MHz（2.5～2.7GHz）给无线电信运营商，其中共有 31 个信道，每信道带宽 6MHz。1998 年 9 月，FCC 批准运营商可以采用双向的数据业务传输，允许更加灵活地使用 MMDS 频谱，同时 MMDS 的数字化发展也使其更具竞争力。

MMDS 采用正交幅度调制 16QAM，其系统配置及所采用的技术与 LMDS 相似，一般由骨干网、基站、用户终端设备和网管系统组成。MMDS 可用的频谱资源比 LMDS 少，信道数量有限，所以传输速率要比 LMDS 低得多（MMDS 系统的固定传输速率可达 75Mbit/s），系统容量不如 LMDS；在高速数据传输方面的能力受到资源的限制。但是，由于工作频段远低于 LMDS，所以信号传输距离远远超过 LMDS，而且受天气影响较小。由于 MMDS 的覆盖范围很广，适用于用户分布分散的情况。

MMDS 技术发展比较早，技术成熟，产品丰富，到 2001 年底，全球用户数已经超过千万。但是在国内，MMDS 的使用并不广泛，随着 LMDS 技术的成熟和产品的丰富，MMDS 技术将成为固定无线接入系统的辅助手段，将在特定范围内发挥作用。

2．移动无线接入网

移动无线接入网可以为移动体用户提供各种电信业务。由于移动接入网服务的用户是移动的，因而其网络组成要比固定网复杂，需要增加相应的设备和软件等。

移动接入网使用的频段范围很宽，其中可有高频（3～30MHz）、甚高频（30～300MHz）、特高频（300～3000MHz）和微波（3～300GHz）频段等。例如，我国陆地移动电话通信系统通常采用 160MHz，450MHz，800MHz 及 900MHz 频段；地空之间的航空移动通信系统通常采用 108～136MHz 频段；岸站与航站等海上移动通信系统常采用 150MHz 频段。

实现移动无线接入的方式有许多种类，如蜂窝移动通信系统、卫星移动通信系统及 WiMAX 等。值得说明的是，WiMAX 既可以提供固定无线接入，也可以提供移动无线接入。

（1）蜂窝移动通信系统

蜂窝系统也叫"小区制"系统，是将所有要覆盖的地区划分为若干个小区，每个小区的半径可视用户的分布密度为 1～10km；在每个小区会设立一个基站为本小区范围内的用户服务。

蜂窝移动通信系统采用蜂窝无线组网方式，在终端和网络设备之间通过无线通道连接起来，进而实现用户在活动中可相互通信。这种系统由移动业务交换中心（MSC）、基站（BS）设备及移动台（MS，用户设备）以及交换中心至基站的传输线组成，可以提供的业务包括语音、数据、视频及图像等。

蜂窝移动通信系统的主要有如下特点。

- 用户容量大，服务性能较好。
- 频谱利用率较高。
- 终端具有移动性，并具有越区切换和跨本地网自动漫游功能。
- 用户终端小巧而且电池使用时间长、辐射小等。

蜂窝移动通信系统的发展已经经历了 3 代。第一代模拟蜂窝移动通信系统（1G）发展于 20 世纪 70 年代中期至 80 年代中期，典型的系统有美国的 AMPS（高级移动电话系统）、英国的 TACS（全接入移动通信系统）等。

第二代数字蜂窝移动通信系统（2G）发展于 20 世纪 80 年代中期到 90 年代中期，典型的有 GSM、CDMA 系统等。

第三代蜂窝移动通信系统（3G）诞生于 21 世纪初，有 3 种通信标准，分别为欧洲提出的 WCDMA、美国提出的 CDMA2000 以及我国提出的 TD-SCDMA。

与其他现代通信技术的发展一样，移动通信也呈现飞速发展的趋势。目前，在第二代数字蜂窝移动通信网向第三代过渡方兴未艾之时，关于 4G 等未来移动通信的讨论和研究也已如火如荼地展开。

（2）卫星移动通信系统

卫星移动通信系统可以利用卫星通信的多址传输方式为全球用户提供大跨度、大范围、远距离的漫游和机动、灵活的移动通信服务，是陆地蜂窝移动通信系统的扩展和延伸，在偏远的地区、山区、海岛、受灾区、远洋船只及远航飞机等通信方面更具独特的优越性。

卫星移动通信系统按所用轨道分类，可分为静止轨道（GEO）、中轨道（MEO）和低轨道（LEO）卫星移动通信系统。

静止轨道位于地球赤道上空 35 784km 处。卫星在这条轨道上以 3 075m/s 的速度自西向东绕地球旋转，绕地球一周的时间为 23 小时 56 分 4 秒，恰与地球自转一周的时间相等。因此从地面上看，卫星像挂在天上不动，这就使地面接收站的工作方便多了。接收站的天线可以固定对准卫星，昼夜不间断地进行通信，不必像跟踪那些移动不定的卫星一样通信时间时断时续。一颗地球静止轨道通信卫星大约能够覆盖 40%的地球表面，使覆盖区内的任何地面、海上、空中的通信站能同时相互通信。在赤道上空等间隔分布的 3 颗地球静止轨道通信卫星可以实现除两极部分地区外的全球通信。

中轨道高度在 10000～15000km，实际上是低轨道卫星和静止轨道卫星之间的折中产物。

低轨道（LEO）高度在 1500km 以下，由于低轨道卫星比其他高度的卫星更接近于地球，因此它的信号相对较强，但传播时间相对较短。不过，低轨道卫星处于地平线以上的时间却不长，因此需要多个卫星，以便进行连续覆盖。

目前，卫星移动通信主要采用 TDMA 和 CDMA 多址接入技术，不过 CDMA 技术被认为是更有发展前途的技术。

卫星移动通信系统覆盖全球，能解决人口稀少、通信不发达地区的移动通信服务，是全球个人通信的重要组成部分。但是它的服务费用较高，目前还无法代替地面蜂窝移动通信系统。

6.2 本地多点分配业务系统

6.2.1 LMDS 系统的概念

LMDS 系统是一种崭新的宽带无线接入技术，它利用高容量点对多点微波传输，其工作频段为 24～39GHz，可用带宽达 1.3GHz。

LMDS 几乎可以提供任何种类的业务接入，如双向语音、数据、视频及图像等，其用户接入速率可以从 64kbit/s 到 2Mbit/s，甚至高达 155Mbit/s。而且 LMDS 能够支持 ATM、TCP/IP 和 MPEG-Ⅱ等标准，因此被誉为"无线光纤"技术。

LMDS 的上行和下行根据它们所传的业务不同而具有不同的带宽，下行可以使用 TDM 接入方式，而上行使用 TDMA 方式来共享一个载波，因而使它能灵活提供更高带宽数据以及较容易地实现动态带宽分配。

6.2.2 LMDS 技术的优缺点

1. LMDS 的优点

LMDS 技术除具有一般宽带接入技术的特性外，还具有无线系统所固有的优点，具体体现在以下几个方面。

（1）频率复用度高、系统容量大

LMDS 在 10GHz 以上的频段上工作，这一频段的技术实现难度大，过去很少使用，频带较为宽松，可用频带至少 1GHz，较适合宽带数据传输。目前，大部分国家的 LMDS 频谱分配一般集中在 24GHz、26GHz、28GHz、31GHz 和 38GHz 等几个频段，其中 27.5～29.5GHz 最为集中，差不多 80%的国家都将本国的频谱分配在这一频段之内。

另外，LMDS 系统可以采用的调制方式为相移键控 PSK（包括 BPSK、DQPSK、QPSK 等）和正交幅度调 QAM。目前可以提供 6AQM、16QAM 等大大提高频带利用率的调制技术。这样，LMDS 就可提供更高的扇区容量。

（2）可支持多种业务的接入

LMDS 系统的宽带特性决定了它几乎可以承载任何业务，包括语音、数据、视频和图像等。

（3）适合于高密度用户地区

由于 LMDS 基站的容量可能会超过其覆盖区内的用户业务总量，因此 LMDS 系统特别适于在高密度用户地区使用。

（4）扩容方便灵活

LMDS 无线网络为蜂窝覆盖，每个蜂窝的覆盖可根据该蜂窝内业务量的增大划分为多个扇区，亦可在扇区内增加信道，所以扩容非常方便灵活。

2．LMDS 的缺点

LMDS 具有以下一些缺点。

① LMDS 采用微波传输且频率较高，其传输质量和距离受气候等条件的影响较大。

② 由于 LMDS 采用微波波段的直线传输，只能实现视距接入，所以在基站和用户之间不能存在障碍物。对于发展中的城市，新兴建筑物的出现有可能影响 LDMS 的无线传输，给运营和维护带来困难。

③ 与光纤传输相比，传输质量在无线覆盖区边缘不够稳定。

④ LMDS 仍属于固定无线通信，缺乏移动灵活性。

⑤ 在我国，LMDS 的可用频谱还没有划定。

6.2.3　LMDS 接入网络结构

LMDS 接入网络包括多个小区，采用一种类似蜂窝的服务区（小区）结构；每个小区由一个基站和众多用户终端组成，基站设备经点到多点无线链路与服务区内的用户端通信；每个服务区覆盖范围为几公里至十几公里，并可相互重叠；各基站之间通过骨干网络相连。LMDS 接入网络结构如图 6-1 所示。

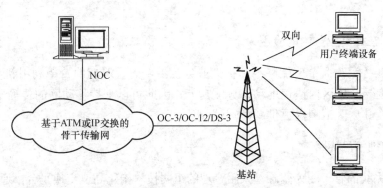

图 6-1　LMDS 接入网络结构

由图 6-1 可见，LMDS 网络系统由 4 个部分组成，分别为骨干网络、基站、用户终端设备和网络运行中心（NOC）。

1. 骨干网络

骨干网络是用来连接基站的。它可以由光纤传输网、基于 ATM 交换或 IP 的骨干传输网等所组成。各个基站的信号送入骨干网络完成各种业务交换等。

2. 基站

基站负责进行用户端的覆盖，并提供骨干网络的接口，包括 PSTN、Internet、Frame Relay、ATM 和 ISDN 等网络的接口，具体完成编码/解码、压缩、纠错、复接/分接、路由、调制解调以及合路/分路等功能。

为了更有效地利用频谱，进一步扩大系统容量，LMDS 系统的基站采用多扇区覆盖，每个基站都由若干个扇区组成（最少 4 个扇区，最多可达 24 个扇区），可容纳较多数量的用户终端。

3. 用户终端设备

用户终端设备包括室外单元（ODU）和室内单元（IDU）两部分。ODU 包括定向天线、微波收发设备；IDU 包括调制解调模块以及与用户室内设备相连的网络接口单元（NIU）。用户端网络接口单元 NIU 为各种用户、业务提供接口，并完成复用/解复用功能。

4. 网络运行中心

网络运行中心以软件平台为基础，负责管理多个区域的用户网络，完成包括故障诊断和告警、系统配置管理、计费管理、性能分析管理及安全管理等基本功能。大型的 LMDS 系统应有多个网络运行中心，分为中心管理和多个本地管理。

6.2.4 LMDS 系统的典型应用领域

1. LMDS 在数据通信网中的应用

LMDS 系统作为数据通信网的接入部分，起着连接业务节点接口和用户网络接口的桥梁作用。此应用是传统电信运营商在已有网络的基础上，作为光纤接入的补充手段，短期内满足用户对宽带业务需求的有效方式。

2. LMDS 在蜂窝业务中的应用

许多蜂窝业务运营商希望能够不断扩大业务范围，而且迫切地希望利用新商机。LMDS 系统能够真正在一个扇区内快速地动态分配功能，因此可以支持移动网的传输干线，而且可以为企业客户在其扇区范围内提供新型宽带业务。

3. 构建本地信息环路

以 LMDS 系统的骨干网为基础，采用合理的组网技术构建高速交换平台，通过自己建设、网站镜像或从外面引进信息等丰富本地信息业务，并租用电信部门出口线路实现本地环路与

Internet 的互连，可构建本地信息环路。LMDS 系统的宽带性和廉价性也符合目前用户对宽带业务的需求。

4．LMDS 在广播电视网中的应用

Celluar Vision 公司在纽约建成了一个 28GHz 的 LMDS 广播视像系统。该系统是目前世界上最成熟的 LMDS 系统，主要为用户提供多频道的电视节目，价格低于其竞争对手 30%，到 1997 年底已拥有用户 12 000 个。此系统能提供 48Mbit/s 的下行数据速率，由于开通较早，系统本身是单向的，用户需通过 PSTN 实现上行链路连接。现在利用 LMDS 系统构建本地交互式电视分配网在技术上已没有任何问题。

5．构建综合业务接入网

建设集语音、数据和视像业务于一体的综合业务接入网，既符合"三网合一"的趋势，又可满足用户对多媒体业务的需求。通常认为实现接入网的全光化是构建综合业务接入网的最佳解决方案，但采用全光接入网在目前仍有很多困难，如光纤的建设和运营成本昂贵，光纤的铺设涉及市政、交通和环境，等等。LMDS 系统可支持的最高接入速率达 155Mbit/s，能够满足用户对通信带宽日益增长的需求，而它启动资金少、开通速度快和扩容灵活等优点对不具备光纤接入能力的运营商来讲，无疑是短期内拓展宽带业务，满足市场需求的有力手段。

6.3　无线局域网

6.3.1　无线局域网的基本概念

无线局域网是近些年来推出的一种新的宽带无线接入技术。

1．无线局域网的概念

无线局域网是无线通信技术与计算机网络相结合的产物，一般来说，凡是采用无线传输媒介的计算机局域网都可称为无线局域网，即使用无线电波或红外线在一个有限地域范围内的工作站之间进行数据传输的通信系统。

一个无线局域网可当做有线局域网的扩展来使用，也可以独立作为有线局域网的替代设施。

无线局域网标准有最早制定的 IEEE 802.11 标准以及后来扩展的 802.11a 标准、802.11b 标准、802.11g、802.11n 标准等。

2．无线局域网与有线局域网的比较

（1）有线局域网的局限性

有线局域网具有传输速度快、产品种类全和价格低等显著的优点，但它在以下几种情况下存在着一些局限性。

① 特殊地理环境的限制。当遇到山地、港口和开阔地等特殊的地理位置和环境时，有线局域网存在着布线困难，施工周期长和后期维护不便等问题。

② 原有端口不够用。若需增加新用户，而原有布线所预留的端口又不够用时，就必须为新用户重新布置数条电缆，此时就会碰到施工烦琐和可能会破坏原有线路等众多问题。

③ 工作地点不确定。有些比较特殊的情况下，如建筑、公路铺设、煤矿和油田等工作单位，工作人员可能不会固定在某一点工作，这时如采用有线局域网会带来诸多不便。

（2）无线局域网的优点

相对于有线局域网，无线局域网有如下优点。

① 具有移动性。无线网络设置允许用户在任何时间、任何地点访问网络，不需要指定明确的访问地点，因此用户可以在网络中漫游。无线网络的移动性为便携式计算机访问网络提供了便利的条件，可把强大的网络功能带到任何一个地方，能够大幅提高用户信息访问的即时性和有效性。

② 成本低。建立无线局域网时无需进行网络布线，既节省了布线的开销、租用线路的月租费用以及当设备需要移动而增加的相关费用，又避免了因布线可能造成的对工作环境的损坏。

③ 可靠性高。无线局域网没有线缆，避免了由于线缆故障造成的网络瘫痪问题。另外，无线局域网采用直接序列扩展频谱（DSSS）传输和补偿编码键控调制编码技术进行无线通信，具有抗射频干扰强的特点，所以无线局域网的可靠性较高。

3. 无线局域网要解决的主要技术问题

① 网络性能问题，其基本要求是工作稳定、传输速率高、抗干扰能力强、误码率低、频道利用率高、保密性能好以及能有效地进行数据提取等。

② 网络兼容问题，要求能够兼容现有的网络软件，支持现有的网络操作系统。

③ 小型化、低价格。这是无线局域网能够实用并普及的关键所在。开始由于无线网络产品的销量远不及有线网络产品，故产品价格偏高。但随着大规模集成电路，尤其是高性能、高集成度砷化镓技术的发展，无线局域网得以小型化、低价格。

④ 电磁环境、无线电频段的使用范围

在室内使用无线局域网应考虑电磁波对人体健康的损害及其他电磁环境的影响。无线电管理部门应规定无线局域网的使用频段、发射功率及带外辐射等各项技术指标。

4. 无线局域网的分类

无线局域网根据采用的传输媒体来分类，主要有两种，即采用无线电波的无线局域网和采用红外线的无线局域网。

（1）采用无线电波的无线局域网

按照调制方式不同，采用无线电波为传输媒介的无线局域网又可分为窄带调制方式与扩展频谱方式两种。

窄带调制方式是基带数据信号的频谱被直接搬移到射频上发射出去。其优点是在一个窄的频带内集中全部功率，无线电频谱的利用率高。采用窄带调制方式的无线局域网采用的频段一般是专用的，需要经过国家无线电管理部门的许可方可使用。也可选用不用向无线电管理委员会申请的 ISM（Industrial、Scientific、Medical，工业、科研、医疗）频段，但带来的问题是，当邻近的仪器设备或通信设备也使用这一频段时，会产生相互干扰，严重影响通信质量，通信的可靠性无法得到保障。

采用无线电波的无线局域网一般都要扩展频谱（简称扩频），基带数据信号的频谱被扩展至几倍到几十倍后再被搬移至射频上发射出去。这一做法虽然牺牲了频带带宽，却提高了通信系统的抗干扰能力和安全性。由于单位频带内的功率降低，对其他电子设备的干扰也减少了。

采用扩展频谱方式的无线局域网一般选择 ISM 频段。如果发射功率及带外辐射满足无线电管理委员会的要求，则无需向相应的无线电管理委员会提出专门的申请即可使用这些 ISM 频段。

扩频技术主要分为"跳频技术"及"直接序列扩频"两种（详情后述）。

（2）采用红外线的无线局域网

采用红外线（Infrared，IR）的无线局域网的软件和硬件技术都已经比较成熟，具有传输速率较高、移动通信设备所必需的体积小和功率低、无需专门申请特定频率的使用执照等主要技术优势。

可 IR 是一种视距传输技术，这在两个设备之间是容易实现的，但多个电子设备间就必须调整彼此的位置和角度等。另外，红外线对非透明物体的透过性极差，这导致传输距离受限。

目前一般用得比较多的是采用无线电波的基于扩展频谱方式的无线局域网。

5．无线局域网的拓扑结构

无线局域网的拓扑结构可以归结为两类，一类是自组网拓扑，另一类是基础结构拓扑。不同的拓扑结构，形成了不同的服务集（Service Set）。

服务集用来描述一个可操作的完全无线局域网的基本组成，在服务集中需要采用服务集标识（Service Set Identification，SSID）作为无线局域网的一个网络名，它由区分大小写的 232 个字符组成，包括文字和数字。

（1）自组网拓扑网络

自组网拓扑（或者叫做无中心拓扑）网络由无线客户端设备组成，它覆盖的服务区称为独立基本服务集（Independent Basic Service Set，IBSS）。IBSS 是一个独立的 BSS，没有接入点作为连接的中心。自组网拓扑结构的网络又叫做对等网或者非结构组网，网络结构如图 6-2 所示。

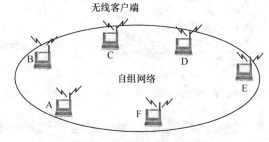

图 6-2　自组网拓扑网络

这种方式连接的设备互相之间都直接通信，但无法接入有线局域网，特殊的情况下，可以将其中一个无线客户端配置成服务器，实现接入有线局域网的功能。在自组网拓扑结构的网络中，只有一个公用广播信道，各站点都可竞争公用信道，采用 CSMA/CA 协议（后述）。

自组网拓扑结构的优点是建网容易、费用较低，且网络抗毁性好。但为了能使网络中任意两个站点间可直接通信，站点布局受环境限制较大。另外，当网络中用户数（站点数）过多时，信道竞争将成为限制网络性能的要害。基于自组网拓扑结构的网络的特点，它适用于不需要访问有线网络中的资源，而只需要实现无线设备之间互相通信，且用户相对少的工作群网络。

（2）基础结构拓扑网络

基础结构拓扑（有中心拓扑）网络由无线基站、无线客户端组成，覆盖的区域分为基本服务集和扩展服务集。

这种拓扑结构要求一个无线基站充当中心站，网络中所有站点对网络的访问和通信均由它控制。由于每个站点在中心站覆盖范围之内就可与其他站点通信，所以在无线局域网构建过程中站点布局受环境限制相对较小。

位于中心的无线基站称为无线接入点（Access Point，AP），是实现无线局域网接入有线局域网的一个逻辑接入点，其主要作用是将无线局域网的数据帧转化为有线局域网的数据帧，比如以太网帧。

这种基础结构拓扑网络的无线局域网的弱点是抗毁性差，中心点的故障容易导致整个网络瘫痪，并且中心站点的引入增加了网络成本。

当一个无线基站被连接到一个有线局域网或一些无线客户端的时候，这个网络称为基本服务集（Basic Service Set，BSS）。一个基本服务集仅仅包含 1 个无线基站和 1 个或多个无线客户端，如图 6-3 所示。其中的每一个无线客户端必须通过无线基站与网络上的其他无线客户端或有线网络的主机进行通信，不允许无线客户端对无线客户端的传输。

扩展服务集（Extented Service Set，ESS）被定义为通过一个普通分布式系统连接的两个或多个基本服务集，这个分布系统可能是有线的、无线的、局域网、广域网或任何其他网络连接方式，所以扩展服务集网络允许创建任意规模的复杂无线局域网。图 6-4 展示了一个扩展服务集的结构。

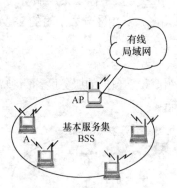

图 6-3 基本服务集

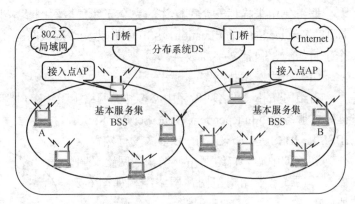

图 6-4 扩展服务集（ESS）结构

这里还有几个问题需要说明：一是在一个扩展服务集内的几个基本服务集也可能有相交的部分；二是扩展服务集还可为无线用户提供到有线局域网或 Internet 的接入，这种接入是通过叫做门桥的设备来实现的，门桥的作用类似于网桥。

另外，还有一种无线方式的扩展服务集网络，如图 6-5 所示。这种方式与有线方式的扩展服务集网络相似，也是由多个基本服务集网络组成，所不同的是网络中不是所有 AP 都连接在有线网络上，没有连接在有线网络上的 AP 和距离最近的连接在有线网络上的 AP 通信，进而连接在有线网络上。

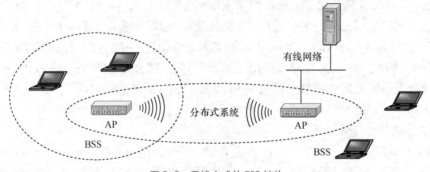

图 6-5 无线方式的 ESS 结构

6.3.2 无线局域网的频段分配

无线局域网采用无线电波和红外线作为传输媒介，它们都属于电磁波的范畴，图 6-6 示出了频率由低到高的电磁波的种类和名称。

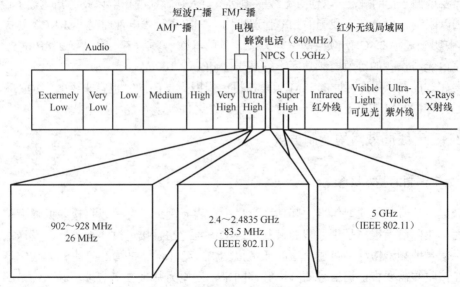

图 6-6 电磁波频段

由图可见，红外线的频谱位于可见光和无线电波之间，频率极高，波长范围在 0.75～1000μm，在空间传播时，传输质量受距离的影响非常大。作为无线局域网的一种传输媒介，国家无线电委员会不对它加以限制，其主要优点是不受微波电磁干扰的影响，但由于它对非透明物体的穿透性极差，从而导致其应用受到限制。

无线电波频段范围很宽，图 6-6 中从 High 到 SuperHigh 都属于无线电波频段，这一波段又划分为若干频段用以对应不同的应用，有的用于广播，有的用于电视，或用于移动电话，无线局域网选用的是其中的 ISM（工业、科学、医学）频段。其中对广播、电视或移动电话等频段的使用需要经过各个国家的无线电管理委员会批准，而 ISM 频段由美国联邦通信委员会 FCC 规定不需要许可证即可使用，但功率不能超过 1W。

ISM 频段组包括工业用频段（900MHz）、科学研究用频段（2.4GHz）和医疗用频段（5GHz）。900MHz ISM 频段主要用于工业，其频率范围为 902～928MHz，记为 915±13MHz，带宽为

26MHz。当前，家用无绳电话和无线监控系统使用此频段，无线局域网曾使用过此频段，但由于该频段过于狭窄，其应用也大为减少。2.4GHz ISM 频段主要用于科学研究，其频率范围为 2.4～2.5GHz，记为 2.4500 GHz±50MHz，带宽为 100MHz。由于 FCC 限定了 2.4GHz ISM 频段的输出功率，因此实际上无线局域网使用的带宽只有 83.5MHz，频率范围为 2.4000～2.4835 GHz。这一频段最为常用，目前流行的 IEEE 802.11b、IEEE 802.11g 等标准都在此频段内。5GHz ISM 频段主要用于医疗事业，其频率范围为 5.15～5.825GHz，带宽为 675MHz。无线局域网只使用其中一部分频段。

除了 ISM 频段，FCC 还在 5GHz 频段处划定了 UNII（Unlicensed National Information Infrastructure）频段，主要用于 IEEE 802.11a 标准的相关产品。UNII 频段由 3 个带宽均为 100MHz 的频段组成，分别称为低、中、高频段。低频段的频率范围为 5.15～5.25GHz，主要应用于室内无线设备；中频段的频率范围为 5.25～5.35GHz，既可以用于室内，也可以用于室外无线设备；高频段的频率范围为 5.725～5.825GHz，只适用于室外无线设备。

尽管在组建无线局域网时，其 ISM 频段无需批准即可使用，但其中的无线网络设备的发射功率需要遵循一定的规范，以便对无线射频功率对人体辐射的影响以及对其他电子设备的电磁干扰加以限制。2002 年，我国的频率管理机构——国家无线电管理局（SRRC）颁布了相关文件，其中明确规定 2.4GHz 频段的室外无线设备的等效射频功率不得高于 27dBm（500mW），该频段室内无线设备的等效射频功率不得高于 20dBm（100mW）。

需要注意的是，免许可证的 ISM 频段在提供组网方便的同时也带来了一定的不利，如当两个邻近区域同时安装了无线局域网时，两个系统之间就会存在相互干扰。

6.3.3 无线局域网的调制方式

1. 数字调制的基本概念

基带数字信号是低通型信号，其功率谱集中在零频附近，它可以直接在低通型信道中传输。然而，实际信道很多是带通型的，基带数字信号无法直接通过。因此，在发送端需要把基带数字信号的频谱搬移到带通信道的通带范围内，这个频谱的搬移过程称为数字调制。相应地，在接收端需要将已调信号的频谱搬移回来，还原为基带数字信号，这个频谱的反搬移过程称为数字解调。

数字调制的具体实现是利用基带数字信号控制载波（正弦波或余弦波）的幅度、相位、频率变化，因此，有 3 种基本数字调制方法，即数字调幅（ASK，也称幅移键控）、数字调相（PSK，也称相移键控）和数字调频（FSK，也称频移键控）。

（1）数字调幅

数字调幅是利用基带数字信号控制载波幅度变化，具体又分为双边带调制、单边带调制、残余边带调制以及正交双边带调制。其中，正交双边带调制在实际中应用较为广泛，常见的有 4QAM、16QAM、64QAM 和 256QAM。

（2）数字调相

数字调相是指载波的相位受数字信号的控制作不连续的、有限取值的变化的一种调制方式。根据载波相位变化的参考相位不同，数字调相可以分为绝对调相（PSK）和相对调相（DPSK），绝对调相的参考相位是未调载波相位，相对调相的参考相位是前一码元的已调载波相位。根据载波相位变化个数（即在几个值之间变化）不同，数字调相又可以分为二相数字调相、四相数字调相（QPSK）、八相数字调相和十六相数字调相等。

（3）数字调频

数字调频是用基带数字信号控制载波频率，最常见的是二元频移键控 2FSK、最小频移键控（MSK）以及高斯最小频移键控（GMSK）等。

2．无线局域网的调制方式

无线局域网常采用的调制方式有差分二相相移键控（DBPSK）、四相相对调相（DQPSK）、正交幅度调制（16QAM 和 64QAM）以及高斯最小频移键控（GFSK）。

（1）差分二相相移键控

二相相移键控分二相绝对相移键控（BPSK）和差分二相相移键控（DBPSK），DBPSK 也叫二相相对调相，表示为 2DPSK。

根据 CCITT（现为 ITU-T）的建议，二相相移键控有 A、B 两种相位变化方式，用矢量图表示如图 6-7 所示。

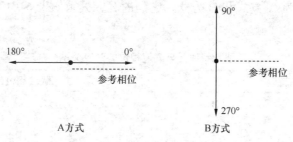

图 6-7　二相相移键控的矢量图

图中的虚线表示参考相位，矢量图反映了与参考相位相比相位的改变量。

二相数字调相波形示意图如图 6-8 所示。

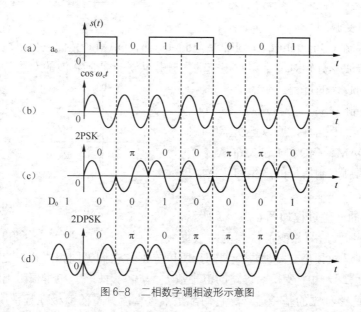

图 6-8　二相数字调相波形示意图

图中假设：

- 码元速率与载波频率相等，所以一个符号间隔（T）对应一个载波周期。
- 二相绝对调相（2PSK）的相位变化规则为：1 与未调载波（$\cos\omega_c t$）相比，相位改变 0；0 与未调载波（$\cos\omega_c t$）相比，相位改变 π。
- 二相相对调相（2DPSK）的相位变化规则为："1" 与前一码元的已调波相比，相位改变 π；"0" 与前一码元的已调波相比，相位改变 0。上述相位变化规则也可以相反。

（2）四相相对调相

四相数字调相简称四相调相，用载波的 4 种不同相位来表征传送的数据信息。在 QPSK 调制中，首先对输入的二进制数据进行分组，将二位编成一组，即构成双比特码元。例如对于 $k=2$，则 $M=2^2=4$，对应 4 种不同的相位或相位差。

当四相调相的参考相位是未调载波相位时，称为四相绝对调相，而当参考相位是前一码元的已调波相位时，称为四相相对调相（DQPSK）。

我们把组成双比特码元的前一信息比特用 A 代表，后一信息比特用 B 代表，并按格雷码排列，以便提高传输的可靠性。按国际统一标准规定，双比特码元与载波相位改变量的对应关系有两种，称为 A 方式和 B 方式，它们的对应关系如表 6-1 所示，QPSK 矢量图如图 6-9 所示。

表 6-1   双比特码元与载波相位的对应关系

双比特码元		载波相位改变量	
A	B	A 方式	B 方式
0	0	0	$5\pi/4$
1	0	$\pi/2$	$7\pi/4$
1	1	π	$\pi/4$
0	1	$3\pi/2$	$3\pi/4$

（3）正交幅度调制

正交幅度调制（Quadrature Amplitude Modulation，QAM）又称正交双边带调制，它是将两路独立的基带波形分别对两个相互正交的同频载波进行抑制载波的双边带调制所得到的两路已调信号叠加起来的过程。

正交幅度调制一般记为 MQAM，M 的取值有 4、16、64 和 256 几种，所以正交幅度调制有 4QAM、16QAM、64QAM 和 256QAM。

正交幅度调制调制信号的产生和解调原理如图 6-10 所示。

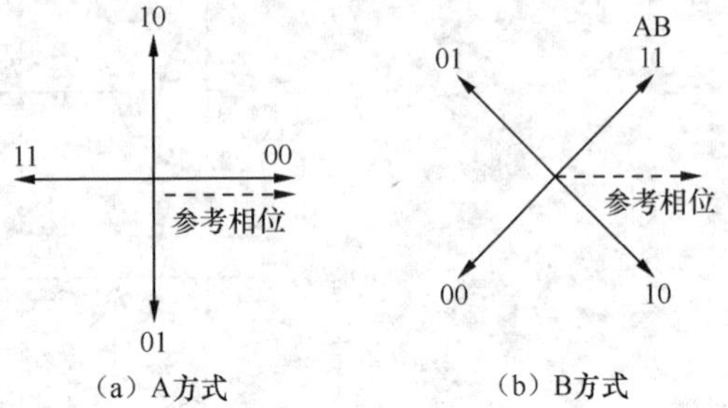

QAM 信号的产生过程如图 6-7（a）所示，输入的二进制序列经串/并变换得到两路数据流，因为要分别对同频正交载波进行调制，所以分别称它们为同相路和正交路。接下来两路数据流分别进行 2/L 电平变换，每路的电平数 $L=\sqrt{M}$。两路 L 电平信号通过发送低通后产生 $s_I(t)$ 和 $s_Q(t)$ 两路独立的基带信号，它们都是不含直流分量的双极性基带信号。

图 6-9 QPSK 的矢量图

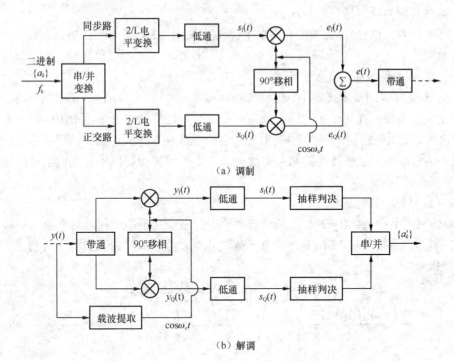

（a）调制

（b）解调

图 6-10 QAM 调制和解调原理图

同相路的基带信号 $s_I(t)$ 与载波 $\cos\omega_c t$ 相乘，形成抑制载频的双边带调制信号 $e_I(t)$

$$e_I(t) = s_I(t)\cos\omega_c t \tag{6-1}$$

正交路的基带信号 $s_Q(t)$ 与载波 $\cos\left(\omega_c t + \dfrac{\pi}{2}\right) = -\sin\omega_c t$ 相乘，形成另外一路载频的双边带调制信号 $e_Q(t)$

$$e_Q(t) = s_Q(t)\cos\left(\omega_c t + \frac{\pi}{2}\right) = -s_Q(t)\sin\omega_c t \tag{6-2}$$

两路信号合成后即得 QAM 调制信号

$$e(t) = e_I(t) + e_Q(t) = s_I(t)\cos\omega_c t - s_Q(t)\sin\omega_c t \tag{6-3}$$

MQAM 信号的产生过程如图 6-10（b）所示：假定相干载波与已调信号载波完全同频相，且假设信道无失真、带宽不限、无噪声，即 $y(t)=e(t)$，则两个解调乘法器的输出分别为

$$\begin{aligned}
y_I(t) &= y(t)\cos\omega_c t = \left\lfloor s_I(t)\cos\omega_c t - s_Q(t)\sin\omega_c t \right\rfloor\cos\omega_c t \\
&= \frac{1}{2}s_I(t) + \frac{1}{2}\left[s_I(t)\cos\omega_c t - s_Q(t)\sin 2\omega_c t\right]
\end{aligned} \tag{6-4}$$

$$\begin{aligned}
y_Q(t) &= y(t) - \sin\omega_c t = \left\lfloor s_I(t)\cos\omega_c t - s_Q(t)\sin\omega_c t \right\rfloor(-\sin\omega_c t) \\
&= \frac{1}{2}s_Q(t) - \frac{1}{2}\left[s_I(t)\sin 2\omega_c t + s_Q(t)\cos 2\omega_c t\right]
\end{aligned} \tag{6-5}$$

经低通滤波器除高次谐波分量，上、下两个支路的输出信号分别为 $\dfrac{1}{2}s_I(t)$ 和 $\dfrac{1}{2}s_Q(t)$，经

判决后，两路合成为原二进制数据序列。

以上简单介绍了 QAM。就频谱利用率来说，QAM 比 FSK 或 QPSK 更为有效，但是它也更容易受到噪声的干扰。无线局域网中一般采用 16QAM 和 64QAM，无论是 16QAM 或 64QAM，一般都要结合采用正交频分复用（OFDM）调制技术。

OFDM 多载波调制技术其实是 MCM（多载波调制）的一种，它是在频域内将给定信道分成许多正交子信道，在每个子信道上使用一个子载波进行调制（采用 DBPSK、DQPSK 或者 QAM 调制方式），并且各子载波并行传输。各子载波相互正交，使扩频调制后的频谱可以相互重叠，从而减小了子载波间的相互干扰。OFDM 多载波调制技术的频谱示意图如图 6-11 所示。

OFDM 具有如下独特的优点。

① 频谱利用率很高。OFDM 的频谱效率比串行系统几乎高一倍，这在频谱资源有限的无线环境中尤为重要。OFDM 信号的相邻子载波相互重叠，从理论上讲其频谱利用率可以接近 Nyquist 极限。

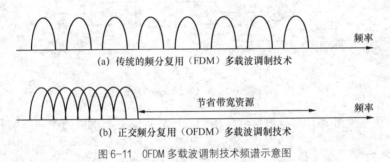

(a) 传统的频分复用（FDM）多载波调制技术

(b) 正交频分复用（OFDM）多载波调制技术

图 6-11　OFDM 多载波调制技术频谱示意图

② 抗衰落能力强。OFDM 把用户信息通过多个子载波传输，每个子载波上的信号时间相应地比同速率的单载波系统上的信号时间长很多倍，使 OFDM 对脉冲噪声和信道快衰落的抵抗力更强。

③ 适合高速数据传输。OFDM 自适应调制机制使不同的子载波可以根据信道情况和噪声背景的不同使用不同的调制方式。当信道条件好的时候，采用效率高的调制方式。当信道条件差的时候，采用抗干扰能力强的调制方式。再有，OFDM 加载算法的采用使系统可以把更多数据集中放在条件好的信道上以高速率进行传送，因此 OFDM 技术非常适合高速数据传输。

④ 抗码间干扰能力强。码间干扰是数字通信系统中除噪声干扰之外最主要的干扰，它与加性噪声干扰不同，是一种乘性干扰。造成码间干扰的原因有很多，实际上，只要传输信道的频带是有限的，就会造成一定的码间干扰，OFDM 采用了循环前缀，对抗码间干扰的能力很强。

（4）高斯最小频移键控

① 最小频移键控（MSK）

最小频移键控（Minimum Shift Keying，MSK）属于连续相位调制方式。MSK 信号可表示为

$$e_{\mathrm{MSK}}(t) = A\big[s_{\mathrm{I}}(t)\cos 2\pi f_{\mathrm{c}}t - s_{\mathrm{Q}}(t)\sin 2\pi f_{\mathrm{c}}t\big] \tag{6-6}$$

式中，两路基带信号为正弦形脉冲，其调制的过程如图 6-12 所示。

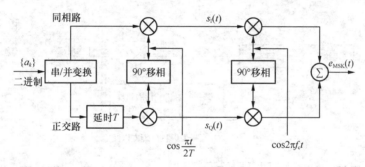

图 6-12 一种 MSK 调制方法

由图 6-12 可见，原始基带数据信号经过串/并变换模块分成两路，同相路数据流与 $\cos\left(\dfrac{\pi t}{2T}\right)$ 相乘（用 $\cos\left(\dfrac{\pi t}{2T}\right)$ 加权），形成正弦形脉冲 $s_I(t)$；正交路数据流延时 T 后与 $\cos\left(\dfrac{\pi t}{2T}+\dfrac{\pi}{2}\right)$ 相乘（用 $\cos\left(\dfrac{\pi t}{2T}+\dfrac{\pi}{2}\right)$ 加权），形成正弦形脉冲 $s_Q(t)$；再进行正交的幅度调制，即同相路 $s_I(t)$ 与 $\cos 2\pi f_c t$ 相乘，正交路 $s_Q(t)$ 与 $\cos\left(2\pi f_c t+\dfrac{\pi}{2}\right)$ 相乘，两路已调波合成后即得 MSK 信号。

② 高斯最小频移键控（GMSK）

高斯最小频移键控（GMSK）是 MSK 的改进，它在 MSK 调制器前加入一个高斯低通滤波器，即基带信号首先成为高斯形脉冲，然后再进行 MSK 调制。

MSK 调制的优点是具有恒包络和主瓣外衰减快的特性，而 GMSK 不但具有 MSK 的这些优点，而且具有更好的频谱和功率特性。即经过高斯低通滤波器成形后的高斯脉冲包络无陡峭边沿，亦无拐点，特别适用于功率受限和信道存在非线性、衰落以及多普勒频移的移动通信系统。

GMSK 在 MSK 的基础上得到了更平滑的相位路径，但误比特率性能不如 MSK。

6.3.4 扩频通信基本原理

扩频技术是一种信号带宽远大于信息传送带宽的传输方法。发送端扩频时，信号带宽是受某一独立于传送信息的伪随机序列控制的，在接收端采用同步的伪随机序列进行解扩及恢复信息。

扩频通信的技术有两种，即直接序列扩频技术（Direct Sequence Spread Spectrum，DSSS）和跳频扩频技术（Frequency Hopping Spread Spectrum，FHSS）。

1. 直接序列扩频技术

直接序列扩频技术一般简称为直扩技术，是指直接用伪随机序列对已调制或未调制信息的载频进行调制，达到扩展信号频谱目的。用于直扩技术的伪随机序列码片速率和扩频的调制方式决定了直扩通信系统的信号带宽。

图 6-13 给出了一种典型的直扩通信系统原理方框图。虚线框中的部分分别完成扩频调制与解扩的作用。信源发送的基带数据序列经过编码器后，首先进行射频调制，然后用产生的伪随机序列对已调信号进行直扩调制，扩展频谱后的宽带信号经功放后由天线发射出去。

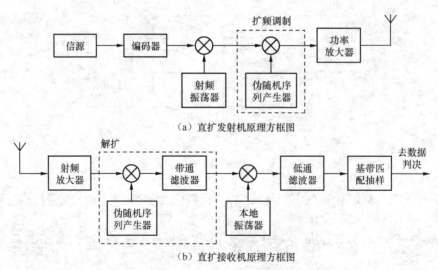

（a）直扩发射机原理方框图

（b）直扩接收机原理方框图

图 6-13　直扩系统原理方框图

接收端接收到的信号经过前端射频放大后，用本地伪随机序列对直扩信号完成解扩，然后信号通过窄带带通滤波器去除噪声干扰，再与本地载波相乘进行解调，经过低通滤波、积分抽样后送至数据判决器，恢复出基带数据序列。

在该模型中，射频调制和扩频调制同样采用了 BPSK 调制方式，扩频的调制是通过直接对载波的调制来实现的。

2．跳频扩频技术

跳频是发送信号时，载波在一个很宽的频带上从一个窄的频率跳变到另一个频率。一个普通的窄带通信系统，如果其中心频率在不断变化，就是一种跳频通信系统。实际的跳频通信系统的频率变化是由跳频伪随机序列来控制的，因而其频率的变化也遵循一定的规律。虽然在每一个瞬间系统的信号为窄带的，但是在一段时间内来看，信号表现为宽带的，因此也称为跳频扩频系统，但通常简称为跳频系统。

如图 6-14 所示为跳频系统的组成方框图。发送端用伪随机序列控制频率合成器的输出频率，经过混频后，信号的中心频率就按照跳频频率合成器的频率变化规律来变化。接收端的跳频频率合成器与发送端按照同样的规律跳变，因此在任何一个时刻，接收端跳频频率合成器输出的频率与接收信号正好相差一个中频。这样，混频后就输出了一个稳定的窄带中频信号。此中频信号经过窄带解调后就可以恢复出发送的数据。与直扩系统一样，跳频系统同样需要同步。

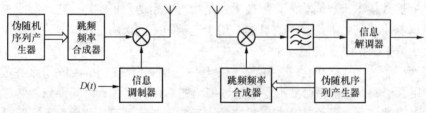

图 6-14　跳频系统的组成方框图

　　跳频系统在每一个频率上的驻留时间的倒数称为跳频速率。当系统跳频速率大于信息符号速率时，该系统称为快跳系统，此时系统在多个频率上依次传送相同的信息，信号的瞬时带宽往往由跳频速率决定。

　　跳频系统的频率随时间变化的规律称为跳频图案，图 6-15 即给出了一种跳频图案。

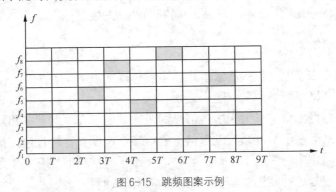

图 6-15　跳频图案示例

　　该跳频图案中共有 8 个频率点，频率跳变的次序为 f_3、f_1、f_5、f_7、f_4、f_8、f_2、f_6。

　　实际应用中，跳频图案中频率的点数从几十个到数千个不等。一般认为跳频系统的处理增益就等于跳频点数，如当跳频频率点为 200 个时，其处理增益即为 23dB。而跳频系统完成一次完整跳频过程的时间也很长，在每个跳变周期中，一个频率有可能出现多次。跳频图案中两个相邻频率的最小频率差称为最小频率间隔。跳频系统的当前工作频率和下一时刻工作频率之间的频差的最小值称为最小跳频间隔。实际的最小跳频间隔都大于最小频率间隔，以避免连续几个跳频时刻都受到干扰。

　　为了尽量避免噪声干扰，跳频系统所采用的频率需要精心设计或采用非重复的频道，并且这些跳频信号必须遵守 FCC 的要求。根据 FCC 的规定，工作在 2.4GHz 的无线局域网使用 75 个以上的跳频信道，且跳变至下一个频率的最大时间间隔为 400ms。

　　采用跳频技术可以减少其他无线电系统的干扰。因为信号在一个预定的频率上只停留很短的一段时间，这就限制了其他信号源产生的辐射功率在一个特定的跳频上干扰通信的可能性。如果跳频信号在一个频率上遇到干扰，就会跳变到另一个频率上重新发送信号。

　　如果两组跳频编码是正交的，即在同一时间两组跳频设备工作的频率不同，就可以在同一个频段中同时使用这两组设备。

3. FHSS 与 DSSS 的对比

　　采用哪一种扩频技术和调制方式，决定了无线局域网的性能如何。在介绍了无线局域网的扩频技术和调制方式后，下面对 DSSS 与 FHSS 几个主要方面加以比较。

　　（1）调制方式

　　FHSS 并不强求必须采用某种特定的调制方式，然而大部分既有的 FHSS 都是使用某些不同形式的 GFSK，因为 FHSS 和 FSK 内在架构的简单性。DSSS 则使用可变相位调制（如 PSK、QPSK、DQPSK），可以得到最高的可靠性以及高数据速率性能。

　　（2）抗噪声能力

　　在抗噪声能力方面，采用 QPSK 调制方式的 DSSS 与采用 FSK 调制方式的 FHSS 相比，各自拥有自己的优势。采用 GFSK 调制方式的 FHSS 系统，可以使用价格较便宜的非线性功率放大器,但作用范围和抗噪声能力不高。而 DSSS 系统需要稍为贵一些的线性放大器,抗噪声能力却较高。

(3)可靠性和成本

DSSS 技术可靠性较高,但成本也高。而 FHSS 技术可靠性较低,可成本也低。大多数网络较多注重传输的稳定性,所以未来无线局域网产品的发展应会以 DSSS 技术为主流。

4.扩频技术的优点

相对于普通的窄带调制,扩频技术的优点主要体现在以下几方面。

(1)具有低截获概率特性

由于扩频信号占据的带宽远大于所传信息的带宽,所以在发射功率相同的情况下,扩频信号的功率谱密度远远小于常规系统发射信号的功率谱密度。在接收端,扩频系统甚至可以在信号完全淹没在噪声中的情况下工作。此时,在不了解扩频信号有关参数的情况下,侦察接收机难以对扩频信号进行监视、截获,更难以对其进行测向。因此,扩频信号具有天然的低截获概率特性。

(2)抗干扰能力强

扩频系统通过接收端的解扩处理,干扰功率被大大压制,而扩频信号本身在解扩前后的功率可以近似保持不变。因此,扩频技术的采用提高了接收机信息恢复时信号的信干比,相当于提高了系统的抗干扰能力。

(3)具有高时间分辨率

由于扩频系统的信号带宽宽,因此,在接收端对接收信号进行相关处理时,其时间分辨率较窄带系统要高得多。所以,扩频技术非常适合在雷达、导航定位、制导及高精度授时等领域应用,用以提高雷达的距离分辨率、导航定位和制导的精度。

(4)具有信息保密性

当扩频系统采用的伪随机序列周期很长且复杂度较高时,敌方难以识别扩频信号的有关参数,信息不易被破译和截获,所以说扩频技术具有天然的保密特性。

(5)具有码分多址能力

当不同的扩频系统用户采用互相关特性较好的伪随机序列作为扩频序列时,这些系统可以在同一时刻、同一地域内工作在同一频段上,而相互干扰可以很小,这就是扩频系统的码分多址能力。

6.3.5 无线局域网的标准

IEEE 制定的第一个无线局域网标准是 802.11 标准;第 2 个标准是 IEEE 802.11 标准的扩展,称为 IEEE 802.1lb 标准;第 3 个无线局域网标准也是 IEEE 802.11 标准的扩展,称为 IEEE 802.11a,后来 IEEE 又制定了 IEEE 802.11g 标准等,最新推出的是 IEEE 802.11n,形成 IEEE 802.11 系列标准。

无线局域网不能使用 CSMA/CD 协议,原因是 CSMA/CD 协议要求一个站点在发送本站数据的同时还必须要进行"碰撞检测",但在无线局域网中要实现此功能就花费过大。而且即使在无线局域网中能够实现"碰撞检测"的功能,而当某一个站在发送数据时检测到信道是空闲的,但在接收端仍有可能会发生碰撞。这是由于无线信道本身特点导致的,即无线电波能够向所有方向传播,且其传输距离受限。为了理解这个问题,可参见图 6-16。

图 6-16 中有 4 个移动站 A、B、C、D,设无线电信号的传播范围是以发送站为中心的一个圆形面积。图中表示站 A 和 C 都想和 B 通信。由于 A 和 C 之间的距离较远,所以彼此都接收不到对方发送的信号。正因为 A 和 C 都没检测到无线信号,均以为 B 是空闲的,就都向 B 发送数据,于是 B 同时收到 A 和 C 发来的数据,则发生了碰撞。这种未能检测出媒介上已存在信号的问题叫做隐蔽站问题。显然,由于无线局域网存在隐蔽站问题,"碰撞检测"对无线局域网没有什么用处。

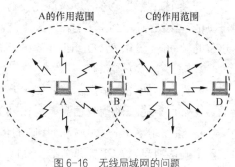

图 6-16　无线局域网的问题

所以无线局域网不使用 CSMA/CD 协议,而只能使用改进的 CSMA 协议。改进的办法是将 CSMA 增加一个碰撞避免(Collision Avoidance)功能,于是 IEEE 802.11 使用 CSMA/CA 协议。

1. IEEE 802.11 系列标准的分层模型

IEEE 802.11 系列标准的分层模型如图 6-17 所示。

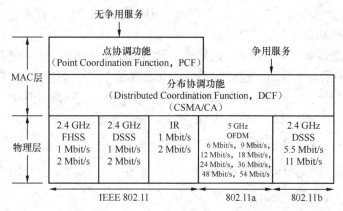

图 6-17　IEEE 802.11 系列标准的分层模型

IEEE 802.11 的 MAC 层包括两个子层:分布协调功能 DCF 子层和点协调功能 PCF 子层。

● 分布协调功能 DCF 子层——DCF 向上提供争用服务。其功能是在每一个站点使用 CSMA 机制的分布式接入算法,让各个站通过争用信道来获取发送权。即 MAC 层通过协调功能来确定在基本服务集 BSS 中的移动站在什么时间能发送数据或接收数据。

● 点协调功能 PCF 子层——它的功能是使用集中控制(通常由接入节点完成集中控制)的接入算法将发送数据权轮流交给各个站,从而避免了碰撞的产生。PCF 是选项,自组网络就没有 PCF 子层。

2. IEEE 802.11 标准系列中的 MAC 层

(1)CSMA/CA 技术

CSMA/CA 技术归纳如下:

① 先听后发

若某个站点要发送信息，首先要对传输介质进行"监听"，即先听后发。如果"监听"到介质忙，该站点就延迟发送。如果"监听"到介质空闲[即在某特定时间是可用的，这称之为分布的帧间隔（DIFS，Distributed Inter Frame Space）]，则该站点就可发送信息。

② 避免冲突的影响

因为有可能几个站点都监听到介质空闲，会几乎同时发送信息。为了避免冲突影响到接收站点不能正确接收信息，IEEE 802.11 标准规定：

- 接收站点——必须检验接收的信号以判断是否有冲突，若发现没有发生冲突，发送一个确认消息（ACK）通知发送站点。

- 发送站点——若没收到确认信息，将进行重发，直到它收到一个确认信息或是重发次数达到规定的值。对于后一种情况，如果发送站点在尝试了一个固定重复次数后仍未收到确认，将放弃发送。将由较高的层次负责处理这种数据无法传送的情况。

可见 CSMA/CA 协议避免了冲突，但不像 IEEE 802.3（Ethernet）标准中使用的 CSMA/CD 协议那样进行冲突检测。

（2）冲突最小化

其实冲突是避不可免的，发生冲突的原因主要有两点，一是可能会出现两个站点同时侦听到介质空闲后发送信息（即隐蔽站问题）；二是两个站点没有互相侦听就发送信息的情况。为降低发生冲突的概率，IEEE 802.11 标准还采用了一种称为虚拟载波侦听（Virtual Carrier Sense，VCS）的机制。

VCS 就是让源站将它要占用信道的时间（包括目的站发回确认帧所需的时间）通知给所有其他站，使其他所有站在这一段时间都停止发送数据。这样做便可减少碰撞的机会。之所以称为"虚拟载波监听"，是因为其他站并没有真正监听信道，只是因为收到了"源站的通知"才不发送数据，起到的效果就好像是其他站也都监听了信道。

需要指出的是，采用 VCS 技术减少了发生碰撞的可能性，但碰撞还是存在的。

3．IEEE 802.11 系列标准中的物理层

（1）IEEE 802.11 标准的物理层

IEEE 802.11 标准是 IEEE 在 1997 年 6 月 16 日制定的，它定义了使用红外线技术、跳频扩频技术和直接序列扩频技术，是一个工作在 2.4GHz（2.4～2.4835 GHz）ISM 频段内，数据传输速率为 1Mbit/s 和 2Mbit/s 的无线局域网的全球统一标准。在研究改进了一系列草案之后，这个标准于 1997 年中期定稿。具体来说，IEEE 802.11 标准的物理层有以下 3 种实现方法。

① 采用直接序列扩频。调制方式若用差分二相相移键控（DBPSK），数据传输速率为 1Mbit/s；若采用差分四相相移键控（DQPSK），数据传输速率为 2Mbit/s。

② 采用跳频扩频。调制方式为 GFSK 调制，当采用 2 元高斯频移键控 GFSK 时，数据传输速率为 1Mbit/s；当采用 4 元高斯频移键控 GFSK 时，数据传输速率为 2Mbit/s。

③ 使用红外线技术。红外线的波长为 850～950nm，用于室内传输数据，速率为 1～2Mbit/s。

（2）IEEE 802.11b 标准的物理层

IEEE 802.11b 标准制定于 1999 年 9 月，IEEE 802 委员会扩展了原先的 IEEE 802.11 规范，并称之为 IEEE 802.11b。IEEE 802.11b 标准也工作在 2.4GHz（2.4～2.4835 GHz）的 ISM

频段。

工作于 2.4GHz 的无线局域网信道分配如图 6-18 所示。

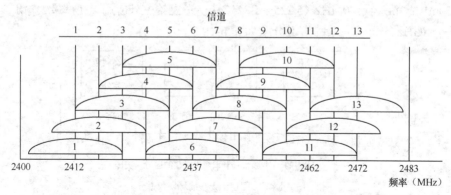

图 6-18　工作于 2.4GHz 的无线局域网信道分配

由图 6-18 可见，2.4～2.4835 GHz 频段配置了 13 个频道，其中互不重叠的频道有 3 个，即 1、6、11 频道，每个频道的带宽为 20MHz。

IEEE 802.11b 标准规定调制方式采用基于补码键控的 DQPSK、基于分组二进制卷积码的 DBPSK 和 DQPSK 等。

补码键控（Complementary Code Keying，CCK）技术的核心编码中有一个 64 个 8 位编码组成的集合，5.5Mbit/s 的速率使用一个 CCK 串来携带 4 位的数字信息，而 11Mbit/s 的速率使用一个 CCK 串来携带 8 位的数字信息。两个速率的传送都利用 DQPSK 作为调制的手段。

在分组二进制卷积码（Packet Binary Convolutional Code，PBCC）调制中，数据首先进行 BCC 编码（由于篇幅所限不再介绍 BCC 编码，读者可参阅相关书籍），然后映射到 DBPSK 或 DQPSK 调制的点群图上，即再进行 DBPSK 或 DQPSK 调制。

IEEE 802.11b 标准的物理层具有支持多种数据传输速率的能力和动态速率调节技术，支持的速率有 1Mbit/s、2Mbit/s、5.5Mbit/s 和 11Mbit/s 4 个等级。IEEE 802.11b 的动态速率调节技术允许用户在不同的环境下自动使用不同的连接速度，以补偿环境的不利影响。

IEEE 802.11b 标准在无线局域网协议中最大的贡献就在于它通过使用新的调制方法（即 CCK 技术）将数据速率增至 5.5Mbit/s 和 11Mbit/s。为此，DSSS 被选作该标准的唯一的物理层传输技术，这是由于 FHSS 在不违反 FCC 原则的基础上无法再提高速度了。所以，IEEE 802.11b 可以和 1Mbit/s 和 2Mbit/s 的 IEEE 802.11 DSSS 系统互操作，但是无法和 1Mbit/s 和 2Mbit/s 的 FHSS 系统一起工作。

（3）IEEE 802.11a 标准的物理层

IEEE 802.11a 标准是 IEEE 802.11 标准的第二次扩展。与 IEEE 802.11 和 IEEE 802.11b 标准不同的是，IEEE 802.11a 标准工作在最近分配的不需经许可的国家信息基础设施（Unlicensed National Information Infrastructure，UNII）5GHz 频段。比起 2.4GHz 频段，使用 UNII 5GHz 频段有明显的优点，除了提供大容量传输带宽之外，5GHz 频段的潜在干扰较少，因为许多技术，如蓝牙短距离无线技术、家用 RF 技术甚至微波炉，都工作在 2.4GHz 频段。

FCC 已经为无执照运行的 5GHz 频带内分配了 300MHz 的频带，分别为 5.15～5.25GHz、

5.25～5.35GHz 和 5.725～5.825GHz。这个频带被切分为 3 个工作"域",第一个 100MHz(5.15～5.25GHz)位于低端,限制最大输出功率为 50mW;第二个 100MHz(5.25～5.35GHz)允许输出功率 250mW;第三个 100MHz(5.725～5.825GHz)分配给室外应用,允许最大输出功率 1W。

工作于 5GHz 的无线局域网信道分配如图 6-19 所示。

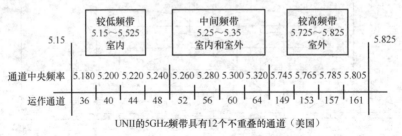

图 6-19　工作于 5GHz 的无线局域网信道分配

在 5GHz(5.15～5.35,5.725～5.825GHz)频段互不重叠的频道有 12 个,一般配置 13 或 19 个频道,每个频道的带宽为 20MHz。

IEEE 802.11a 标准使用 OFDM 技术。IEEE 802.11a 标准定义了 OFDM 物理层的应用,数据传输率为 6Mbit/s、9Mbit/s、12Mbit/s、18Mbit/s、24Mbit/s、36Mbit/s、48Mbit/s 和 54Mbit/s。6Mbit/s 和 9Mbit/s 使用 DBPSK 调制,12Mbit/s 和 18Mbit/s 使用 DQPSK 调制,24Mbit/s 和 36Mbit/s 使用 16QAM 调制,48Mbit/s 和 54Mbit/s 使用 64QAM 调制。

虽然 IEEE 802.11a 标准将无线局域网的传输速率扩展到了 54Mbit/s,可是 IEEE 802.11a 标准规定的运行频段为 5GHz 频段。由此带来了如下两个问题。

① 向下兼容问题。IEEE 802.1a 标准和先前的 IEEE 标准之间的差异使其很难提供向下兼容的产品。为此,IEEE 802.11a 设备必须在两种不同频段上支持 OFDM 和 DSSS,这将增加全功能芯片集成的费用。

② 覆盖区域问题。因为频率越高,衰减越大,如果输出功率相等,显然 5.4GHz 设备覆盖的范围要比 2.4GHz 设备少。

为了解决这两个问题,IEEE 建立了一个任务组,将 802.11b 标准的运行速率扩展到 22Mbit/s,新扩展的标准被称为 802.1lg 标准。

(4)IEEE 802.11g 标准的物理层

IEEE 802.11g 标准类似于基本的 IEEE 802.11 标准和 IEEE 802.11b 标准,因为它也是为在 2.4GHz 频段上运行而设计的。因为 IEEE 802.11g 标准可提供与使用 DSSS 的 11Mbit/s 网络兼容性,将会比 IEEE 802.11a 标准更普及。

IEEE 802.11g 标准既达到了用 2.4GHz 频段实现 IEEE 802.11a 水平的数据传送速度,也确保了与 IEEE 802.1lb 产品的兼容。IEEE 802.11g 其实是一种混合标准,它既能适应传统的 IEEE 802.1lb 标准,在 2.4GHz(2.4～2.4835GHz)频率下提供 11Mbit/s 的数据传输率,也符合 IEEE 802.1la 标准在 5GHz 频率下提供 54Mbit/s 的数据传输率。但 IEEE 802.11g 标准一般工作在 2.4GHz(2.4～2.4835GHz)频率。

除此之外,IEEE 802.11g 标准比 IEEE 802.11a 标准的覆盖范围大,所需要的接入点较少。一般来说,IEEE 802.1la 接入点覆盖半径为 90 英尺(27.432m),而 IEEE 802.11g 接入点将提供 200 英尺(60.96m)或更大的覆盖半径。根据圆的面积公式 πr^2,IEEE 802.11a 网络需要的接入点数大约是 IEEE 802.11g 网络的 4 倍。

（5）IEEE802.11n 标准的物理层

近年来，IEEE 成立了 802.11n 工作小组，制定了一项新的高速无线局域网标准 IEEE 802.11n，在 2006 年 1 月 15 日于美国夏威夷举办的工作会议上进行了投票，最终高票通过了传输方式草案，长期争论不休的 802.11n 基本传输方式基本得到确定。此后经过 7 年的奋战，IEEE 于 2009 年 9 月 14 日终于正式批准了最新的无线标准 IEEE 802.11n，并于 2009 年 10 月中旬正式公布 IEEE 802.11n 最终标准。

与以往的 IEEE 802.11 标准不同，IEEE 802.11n 协议为双频工作模式，包含 2.4GHz 和 5GHz 两个工作频段，保障了与以往的 IEEE 802.11a、b、g 标准的兼容。

IEEE 802.11n 采用了 MIMO（Multiple Input Multiple Output，多入多出）技术，相对于传统的 SISO（单入单出）技术，它通过在发送端和接收端设置多副天线，使得在不增加系统带宽的情况下成倍提高了通信容量和频谱利用率。

当 MIMO 技术与 OFDM 技术相结合时，由于 OFDM 技术将给定的宽带信道分解成了多个子信道，将高速数据信号转换成多个并行的低速子数据流，低速子数据流被各自信道彼此相互正交的子载波调制再进行传输，MIMO 技术就可以直接应用到这些子信道上。因此将 MIMO 和 OFDM 技术结合起来，既可以克服由频率选择性衰落造成的信号失真，提高系统可靠性，又能获得较高的系统传输速率。

由于 IEEE 802.11n 标准结合采用 MIMO 技术与 OFDM 技术，使得传输速率成倍提高，将无线局域网的传输速率从 IEEE 802.11a 和 IEEE 802.11g 的 54Mbit/s 增加至 108Mbit/s 以上，最高速率可达 300～600Mbit/s。

另外，先进的天线技术及传输技术使得无线局域网的传输距离大大增加，可以达到几公里，并且能够保障 100Mbit/s 的传输速率。IEEE 802.11n 标准全面改进了 IEEE 802.11 标准，不仅涉及物理层标准，同时也采用新的高性能无线传输技术提升了 MAC 层的性能，优化了数据帧结构，提高了网络的吞吐量性能。

IEEE 802.11n 标准还提出了软件无线电技术，该技术是指一个硬件平台通过编程可以实现不同功能，其中不同系统的 AP 和无线终端都可以由建立在相同硬件基础上的不同软件实现，从而实现了不同无线标准、不同工作频段、不同调制方式的系统兼容。

4．IEEE 802.11 系列主要标准的比较

几种主要的 IEEE 802.11 系列标准的比较如表 6-2 所示。

表 6-2　　　　　　　　　　　　几种主要的 **IEEE 802.11** 系列标准的比较

标准	IEEE 802.11	IEEE 802.11b	IEEE 802.11a	IEEE 802.11g	IEEE 802.11n
工作频段（GHz）	2.4～2.4835	2.4～2.4835	5.15～5.35，5.725～5.825	2.4～2.4835	2.4～2.4835 5.15～5.35，5.725～5.825
扩频技术	DSSS/FHSS	DSSS	DSSS	DSSS	DSSS

续表

标准	IEEE 802.11	IEEE 802.11b	IEEE 802.11a	IEEE 802.11g	IEEE 802.11n
调制方式	DBPSK、DQPSK、GFSK	基于 CCK 的 DQPSK，基于 PBCC 的 DBPSK 和 DQPSK	基于 OFDM 的 DBPSK、DQPSK、16QAM、64QAM	基于 CCK 的 DQPSK，基于 PBCC 和 OFDM 的 DBPSK、DQPSK、16QAM、64QAM	802.11g 的调制方式，MIMO 与 OFDM 技术结合
数据速率（Mbit/s）	1.2	1、2、5.5、11	6、9、12、18、24、36、48、54	1、2、5.5、6、9、11、12、18、22、24、36、48、54	最高速率可达 300～600
频道数量	13，3（互不重叠）	13，3（互不重叠）	13 或 19，12（互不重叠）	13，3 互不重叠	13 或 19，15 互不重叠
带宽/频道	20MHz	20MHz	20MHz	20MHz	20MHz/40MHz（自适应）

5．IEEE 802.11 系列其他一些协议标准

IEEE 802.11 标准工作组还制定了其他一些协议标准。

（1）IEEE 802.11d 标准

IEEE 802.11d 标准是 IEEE 802.11b 标准的不同频率版本，主要为不能使用 IEEE 802.11b 标准频段的国家而制定。

（2）IEEE 802.11e 标准

IEEE 802.11e 标准在无线局域网中引入服务质量 QoS 的功能，为重要的数据增加额外的纠错保障，能够支持多媒体数据的传输。

该标准采用时分多址技术取代现有的 MAC 子层管理，时分多址技术能够在满足定时和同步的条件下使得 AP 可以通过不同时隙区分来自不同终端的信号而不会混淆，而各终端只要在各自指定的时隙接收，就能把整个帧中发给它的信号接收下来。

（3）IEEE 802.11f 标准

制定 IEEE 802.11f 标准的目的是改善 IEEE 802.11 的切换机制。

（4）IEEE 802.11h 标准

IEEE 802.11h 标准主要用于 IEEE 802.11a 的频谱管理技术，引入了动态信道选择（DCS）和发射功率控制（TPC）两项关键技术。

DCS 是一种检测机制，当一台无线设备检测到其他设备使用了相同的无线信道时，它可以根据需要转换到其他信道，从而避免相互干扰。

由于 IEEE 802.11a 标准与卫星通信系统工作在一个频段上，为了减少它们之间的相互干扰，IEEE 802.11h 标准通过 TPC 技术来控制无线设备的发射功率。除此之外，TPC 还能对无线设备的功耗以及 AP 与无线终端之间的距离产生影响。

（5）IEEE 802.11i 标准

制定 IEEE 802.11i 标准的目的是增强网络安全性。IEEE802.11i 标准定义了 TKIP（临时密钥完整性协议）、CCMP（计数器模式/CBC-MAC 协议）和 WRAP（无线鲁棒认证协议）3

种数据加密机制，并使用 IEEE 802.1x 认证和密钥管理方式。

（6）无线局域网产品的认证标准——Wi-Fi

由于无线技术及标准的多样性，其采用的物理层和 MAC 层关键技术也不尽相同，使得不同厂家依据不同标准生产的无线网络设备彼此互不兼容，从而限制了无线接入网络的推广，阻碍了无线接入技术的发展。为此，厂商 Interl、Broadcom 等自发组成了一个非营利性组织——无线以太网兼容性联盟（Wireless Ethernet Compatibility Alliance，WECA），对 IEEE802.11b/a/g 无线产品的兼容性进行测试，中国厂商华硕、BenQ 等也属于该联盟。无线产品经 WECA 进行兼容性测试并通过后，都被准予打上"Wi-Fi CERTIFIED"标记。

Wi-Fi 的英文全称为 wireless fidelity，是无线保真的缩写。对于无线局域网产品，其含义是"无线相容性认证"，在产品的工作频率和传输速率相同的情况下，凡是具有 Wi-Fi 标记的产品都是兼容的。只有通过 WECA 的授权，厂家才可以使用该商标。Wi-Fi 作为一种商业认证标准，最早只针对于 IEEE 802.11b 标准的产品，但随着无线技术标准的多样化，Wi-Fi 逐渐涵盖了整个无线局域网领域。

Wi-Fi 与 WLAN 的区别是：WLAN（IEEE 802.11 系列标准）是指无线局域网的技术标准，而 Wi-Fi 是无线局域网产品的认证标准，尽管二者之间有根本差异，但都保持着同步更新的状态。

6.3.6 无线局域网的硬件设备

无线局域网的硬件设备包括接入点 AP、无线网卡、无线网桥和无线路由器。下面分别加以介绍。

1. 无线接入点

（1）无线接入点的功能

一个无线接入点实际上就是一个二端口网桥，这种网桥能把数据从有线网络中继转发到无线网络，也能从无线网络中继转发到有线网络。因此，一个接入点为在地理覆盖范围内的无线设备和有线局域网之间提供了双向中继能力，即无线接入点的作用是提供无线局域网中无线工作站对有线局域网的访问以及其覆盖范围内各无线工作站之间的互通，具体功能如下。

① 管理其覆盖范围内的移动终端，实现终端的联结、认证等处理。

② 实现有线局域网和无线局域网之间帧格式的转换。

③ 调制、解调功能。

④ 对信息进行加密和解密。

⑤ 对移动终端在各小区间的漫游实现切换管理，并具有操作和性能的透明性。

（2）无线接入点的特点

① 提供的连接：无线局域网接入点可以提供与 Internet 10Mbit/s 的连接、10Mbit/s 或 100Mbit/s 自适应的连接、10Base-T 集线器端口的连接或 10Mbit/s 与 100Mbit/s 双速的集线器或交换机端口的连接。

② 客户端支持：接入点实际可支持的客户端数与该接入点所服务的客户端的具体要求有关，如果客户端要求较高水平的有线局域网接入，那么一个接入点一般可容纳 10～20 个客户端站点；如果客户端要求低水平的有线局域网接入，则一个接入点有可能支持多达 50 个客户

端站点，并且还可能支持一些附加客户。另外，某个区域内由某个接入点服务的客户分布以及无线信号是否存在障碍，也控制了该接入点的客户端支持。

③ 传输距离：因为无线局域网的传输功率显著低于移动电话的传输功率，所以一个无线局域网站点的发送距离只是一个蜂窝电话可达传输距离的一小部分。实际的传输距离与所采用的传输方法、客户与接入点间的障碍有关，在一个典型的办公室或家庭环境中，大部分接入点的传输距离为 30~60m（室内）。

（3）无线接入点的应用

前面提到过，无线接入点也叫无线基站，它是实现无线局域网接入有线局域网的一个逻辑接入点。网络中所有站点对网络的访问和通信均由它控制，它可将无线局域网的数据帧转化为有线局域网的数据帧。

无线接入点的覆盖范围是一个圆形区域，基于 IEEE 802.11b/g 协议的无线接入点的覆盖范围为室内 100m、室外 300m；若考虑障碍物，如墙体材料、玻璃、木板等的影响，通常实际使用范围为室内 30m、室外 100m。

移动的计算机可通过一个或多个接入点接入有线局域网，图 6-20 所示为使用接入点将一些移动的计算机接入有线局域网的示例。

无线接入点是用电缆连接到集线器（或局域网交换机）一个端口上的，就像任何其他局域网设备一样，从集线器端口到无线局域网接入点之间最大的电缆距离是 100m（指的是采用 UTP 的情况下）。

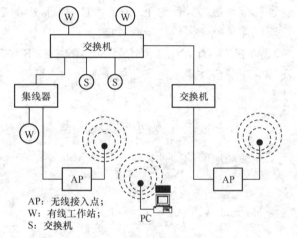

图 6-20　使用接入点将一些移动的计算机接入有线局域网

2. 无线网卡

无线网卡是一个安装在台式机和笔记本电脑上的收发器。通过使用无线网卡，台式机和笔记本电脑便可具有一个无线网络节点的性能。

（1）无线网卡的种类

无线网卡分为只支持某一种标准的无线网卡和同时支持多种无线通信标准的网卡（即多模无线网卡）。多模无线网卡包括能够同时支持 802.11b/a 的双模无线网卡、能够同时支持 802.11b/g/a 的三模无线网卡以及同时支持移动通信标准 CDMA 和无线局域网的双模无线网卡等。

无线网卡由硬件和软件两部分组成，可以完成无线网络通信的功能。

（2）无线网卡的硬件组成

无线网卡的硬件部分包括网络接口控制器（NIC）和无线收发信机组成，其中无线收发信机又包括基带处理器（BBP）、中频（IF）和射频（RF）处理单元和天线等。其典型结构如图 6-21 所示。

网络接口控制器 NIC 是基带处理单元与主机之间的接口单元，主要负责接入控制，它与相关软件配合实现无线局域网标准规范的 MAC 层功能，因此 NIC 也称为 MAC 芯片。其工作过程是：当发送数据时，NIC 将主机产生的数据按照一定的格式封装成帧，之后送往无线收发信机,并通过天线把数据帧发送到信道中去;当接收数据时,NIC 接收到从无线收发信机传送过来的数据,并根据接收到的帧中的目的地址判断该帧是否发往本主机,如果不是则丢弃该帧,如果是则对该帧进行进一步处理,首先进行 CRC 循环冗余校验,之后除去帧头,再把数据提交给主机。为实现上述操作,NIC 需要具有发送和接收缓存。

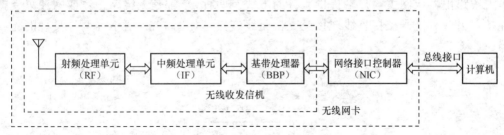

图 6-21　无线网卡的硬件组成

与网络接口控制器 NIC 相连的无线收发信机主要用来实现物理层功能,它由 RF、IF 和 BBP 三个单元组成,负责实现调制解调、扩频与解扩、加扰与解扰以及加密与解密等功能。其工作过程是:发送数据时,由 NIC 传送过来的帧先由基带处理器 BBP 进行处理(若是扩频通信机则实现扩频处理),之后中频 IF 单元将处理后的信号调制到中频,进行放大滤波处理后再由 RF 单元对中频信号上变频到射频,由天线发送出去;在接收数据时,通过天线将射频信号传送给 RF 单元,由 RF 单元将该信号进行下变频处理成中频信号,再由中频 IF 单元解调为基带信号,最后由基带处理器 BBP 将信号还原成帧(若是扩频通信机则实现解频处理)送往 NIC 单元。

无线网卡一般通过总线接口与终端设备交换数据,总线接口有不同种类,主要有 PCI、PCMCIA、USB、MiniPCI 等形式。其中,在台式机上安装的无线网卡主要采用 PCI 总线形式;PCMCIA 形式的无线网卡则主要应用于笔记本电脑,它是无线网卡的主要接口形式,但与台式机不兼容;USB 网卡则与台式机和笔记本电脑都兼容,增加了灵活性,只是价格较高;MiniPCI 形式的无线网卡则被安装到笔记本电脑内部的 MiniPCI 插槽上,非常轻便,但是接收信号的能力较弱。不同形式的无线网卡可以通过各种转换器转换成其他形式的无线网卡。

3. 无线网桥

无线网桥是一种在两个传统有线局域网间通过无线传输实现互连的设备。大多数有线网桥仅仅支持一个有限的传输距离。因此,如果某个单位需要互连两个地域上分离的 LAN 网段,可使用无线网桥。

如图 6-22 所示为使用无线网桥互连两个有线局域网的示意图。一个无线网桥有两个端口,一个端口通过电缆连接到一个有线局域网,另一个端口可以认为是其天线,提供一个 RF 频率通信的能力。

无线网桥的工作原理与有线网中的网桥相似,其主要功能也是扩散、过滤和转发等。

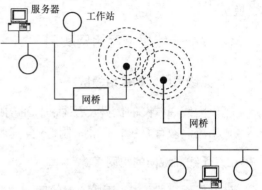

图 6-22　使用无线网桥互连两个有线局域网

4．无线路由器

许多台移动计算机可通过一个无线路由器或网关，再利用有线连接，如 DSL 或 Cable Modem 等接入 Internet 或其他网络。

无线路由器或网关客户端提供服务的方式有两种，一种是无线路由器或网关只支持无线连接，另一种是既支持有线连接又支持无线连接。如图 6-23 所示为两种类型的无线路由器。

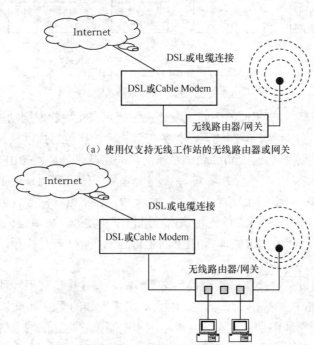

（a）使用仅支持无线工作站的无线路由器或网关

（b）使用支持无线、有线工作站的无线路由器或网关

图 6-23　两种类型的无线路由器设备

图 6-23（a）所示是只支持无线连接的路由器。一个仅支持无线通信的无线路由器一般包括一个 USB 或 RS-232 配置端口。图 6-23（b）则给出了一个支持有线和无线连接的路由器，这种路由器或网关一般都包括一个嵌入设备内部的有线集线器或微型 LAN 交换机。

6.3.7　无线局域网组网实例

1．无线局域网的应用领域

基于无线局域网的优势及技术和标准的成熟性，目前无线局域网已应用在许多领域，如小区、酒店、教育系统、企业、制造业、仓储业、百货超市、公安系统及地铁等。

2．无线局域网的组网模式

（1）组网模式 1——无中心对等网

无中心对等网就是自组网拓扑，由若干个不需要访问有线网络中的资源而只需要实现互相通信的无线客户端设备组成，它覆盖的服务区称为独立基本服务集（IBSS），如图 6-24 所示。

（2）组网模式 2——单接入点结构网

单接入点结构网就是基础结构拓扑（有中心拓扑）网络，由一个无线基站（无线接入点 AP）和若干个无线客户端组成，覆盖的区域为基本服务集，如图 6-25 所示。

（3）组网模式 3——多接入点结构网

多接入点结构网也是基础结构拓扑（有中心拓扑）网络，通过分布式系统连接两个或多个基本服务集，覆盖的区域为扩展服务集，如图 6-26 所示。

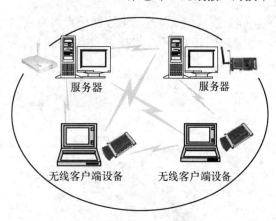

图 6-24　无中心对等网

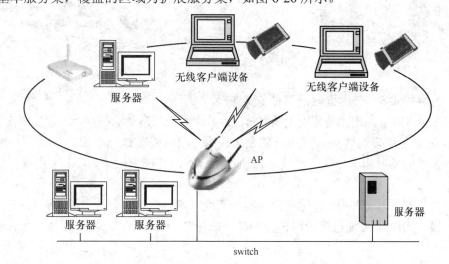

图 6-25　单接入点结构网

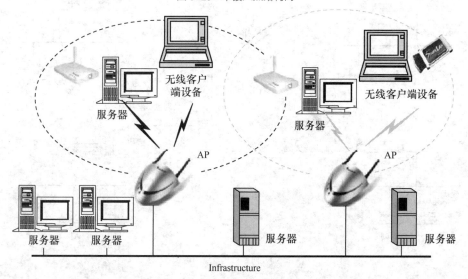

图 6-26　多接入点结构网

（4）组网模式 4——远程网桥点对点连接

远程网桥点对点连接是使用无线网桥互连两个距离较远的有线局域网，如图 6-27 所示。

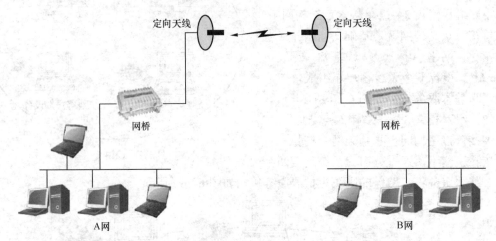

图 6-27 远程网桥点对点连接

（5）组网模式 5——远程网桥点对多点连接

远程网桥点对多点连接是使用无线网桥互连几个距离较远的有线局域网，如图 6-28 所示。

图 6-28（a）中，局域网 A 采用一副全向天线，而局域网 B、C、D 分别采用一副定向天线，这些天线的发射频率一样，局域网 A 通过远程网桥与局域网 B、C、D 实现同频点对多点连接。

图 6-28（b）中，局域网 A 采用两副定向天线（发射频率不同），局域网 B、C 各采用一副定向天线，局域网 A 通过远程网桥分别与局域网 B、C 连接实现异频点对多点的连接。

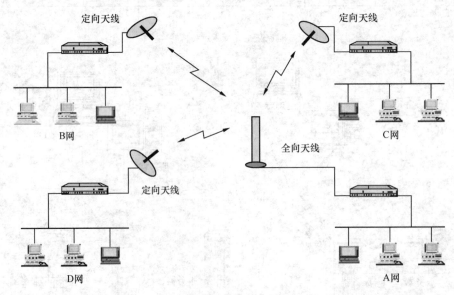

（a）同频点对多点的连接

图 6-28 远程网桥点对多点连接

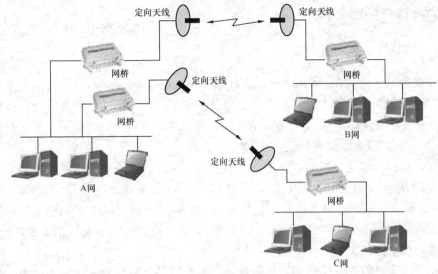

（b）异频点对多点的连接

图 6-28 远程网桥点对多点连接（续）

（6）组网模式 6——中继方式

中继方式是利用两个无线网桥作为中继站，使得几个距离较远的有线局域网可以相互通信，如图 6-29 所示。

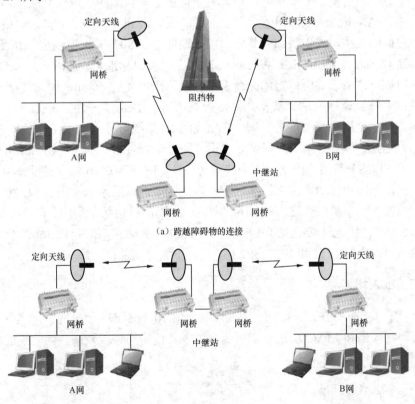

（a）跨越障碍物的连接

（b）长距离的连接

图 6-29 中继方式

6.4 微波存取全球互通系统

6.4.1 WiMAX 的概念

微波存取全球互通（World Interoperability for Microwave Aceess，WiMAX）是一种可用于城域网的宽带无线接入技术，是针对无线电波和毫米波段提出的一种新的空中接口标准。WiMAX 的频段范围为 2～11GHz。WiMAX 的主要作用是提供无线"最后一公里"接入，覆盖范围可达 50km，最大数据速率达 75Mbit/s。

WiMAX 将提供固定、移动、便携形式的无线宽带连接，并最终能够在不需要直接视距基站的情况下提供移动无线宽带连接。在典型的 4.83～16.1km 的半径单元部署中，获得 WiMAX 论坛认证的系统可以为固定和便携接入应用提供高达每信道 40Mbit/s 的容量，能够满足同时支持数百使用 T1 连接速度的商业用户或数千使用 DSL 连接速度的家庭用户的需求，并提供足够的带宽。

WiMAX 技术目前处于试验和迅速发展阶段，是最具代表性的宽带接入技术，其以宽带宽、容量大、业务多、组网快以及投资少而受到运营商和用户的青睐。

6.4.2 WiMAX 的标准

1999 年，IEEE－SA 成立了 802.16 工作组，专门开发宽带固定无线技术标准，目标就是要建立一个全球统一的宽带无线接入标准。为了促进这一目的的达成，几家世界知名企业还发起成立了 WiMAX 论坛，力争在全球范围内推广这一标准。WiMAX 论坛的成立很快得到了厂商和运营商的关注，并积极加入其中，很好地促进了 802.16 标准的推广和发展。

IEEE 802.16 标准又称为 IEEE Wireless MAN 空中接口标准，是工作于 2～66GHz 无线频带的空中接口规范。由于它所规定的无线系统覆盖范围可高达 50km，因此 802.16 系统主要应用于城域网，符合该标准的无线接入系统被视为可与 DSL 竞争的"最后一公里"宽带接入解决方案。根据使用频带高低的不同，IEEE 802.16 系统可分为应用于视距和非视距两种，其中使用 2～11GHz 频带的系统应用于非视距（NLOS）范围，而使用 10～66GHz 频带的系统应用于视距（LOS）范围。根据是否支持移动特性，IEEE 802.16 标准又可分为固定宽带无线接入空中接口标准和移动宽带无线接入空中接口标准，标准系列中的 IEEE 802.16/16a/16d 属于固定无线接入空中接口标准，802.16e 属于移动宽带无线接入空中标准。

IEEE 802.16 系列标准主要包括 IEEE 802.16、IEEE 802.16a、IEEE 802.16c、IEEE 802.16d、IEEE 802.16e、IEEE 802.16f 和 IEEE 802.16g 等。下面分别加以介绍。

1. IEEE 802.16 标准

2001 年 12 月颁布的 IEEE 802.16 标准，对使用 10～66GHz 频段的固定宽带无线接入系统的空中接口物理层和 MAC 层进行了规范，由于其使用的频段较高，因此仅能应用于视距范围内。

2. IEEE 802.16a 标准

2003 年 1 月颁布的 IEEE 802.16a 标准对 IEEE 802.16 标准进行了扩展，对使用 2～11GHz

许可和免许可频段的固定宽带无线接入系统的空中接口物理层和 MAC 层进行了规范。该频段具有非视距传输的特点,覆盖范围最远可达 50km,通常小区半径为 6~10km。另外,IEEE 802.16a 的 MAC 层提供了 QoS 保证机制,可支持语音和视频等实时性业务。这些特点使得 IEEE 802.16a 标准与 IEEE 802.16 标准相比更具有市场应用价值,真正成为适合应用于城域网的无线接入标准。

3. IEEE 802.16c 标准

2002 年正式发布的 IEEE 802.16c 标准是对 IEEE 802.16 标准的增补文件,是使用 10~66 GHz 频段 IEEE 802.16 系统的兼容性标准,它详细规定了 10~66 GHz 频段 IEEE 802.16 系统在实现上的一系列特性和功能。

4. IEEE 802.16d 标准

IEEE 802.16d 标准是 IEEE 802.16 系列标准的一个修订版本,是相对比较成熟并且最具有实用性的一个标准版本,在 2004 年下半年正式发布。IEEE 802.16d 对 2~66 GHz 频段的空中接口物理层和 MAC 层进行了详细规定,定义了支持多种业务类型的固定宽带无线接入系统的 MAC 层和相对应的多个物理层。

该标准对前几个 IEEE 802.16 标准进行了整合和修订,但仍属于固定宽带无线接入规范。它保持了 IEEE 802.16/16a 标准中的所有模式和主要特性,同时未增加新的模式,增加或修改的内容用来提高系统性能和简化部署,或者用来更正错误、不明确或不完整的描述,其中包括对部分系统信息的增补和修订。同时,为了能够后向平滑过渡到支持用户站以车辆速度移动的 IEEE 802.16e 标准,IEEE 802.16d 增加了部分功能以支持用户的移动性。

5. IEEE 802.16e 标准

IEEE 802.16e 标准是 IEEE 802.16 标准的增强版本,该标准后向兼容 IEEE 802.16d,规定了可同时支持固定和移动宽带无线接入的系统,工作在 2~66GHz 适宜于移动性的许可频段,可支持用户站以车辆速度移动,同时 IEEE 802.16a 规定的固定无线接入用户能力并不因此受到影响。该标准也规定了支持基站或扇区间高层切换的功能。

该标准具有以下基本特征。

(1)高速移动

IEEE 802.16e 可以同时支持固定和移动无线接入,其移动速率目标为车速移动(通常认为可以达到 120km/h)。

(2)宽带接入

在不同的载波带宽和调制方式下可以获得不同的接入速率。以 10MHz 载波带宽为例,若采用 OFDM+64QAM 调制方式,除去开销,则单载波带宽可以提供约 30 Mbit/s 的有效接入速率,由蜂窝或扇区内的所有用户共享。IEEE 802.16 标准并未规定载波带宽,适用的载波带宽范围为 1.75~20MHz,其最大带宽是在特定条件下才能实现的。

(3)城域覆盖范围

IEEE 802.16e 标准面向更大范围的无线点到多点城域网系统,其覆盖范围在几公里量级,可提供核心公共网接入。

（4）主要提供数据业务

IEEE 802.16e 系统将接入基于 IP 协议的核心网，主要面向个人用户提供数据接入业务，也可以提供 VoIP 业务。

6. IEEE 802.16f 标准

IEEE 802.16f 标准定义了 IEEE 802.16 系统 MAC 层和物理层的管理信息库（MIB）以及相关的管理流程。

7. IEEE 802.16g 标准

IEEE 802.16g 标准制定的目的是为了规定标准的 IEEE 802.16 系统管理流程和接口，从而实现 IEEE 802.16 设备的互操作性和对网络资源、移动性和频谱的有效管理。

8. IEEE 802.16 其他标准

- IEEE 802.16h：利用认知无线电技术改进（诸如策略和媒体接入控制等）机制。
- IEEE 802.16i：定义移动宽带无线接入系统空中接口管理信息库（MIB）标准。
- IEEE 802.16j：移动宽带无线接入系统多跳中继技术标准。
- IEEE 802.16k：媒体接入控制桥接规范。
- IEEE 802.16m：先进空中接口标准。

6.4.3　WiMAX 的关键技术

WiMAX 中采用了一些关键技术，用以提高频谱利用率和信号传输质量，下面简单加以介绍。

1. OFDM/OFDMA 技术

WiMAX 的基本接入模式为 256 点的正交频分复用 OFDM 技术，可以减小早期无线电波接入技术中存在的多径和视距传输问题。

OFDMA 是一种基于 OFDM 技术的多址接入方式，它利用 OFDM 中子载波形成的子信道来划分不同用户的接入地址，从而实现在多个用户上、下行信道分别进行数据流的传输。

2. MIMO 技术

MIMO 技术能显著提高系统的容量和频谱利用率，可以大大提高系统的性能。MIMO 技术主要有两种表现形式，即空间复用和空时编码，这两种形式在 WiMAX 中都得到了应用。WiMAX 标准还给出了同时使用空间复用和空时编码的形式。

3. 自适应编码调制

自适应编码调制（AMC）就是通过改变调制和编码的格式，并使它在系统限制范围内和当前的信道条件相适应，以适应每一个用户的信道质量，提供高速率传输和高的频谱利用率。

WiMAX 标准中加入了自适应调制方案，从而可以根据基站的距离、信道噪声、多径时延等信道状况自动调整调制方法。可选的调制方法有 BPSK、QPSK（主要面向较长距离）、16QAM、64QAM（主要面向较短距离）。

4. 快速混合自动重传

快速混合自动重传（HARQ）是一种在物理层上实现 ARQ 和 FEC 混合的传输机制。传统的 ARQ 机制具有可靠性高、复杂度低的特点，但这种机制下，信道利用率低，延时大；FEC 的有效性较高，但可靠性低于 ARQ，而且复杂度较高。两者结合，能够做到优势互补，这便出现了混合型 ARQ，也被称为 HARQ 技术。HARQ 可在 FEC 前向纠错的基础上启用重传机制。可见，FEC 可纠正大多数误码，仅对于经过 FEC 后仍存在的少数误码的分组，再采用 ARQ 重传机制来解决 FEC 解码失败的问题，以此提高系统性能。WiMAX 802.16 标准支持 HARQ。

5. QoS 机制

在 WiMAX 标准中，MAC 层定义了较为完整的 QoS 机制。MAC 层针对每个连接可以分别设置不同的 QoS 参数，包括速率、时延等指标。

6.4.4　WiMAX 的技术优势

1. 设备的良好互用性

由于 WiMAX 中心站与终端设备之间具有交互性，使运营商能从多个设备制造商处购买 WiMAX 相应设备，从而降低了网络运营维护费用，而且一次性投资成本较小。

2. 应用频段非常宽

WiMAX 系统可使用的频段包括 10～66GHz 频段、低于 11GHz 许可频段和低于 11GHz 的免许可频段，不同频段的物理特性不同。对于 802.16e 系统而言，为了支持移动性应工作在低频段。

3. 频谱利用率高

IEEE 802.16 标准中定义了 3 种物理层实现方式，即单载波、OFDM 和 OFDMA。其中 OFDM 和 OFDMA 是最典型的物理层传输方式，可使系统在相同的载波带宽下提供更高的传输速率。

4. 抗干扰能力强

由于 OFDM 技术具有很强的抗多径衰落、频率选择性衰落以及窄带干扰的能力，因此可实现高质量数据传输。

5. 可实现长距离下的高速接入

在 WiMAX 中可采用 Mesh 组网方式、MIMO 等技术来改善非视距覆盖问题，从而使 WiMAX 基站每扇区的最高吞吐量可达到 75Mbit/s，同时能为超过 60 个 T1 级别的商业用户和上百个 DSL

家庭用户提供接入服务。每个基站的覆盖半径最大可达 50km。典型的基站覆盖半径为 6~10km。

6. 系统容量可升级，新增扇区简易

WiMAX 灵活的信道带宽规划适应于多种频率分配情况，使容量达到最大化，新增扇区简易，允许运营商根据用户的发展随时扩容网络。

7. 提供有效的 QoS 控制

IEEE 802.16 的 MAC 层是依靠请求/授予协议来实现基于业务接入的，它支持不同服务水平的服务，例如专线用户可使用 T1/E1 来完成接入，而住宅用户则可采用尽力而为服务模式。该协议能支持数据、语音以及视频等对时延敏感的业务，并可以根据业务等级提供带宽的按需分配。

6.4.5　WiMAX 的网络结构

1. WiMAX 的网络组成

WiMAX 网络是由核心网络和接入端网络构成的，如图 6-30 所示。

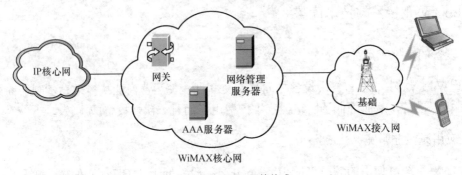

图 6-30　WiMAX 网络构成

（1）WiMAX 核心网络

WiMAX 核心网络主要设备包括路由器、认证、授权、计费（AAA）代理或服务器、用户数据库以及 Internet 网关等。该网络可以是新建的一个网络实体，也可以是以现有的通信网络为基础构建的网络。

WiMAX 核心网络具有如下功能。

① 可满足不同业务及应用的 QoS 需求，能充分利用端到端的网络资源。

② 具有可扩展性、伸缩性、灵活性等，能够满足电信级组网要求。

③ 支持终端用户固定式、游牧式、便携式、简单移动和全移动接入能力。

④ 具有移动性管理功能，如呼叫、位置管理、异构网络间的切换、安全性管理和全移动模式下的 QoS 保障。

⑤ 支持与现有的 3GPP、3GPP2、DSL 等系统的互连。

（2）WiMAX 接入端网络

WiMAX 接入端网络由基站（BS）、中继站（RS）、用户站（SS）、用户侧驻地网 CPN 设备或用户终端设备（TE）等组成，其示意图如图 6-31 所示。

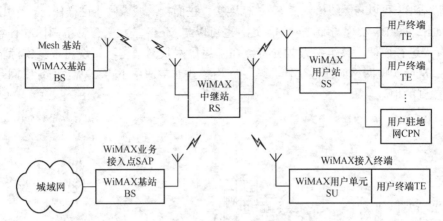

图 6-31　WiMAX 无线接入的网络组成示意图

① 基站 BS 采用无线方式通过 WiMAX 业务接入节点 SAP（也是一种基站）接入城域网，SAP 接入城域网既可以采用宽带有线接入，也可采用宽带无线接入。

② 中继站 RS 的作用是扩大 WiMAX 无线接入网的无线覆盖范围。

③ 用户站 SS 是用户侧无线接入设备，它提供与 BS 上联的无线接口，同时还提供与用户终端设备或用户驻地网 CPN 设备相连的接口，如以太网接口、E1 接口等。

④ 用户驻地网 CPN 设备可以采用用户路由器、交换机、集线器或者另一种无线接入节点以组成用户专用网络。

⑤ 用户终端设备（TE）可使用户直接接入 WiMAX 网络，必须配置符合 WiMAX 接口标准的用户单元（SU），用户单元一般是无线网卡或无线模块。

2．WiMAX 接入端组网方式

WiMAX 中可支持 3 种接入端组网方式，即点到点（P2P）、点到多点（PMP）和 Mesh 组网方式，如图 6-32 所示。

（1）点到点宽带无线接入方式

点到点宽带无线接入方式主要应用于基站 BS 之间点到点的无线传输和中继服务之中。这种工作方式既能使网络覆盖范围大大增加，同时又能够为运营商的 2G/3G 网络基站以及 WLAN 热点提供无线中继传输，为企业网的远程接入提供宽带服务。

（2）点到多点宽带无线接入方式

点到多点宽带无线接入方式可以实现基站 BS 与其他 BS、用户站 SS、WiMAX 用户终端设备之间的无线连接。用户站 SS 或 WiMAX 用户终端设备之间不能直接通信，需经过基站 BS 才能相互通信。

该方式主要应用于固定、游牧和便携工作模式下，因为此时若采用 xDSL 或者 HFC 等有线接入技术很难实现接入，而 WiMAX 无线接入技术很少会受到距离和社区用户密度的影响。特别是一些临时聚会地，例如会展中心和运动会赛场，使用 WiMAX 技术能够做到快速部署，从而保证高效、高质量的通信。

（3）Mesh 组网方式

Mesh 组网方式采用多个用户站 SS、一个基站 BS 以网状网的方式连接，以扩大无线覆盖。其中基站 BS 可以与无线接入点 SAP 相连接，进而接入城域网。这样任何一个用户站 SS 可通过 Mesh 基站 BS 实现与城域网的互连，也可以与 Mesh 基站所管辖范围内的任意其他用户站 SS 直接进行通信。该组网方式的特点在于运用网状网结构，系统可根据实际情况进行灵活部署，从而实现网络的弹性延伸。这种应用模式非常适用于市郊等远离骨干网且有线网络不易覆盖到的地区。

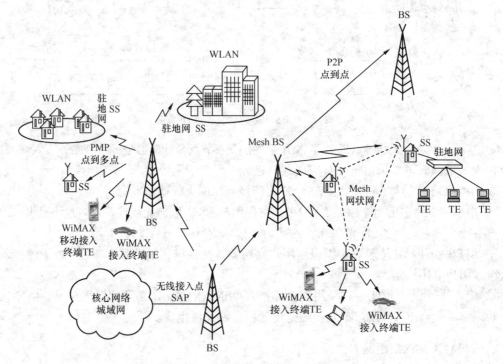

图 6-32　WiMAX 接入端组网方式示意图

6.4.6　WiMAX 的业务应用

WiMAX 标准适用于 5 种应用环境，即固定接入业务、游牧式业务、便携式业务、简单移动业务和全移动业务。

1．固定接入业务

固定接入业务是 WiMAX 网络中最基本的业务。

2．游牧式业务

在此应用环境下，终端可以从不同的接入点接入运营商网络，在进行会话连接时，用户终端只能以站点式接入网络，并且在两次不同网络的接入过程中不保留所传输的数据。

3．便携式业务

在便携式应用环境下，用户可处于步行移动状态，因此要求用户终端能够边移动边连接到网络；而当用户终端静止时应与固定模式业务相同。当终端进行切换时，会出现暂时中断用户业务的现象；当切换结束后，需对当前 IP 地址进行刷新或重建 IP 地址。

4．简单移动业务

在简单移动环境下，用户可在步行、驱车或乘公共汽车等情况下通过宽带无线接入网络来实现业务接入。简单移动接入业务和全移动接入业务均支持睡眠模式和空闲模式，可用于支持移动数据业务，包括移动 E-mail、流媒体、可视电话、移动游戏和 VoIP 等业务。

5．全移动业务

所谓全移动是指用户可以在移动速度为 120km/h 甚至更高的情况下接入宽带网络。当终端无数据需要进行传递时，用户终端模块将工作于低损耗模式；支持高速上网、语音、视频等多种应用，并可在多个扇区或基站之间实现无缝切换以及漫游功能。

小　　结

1．无线接入网是指从业务节点接口到用户终端全部或部分采用无线方式，即利用卫星、微波及超短波等传输手段向用户提供各种电信业务的接入系统。无线接入网分为固定无线接入网和移动无线接入网。

固定无线接入网主要包括直播卫星（DBS）系统、多路多点分配业务（MMDS）系统、本地多点分配业务（LMDS）系统和无线局域网（WLAN）；实现移动无线接入的方式有蜂窝移动通信系统、卫星移动通信系统；另外还有一种既可以提供固定无线接入又可以提供移动无线接入的宽带接入技术 WiMAX。

2．LMDS 是一种崭新的宽带无线接入技术，它利用高容量点对多点微波传输，工作频段为 24～39 GHz，可用带宽达 1.3 GHz。

LMDS 技术的优点具体体现在频率复用度高、系统容量大，可支持多种业务的接入，适用于高密度用户地区，扩容方便灵活。缺点有 LMDS 传输质量和距离受气候等条件的影响较大，在基站和用户之间不能存在障碍物，传输质量在无线覆盖区边缘不够稳定，缺乏移动灵活性，在我国 LMDS 的可用频谱还没有划定等。

3．LMDS 网络系统由骨干网络、基站、用户终端设备和网络运行中心（NOG）组成。

4．无线局域网是无线通信技术与计算机网络相结合的产物，一般来说，凡是采用无线传输媒介的计算机局域网都可称为无线局域网。无线局域网的优点有具有移动性、成本低、可靠性高等。

根据采用的传输媒介来分类，无线局域网主要有两种，即采用无线电波的无线局域网和采用红外线的无线局域网。

按照调制方式不同，采用无线电波为传输媒介的无线局域网又可分为窄带调制方式与扩展频谱方式。

5．无线局域网的拓扑结构有自组网拓扑网络和基础结构拓扑（有中心拓扑）网络两种。自组网拓扑（或者叫做无中心拓扑）网络由无线客户端设备组成，它覆盖的服务区称为独立基本服务集（IBSS）；基础结构拓扑（有中心拓扑）网络由无线基站和无线客户端组成，覆盖的区域分基本服务集（BSS）和扩展服务集（ESS）。

6．无线局域网的工作频段有两段，一个是 2.4GHz 频段，其频率范围为 2.4～2.5 GHz；另一个是 5GHz 频段，由 3 个带宽均为 100MHz 的频段组成，分别称为低、中、高频段。

7．无线局域网常采用的调制方式有差分二相相移键控（DBPSK）、四相相对调相（DQPSK）、正交幅度调制（16QAM 和 64QAM）以及高斯最小频移键控（GFSK）。

16QAM 或 64QAM 一般都要结合采用正交频分复用（OFDM）调制技术。

8．无线局域网采用的扩频技术有跳频技术及直接序列扩频两种方式。直接序列扩频技术一般简称为直扩技术，是指直接用伪随机序列对已调制或未调制信息的载频进行调制达到扩展信号频谱目的的扩频技术；跳频是发送信号时，载波在一个很宽的频带上从一个窄的频率跳变到另一个频率。

扩频技术的优点主要体现在具有低截获概率特性、抗干扰能力强、具有高时间分辨率、具有信息保密性以及具有码分多址能力。

9．IEEE 制定的第一个无线局域网标准是 802.11 标准，第 2 个标准为 IEEE 802.11 标准的扩展，称为 802.1lb 标准，第 3 个无线局域网标准也是 IEEE 802.11 标准的扩展，称为 802.11a，后来 IEEE 又制定了 802.11g 标准等，最新推出的是 802.11n。

10．无线局域网的硬件设备包括接入点（AP）、无线网卡、网桥和路由器等。

11．无线局域网的组网模式有无中心对等网、单接入点结构网、多接入点结构网、远程网桥点对点连接、远程网桥点对多点连接以及中继方式等。

12．微波存取全球互通是一种可用于城域网的宽带无线接入技术，它是针对无线电波和毫米波段提出的一种新的空中接口标准。WiMAX 的频段范围为 2～11GHz，主要作用是提供无线"最后 1 公里"接入，覆盖半径可达 50km，最大数据速率达 75Mbit/s。

13．IEEE 802.16 系列标准主要包括 IEEE 802.16、IEEE 802.16a、IEEE 802.16c、IEEE 802.16d、IEEE 802.16e、IEEE 802.16f 和 IEEE 802.16g 等。

WiMAX 采用的关键技术有 OFDM/OFDMA 技术、多输入多输出（MIMO）技术、自适应编码调制（AMC）、快速混合自动重传（HARQ）及 QoS 机制等。

14．WiMAX 技术优势为设备的良好互用性、应用频段非常宽、频谱利用率高、抗干扰能力强、可实现长距离下的高速接入、系统容量可升级、新增扇区简易以及提供了有效的 QoS 控制。

15．WiMAX 网络是由核心网络和接入端网络构成的。

WiMAX 核心网络的主要设备包括路由器、认证、授权、计费（AAA）代理或服务器、用户数据库和 Internet 网关等。

WiMAX 接入端网络由基站（BS）、中继站（RS）、用户站（SS）、用户侧驻地网 CPN 设备或用户终端设备（TE）等组成。WiMAX 中可支持 3 种接入端组网方式，即点到点（P2P）、点到多点（PMP）和 Mesh 组网方式。

16．WiMAX 标准适用于 5 种应用环境，即固定接入业务、游牧式业务、便携式业务、简单移动业务和全移动业务。

习　题

6-1　说明固定无线接入网和移动无线接入网分别包括哪几种。

6-2 LMDS 技术的优缺点有哪些？

6-3 LMDS 网络系统由哪几部分组成？

6-4 无线局域网的拓扑结构有哪几种？各自的特点是什么？

6-5 说明无线局域网使用的频段有哪些。

6-6 无线局域网常采用的调制方式有哪几种？

6-7 无线局域网的扩频技术几种？

6-8 无线局域网的标准有哪些？其工作频段及数据速率分别为多少？

6-9 正交频分复用（OFDM）的概念是什么？

6-10 WLAN 中无线接入点 AP 的作用是什么？

6-11 WiMAX 的概念是什么？其标准主要有哪几种？

6-12 WiMAX 的技术优势有哪些？

第 **7** 章 接入网接口及其协议

在第 1 章中通过对接入网定界的解释，我们已经了解了接入网由业务节点接口（SNI）、用户网络接口（UNI）和网络管理接口（Q3）来确定其范围，因此，接入网的接口也就相应地包括 SNI、UNI 和电信管理网接口。本章将进一步展开对这些接口的介绍，主要内容包括：

- 业务节点接口
- 用户网络接口
- 电信管理网接口
- V5 接口及其协议
- VB5 接口

7.1 业务节点接口

7.1.1 业务节点的定义与类型

业务节点是指能独立地提供某种业务的实体（设备和模块），是一种可以接入各种交换型或永久连接型电信业务的网元。可提供规定业务的业务节点有本地交换机、X.25 节点、租用线业务节点（例如 DDN 节点机）、特定配置下的点播电视和广播电视业务节点等。

业务节点类型主要有三种：

- 仅支持一种接入类型；
- 可支持多种接入类型，但所有接入类型的接入能力都是相同的；
- 可支持多种接入类型，且每种接入类型的承载能力可以不同。

按照特定的业务节点类型所要求的能力，根据所选择的接入类型、接入承载能力和业务要求可以规定合适的业务节点接口。

支持某一种业务的业务节点可以是单个本地交换机、单个租用线业务节点，或者是特定配置下提供图像和声音点播/广播业务的业务节点。这些节点都经特定的 SNI 与接入网相连，在 AN 的用户侧按照业务类型的不同有相对应的 UNI。

支持一种以上业务的节点也被称为模块式业务节点，那么综合了多种业务的业务节点则是经过单个 SNI 与 AN 相连，而用户侧则仍按照不同的业务类型由相应的 UNI 与之对应。

7.1.2　业务节点接口类型

在接入网的演变过程中，传统的交换机通过模拟的 Z 接口与用户设备相连，作为过渡性措施，还存在着模拟业务节点接口的应用，例如 DLC 系统的 SNI 就是模拟 Z 接口。这种接口对每个话路都要进行 A/D 和 D/A 转换，从而导致话路成本提高、可靠性行降低，而且系统的维护量大、业务升级困难。因此，模拟 SNI 不能成为发展的方向。

数字业务的发展要求从用户到业务节点之间是透明的纯数字连接。这就要求业务节点能提供纯数字用户接入能力，新开发的业务节点都要具备数字的业务节点接口，即 V5 接口。

从 SNI 的定义可以看出，SNI 可以覆盖多种不同类型的接入。传统的参考点只允许单个接入，例如：当 ISDN 用户从基本速率接入（BRA）时使用 V1 参考点，V1 只表示参考点，没有实际物理接口且只允许接入一个 UNI；当 ISDN 用户从一次群接入（PRA）时采用 V3 参考点，V3 也只允许接入单个 UNI；当用户以 B-ISDN 速率接入时使用 VB1 参考点，它也只允许接入单个 UNI。

ITU-T 开发并规范了两个新的综合接入 V 接口，即 V5.1 和 V5.2 接口，从而使长期以来封闭的交换机用户接口成为标准化的开放性接口，使得本地交换机可以与接入网经标准接口任意互联，而不再受限于某一厂商，也不局限于特定传输媒质和网络结构，具有极大的灵活性。表 7-1 总结了不同的接入类型和标准化的 SNI。

表 7-1　　　　　　　　　　　　　　标准化的 SNI 及相应接入类型

接 入 类 型	单独接入的 SNI			综合接入的 SNI	
	V1	V3	VB1	V5.1	V5.2
PSTN 和 N-ISDN 的 UNI： PSTN					√
ISDN BA				√	√
ISDN PRA（2Mbit/s）	√	√		√	√
B-ISDN 的 UNI： B-ISDN SDH（155.52Mbit/s）			√		
B-ISDN 信元（155.52Mbit/s）			√		
B-ISDN SDH（622.08Mbit/s）			√		
B-ISDN 信元（622.08Mbit/s）			√		
B-ISDN 低速率（622.08Mbit/s）			√		
数据业务： 用户适配构成 AN 部分 用户适配处于 AN 之外	√	√			√

7.2　用户网络接口

7.2.1　用户网络接口定义

用户网络接口是用户和网络之间的接口，在接入网中则是用户和接入网的接口。由于使用业务种类的不同，用户可能有各种各样的终端设备，因此会有各种各种的用户网络接口。在引入接入网之前，用户网络接口是由各业务节点提供的。引入接入网后，这些接口被转移给接入网，由它向用户提供这些接口。

用户网络接口包括模拟话机接口（Z 接口）、ISDN-BA 的 U 接口、ISDN-PRA 的基群接口、各种租用线接口等。

7.2.2　Z 接口

Z 接口是交换机和模拟用户线的接口。目前，模拟用户线和模拟话机占大多数，并且会长期存在。因此，任何一个接入网都需要安装 Z 接口，用以接入模拟用户线（包括模拟话机、模拟调制解调器等）。

Z 接口提供了模拟用户线的连接，并且承载如语音、话带数据及多频信号等。此外，Z 接口必须给话机提供直流馈电，并在不同应用场景中提供诸如直流信令、双音多频、脉冲、振铃、记次等功能。

在接入网中，要求远端机尽量做到无人维护，因此对接入网所提供的 Z 接口的可靠性有较高的要求。另外，对接入网提供的 Z 接口还应能进行远端测试。

7.2.3　U 接口

在 ISDN 基本接入的应用中，网路终端（NT）和交换机线路终端（LT）之间的传输线路被称为数字传输系统，即 U 接口。在接入网中，U 接口是指接入网和网络终端（NT_1）之间的接口，它是一种数字的 UNI，如图 7-1 所示。

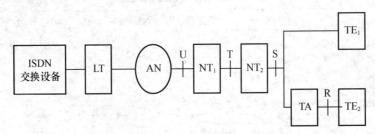

图 7-1　U 接口与 S/T 参考点的位置

U 接口是用来描述用户线上传输的双向数据信号，到目前为止，ITU-T 还没有为其建立统一的标准。我国倾向于使用欧洲标准。

1．U 接口的功能

为了实现 ISDN，用户线必须数字化，U 接口就是为此而设计的，其功能如下。

（1）发送和接收线路信号

发送和接收线路信号是 U 接口最重要的功能。U 接口通过一对双绞线与用户 ISDN 设备连接，并且采用数字传送方式。

数字传送方式是指 LT 和 NT 之间的二线全双工数字传输。在接入网中，它的线路终端将代替交换机的线路终端。数字传送方式规定了分离用户线上双向传输信号的方法、克服环路中的噪声（白噪声、回波、近端/远端串音）的方法以及减小桥接抽头上信号反射的方法。

U 接口没有统一的国际标准，所以全双工传输方式也没有统一标准。欧美主要采用自适应回波抵消（EC）方式，日本采用乒乓或称时间压缩调制（TCM）方式。另外，各国用户线特性和配置都有差异，其采用的线路码型也不同。

（2）其他功能

U 接口除了发送和接收线路码外，还提供如下功能：

- 远端供电；
- 环路测试；
- 线路的激活与去激活，为减小 AN 的供电负担，希望 NT 不工作时处于待机状态，需要工作时再被激活；
- 电话防护等。

2．U 接口的应用

U 接口用于接入 2B+D 的 ISDN 用户。由于 ISDN 基本接入可提供多种业务（数字电话、64kbit/s 高速数据通信等），可以连接 6～8 个终端，并允许多个用户终端同时工作，因此适用于家庭、小单位或办公室。

7.2.4　其他接口

除了 Z 接口和 U 接口外，常见的用户网络接口还有多种专线接口，如 64kbit/s 数据接口、话带数据接口 V.24 以及 V.35 等。

7.3　电信管理网接口

接入网作为电信网的组成部分，在其定义中就明确规定了将其纳入电信管理网（TMN）的管理范畴。TMN 与接入网的接口采用 Q3 接口。Q3 是一个标准接口，AN 通过 Q3 经转送装置 MD 与 TMN 相连，以便统一协调对不同网元的各种功能的管理，形成用户所需要的接入和承载能力。TMN 中的转送装置（MD）实际上是一个互连意义上的设施，它负责在网络单元与运行控制系统之间通过数据通信网转发网管信息。转送装置利用标准接口可为多个 NE 和/或 OS 所共享。转送装置的级联、多个转送装置之间的互连以及转送装置与网元之间的互连等，为 TMN 提供了极大的灵活性。

作为电信管理网（TMN）中的重要接口，Q3 接口是运行系统 OS 与其他 OS、OS 与网元 NE、OS 与 MD、OS 与 Q 适配器（QA）实体间的接口。由于 TMN 保证了在不同实体的管理进程中交互管理信息，所以 Q3 接口是 TMN 的核心，它提供了 OS 与其他实体间的通信。

Q3 接口包含两个部分：一是跨越本接口的管理信息模型，二是 Q3 的通信协议栈。

1．Q3 接口的管理信息模型

ITU-T Q.811 和 Q.812 建议中对 Q3 接口的告警监测、性能管理的信息模型给出了定义，在此，我们不做展开介绍。在建立 Q3 接口的信息模型时，基本原则是所定义的管理对象在 Q3 接口上的特性必须是完整的，也就是应该包括描述管理对象的属性、动作、通知、操作和行为等。另外，对描述的解释应该是没有歧义的、一致的、不应该在描述中附加实现时的限制条件以保证模型具有很好的重用能力。

2．Q3 接口的协议栈

本协议栈包括涉及 OSI 参考模型的 7 层，具体来说包括 Q.811 和 Q.812 规定的无连接模式网络层服务（Connectionless-mode Network Layer Service，CLNS1）、CLNS2 和 TCP/IP。

CLNS1 是使用以太网的无连接模式接口，主要用于局内的 Q3 接口；CLNS2 是在 X.25 分组交换网基础上的，使用互通协议的无连接模式接口，主要用于局外的远端 Q3 接口上。

通常 Q3 接口协议框架被划分为低层和高层协议框架两大类。低层是指 OSI 模型中的 1～4 层，高层则是从 5 层到 7 层。例如在 SDH 网管系统中，能够提供 4 种 Q3 接口的低层协议框架：CLNS1（使用 CSMA/CD 的 LAN 中的无连接模式接口）、CLNS2（在 X.25 上使用 ISO CLNP 的无连接模式接口）、ECC（使用 SDH DCC 通路的嵌入式控制通道）和 TCP/IP（通过 Internet 提供传送能力）。对于网络管理来说，通信协议栈在高层都是一样的，ITU-T 在 Q.812 建议中为 Q3 接口规范了三种业务类型的高层协议框架。这三种业务类型是：交互性业务、面向文件类业务和号码簿业务。这些对 Q3 接口来说都是必备的。

7.4 V5 接口及其协议

7.4.1 V5 接口的发展过程

1. V5 接口的产生

数字业务的发展要求从 TE 到 LE 之间应具有透明数字连接，这就要求交换机提供数字用户接入能力。为此开发的本地交换机用户侧数字接口，统称为 V 接口。这样，接入网对用户侧的接口为 Z 接口或 T 接口，对本地交换机侧的接口为 V 接口。ITU-T 在 1988 年提出的 Q.52 中已规范了 V1～V4 接口，V1（2B+D+CV1）、V3（30B+D 或 23B+D）和 V4[m×（2B+D）+CV]（CV 为 V 接口的通信通路）都专用于 ISDN，不支持非 ISDN 的接入。V2（G.703 标准）接口虽然可以连接本地或远端的数字通信业务，但在具体的使用中，其通路类型、通路分配方式和信令规范均很难达到标准化程度。这样就必然会影响多供应商环境下对 LE 和 AN 的开发，不能充分发挥数字技术的优势，限制了它的经济性。V 接口的几种类型如图 7-2 所示。

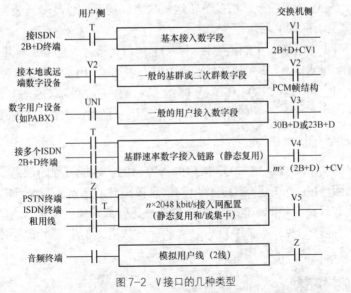

图 7-2 V 接口的几种类型

为使用接入网范围内多种传输媒介、多种接入配置和业务，希望有标准化的 V 接口能同时支持多种类型的用户接入。ITU-T 于 1994 年通过了 V5.1（G.964）和 V5.2（G.965）接口的建议。1996 年我国在 ITU-T 标准的基础上发布了我国的 V5.1 和 V5.2 技术规范，同时规定，从 1998 年开始，接入网和交换机中如果不具备 V5 接口，将不被建议使用。

2．V5 接口的作用

V5 接口的产生，起到了以下 4 个方面的作用：

（1）标准接口促进了接入网的发展；

（2）使接入网配置灵活、业务提供快捷便利；

（3）降低成本；

（4）增强网管能力，提高服务质量。

7.4.2　V5 接口的定义和重要概念

1．V5 接口的定义

V5 接口是一种标准化的、完全开放的接口，是专为接入网发展而提出的本地交换机（LE）和接入网（AN）之间的接口，目前主要用来支持窄带电信业务。根据接口容纳的链路数目（速率）和接口有无集线功能，V5 接口主要有两种形式，即 V5.1 接口与 V5.2 接口。

V5.1 接口由一条单独的 2.048Mbit/s 链路构成，交换机（LE）与接入网（AN）之间可以配置多个 V5.1 接口。V5.1 接口支持以下接入类型：PSTN 接入、64kbit/s 的综合业务数字网（ISDN）基本速率接入（Base Rate Access，BRA），以及用于半永久连接的、不加带外信令的其他模拟接入或数字接入。这些接入类型都由指配的承载通路来分配，用户端口与 V5.1 接口内的承载通路指配有固定的对应关系，即 V5.1 接口不含集线能力。V5.1 接口使用一个 64kbit/s 时隙传送公共控制信号，其他时隙传送语音信号。

V5.2 接口可以由 1～16 条并行 2.048Mbit/s 链路构成。它除了支持所有 V5.1 接口接入类型以外，还支持 ISDN 基群速率接入（Primary Rate Access，PRA）。这些接入类型都具有灵活的、基于呼叫的承载通路分配方式，即 V5.2 接口具有集线能力。V5.2 接口还支持多链路运用的链路控制协议和保护协议。原则上，V5.1 接口是 V5.2 接口的一个子集，可通过指配而升级为 V5.2 接口。

通过 V5 接口，用户接入网可以与各种交换机相连。V5 接口的存在使带内语音能透明地经过，由交换机而不是接入网负责业务的产生和控制。V5 接口并不局限于某种专门的接入技术或传输媒介，从光纤接入网到无线接入网都有广泛应用。另外，V5 接口对实现不同运营商所属的电信网之间的互联有很大作用，从 V5 接口角度看，接入网是一个黑盒子，它更为关注的是与接口有关的边界上的特性，对接入网的内部传输系统并不关心。

2．V5 接口的重要概念

（1）主链路和次链路

1 个 V5.2 接口由 1～16 个 2Mbit/s 链路组成，其中有 2 条链路分别指配为主链路和次链路。系统启动时，控制协议、承载通路控制 BCC 协议、保护协议、链路协议均在主链路的 TS16 上传送，保护协议在次链路上广播传送。PSTN 协议可以指配在主链路的 TS16 上传送，也可以指配在其他 C 通路上传送。

（2）物理 C 通路、逻辑 C 通路、C 路径（C-Path）

用于传送 V5 协议的 V5 链路的 64kbit/s 时隙称为物理 C 通路；每条 V5 链路的 TS16（首先被分配为通信通路）、TS15 和 TS31（在 TS16 后如果有需要，依次可分配这两个时隙为通信通路）可指配为逻辑 C 通路；V5 链路的每种协议数据链路（包括 ISDND 信令）均是一种 C 路径（C-Path）；一个逻辑 C 通路中可运载多个 C 路径。

（3）变量和接口 ID

一个 V5 接口可以有多条 2.048Mbit/s 链路组成，而每个 V5 接口用唯一的号码表示，即 V5 接口 ID（3 字节），指配变量是 AN 和 LE 之间互通的完整的指配数据集的唯一标识（取值范围是 0～127）。

7.4.3 V5 接口功能

如图 7-3 所示，该图描述了通过 V5 接口需要传递的信息以及所实现的功能，主要包括以下功能要求：

（1）承载通路信息：为来自 ISDNBA 用户端口分配的 B 通路提供双向的传输能力，或为来自 PSTN 用户端口的 PCM 64kbit/s 通路提供双向的传输能力。

（2）ISDND 通路信息：为来自 ISDNBA 和 ISDN PRA 用户端口（仅 V5.2 接口）的 D 通路信息提供双向的传输能力。

（3）PSTN 信令信息：为 PSTN 用户端口的信令信息提供双向的传输能力。

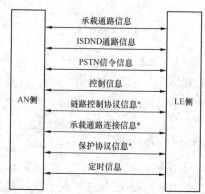

注：*仅用于 V5.2 接口。

图 7-3　V5 接口功能描述

（4）控制信息具体包括以下 4 类。

- 用户端口控制：提供每个 PSTN 和 ISDN 用户端口状态和控制信息的双向传输能力。
- 2048kbit/s 链路的控制：对此链路的帧定位、复帧定位、告警指示和对 CRC 信息的管理控制。
- 第二层链路的控制：为控制协议和 PSTN 信令信息提供双向传输能力。
- 用于支持公共功能的控制：提供 V5.2 接口系统启动规程、指配数据和重新启动能力的同步应用。

（5）定时信息：提供比特传输、字节识别和帧定位必要的定时信息。这种定时信息也可用于 LE 和 AN 之间的同步操作。

（6）承载通路连接 BCC 协议：用来在 LE 控制下分配承载通路，仅用于 V5.2 接口。

（7）链路控制协议：支持 V5.2 接口上 2048kbit/s 链路的管理功能，仅用于 V5.2 接口。

（8）保护协议：支持逻辑 C 通路在物理 C 通路之间的适当倒换。

其中，（6）（7）（8）三类功能及相应信息仅用于 V5.2 接口。

7.4.4 V5 接口协议

1. V5 接口的分层结构

V5 接口包含 OSI 七层协议的下三层：物理层（第一层）、数据链路层（第二层）和网络层（第三层）。

物理层：每个 2048kbit/s 接口链路的电气和物理特性应符合 G.703 标准，功能和规程要求应符合 G.704 和 G.706 标准，能够实现循环冗余校验 CRC 功能。

数据链路层：也称为 LAPV5，仅对通信通路（C 通路）而言。LAPV5 分为两个子层，封装功能子层（LAPV5-EF）和数据链路子层（LAPV5-DL）。LAPV5-EF 为 LAPV5-DL 信息和 ISDN 接入的 D 通路信息提供封装功能。LAPV5-DL 完成 Q.921 中规定的多帧操作规程、数据链路监视、传送 AN 和 LE 间的第三层协议实体的信息。数据链路层的主要功能是由 LAPV5-DL 子层完成，它最重要的作用是通过一些数据链路层协议在不太可靠的物理链路上实现可靠的数据传输。

网络层功能是协议处理的功能。V5 接口可以支持以下几种协议：PSTN 信令协议、控制协议、链路控制协议、BCC 协议和保护协议。后三种协议仅适用于 V5.2 接口。

所有第三层协议都是面向消息的协议，每个消息由协议鉴别语、第三层（L3 层）地址、消息类型等信息单元和视具体要求而定的其他信息单元组成。

协议鉴别语信息单元用来区分对应于 V5 接口第三层协议之一的消息与使用同一 V5 数据链路连接的、对应于其他协议的消息。L3 层地址信息单元用来在发送或接收信息的 V5 接口上识别 L3 实体。消息类型信息单元用来识别消息所属的协议和所发送或接收的消息的功能。

2. V5 接口的协议结构

如图 7-4 所示，最左侧显示了 V5 接口的三层结构，分别是物理层、数据链路层和网络层，与各层对应的协议根据所属实体的不同分别体现在图 7-4 的右侧，其中 V5 接口是 AN 与 LE 间的部分。图 7-4 既体现了 V5 接口分接口，同时也呈现出 V5 接口完整的协议栈，特别是数据链路层 LAPV5 和网络层（PSTN 协议、控制协议、BCC 协议、保护协议、链路控制协议）。需要特别说明的是：ISDN 的终端（TE）（包括 BA 和 PRA 的用户端口）的 D 通路信息应在第二层上复用，并在 V5 接口上进行帧中继；在 AN 和 LE，应支持将 Ds 信令与 p、f 型数据分开，并具有分别送到不同的 C 通路进行映射的能力。

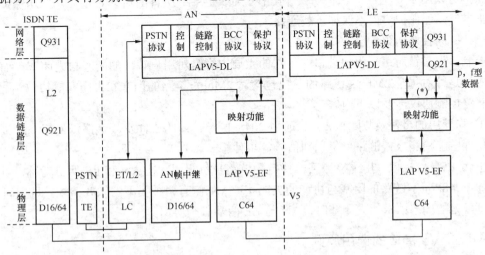

*不包含AN中终结在AN帧中继功能处的那些功能；
 链路控制、BCC协议、包含协议仅用于V5.2接口。

图 7-4 V5 接口的协议结构

用于 PSTN 用户端口的协议规范要基于以下原则：

- 模拟 PSTN 信令信息应使用 V5-PSTN 协议的第三层消息在 V5 接口上传送；
- 信令信息应在第三层复用，并由一个单一的第二层数据链路承载；
- 当 V5 接口处于工作状态时，只有 LE 知道 PSTN 业务；
- 双音多频 DTMF 发生器和接收器、信号音发生器、通知应发生器都应位于 LE 内。

3. 主要协议

V5.1 接口包括两个协议：PSTN 协议和控制协议。V5.2 接口涵盖 V5.1 接口的这两个协议，另外还有三个协议：BCC 协议、保护协议、链路控制协议。

（1）PSTN 协议

PSTN 协议不控制 AN 中的呼叫规程，而是在 V5 接口上传送有关模拟线路状态的信息。V5 接口中 PSTN 协议需要与 LE 中的国内协议实体一起使用。LE 负责呼叫控制、基本业务和补充业务的提供。AN 应有国内信令规程实体，并处理与模拟信令识别时间、时长、振铃电路等有关的接入参数。LE 中的国内协议实体，既可用于与 LE 直接相连的用户线，也可用于控制通过 V5 接口节的用户线上的呼叫。

（2）控制协议

控制协议分为端口控制协议和公共控制协议。端口控制协议用于控制 PSTN 和 ISDN 用户端口的阻塞/解除阻塞等。公共控制协议用于系统启动时的变量及接口 ID 的核实、重新指配、PSTN 重启动等。

（3）BCC 协议

BCC 协议主要是用来将一特定链路上的承载通路分配给用户端口，从而实现 V5.2 接口承载通路和用户端口的动态链接，并实现 V5 接口的集线功能。

BCC 协议支持以下处理过程：承载通路的分配与去分配、审计、故障通知。

（4）保护协议

保护协议用于 C 通路的保护切换。其中 C 通路包括：所有的活动 C 通路、传送保护协议 C 通路本身，但保护协议不保护承载通路。

（5）链路控制协议

控制协议是针对每个用户端口的，它的主要内容是对用户端口的闭塞与去闭塞；而链路控制协议是针对每个 2Mbit/s 链路的，也包含对 2Mbit/s 链路的闭塞和去闭塞等协议消息。

链路控制协议涉及以下内容。

① 物理层的事件及故障报告：除通用 2048kbit/s 接口的事件及故障报告外，V5.2 接口还要求物理层能检测报告链路身份识别信号等事件。

② 链路身份标识：用于检测某一特定的链路身份标识，在 AN 和 LE 两侧对称。

③ 2048kbit/s 链路的闭塞与协调的去闭塞：AN 侧有两种类型的闭塞请求，即可延迟的和不可延迟的闭塞请求。去闭塞时，AN 与 LE 两端必须协调。

7.4.5　V5 接口的选用原则

V5 接口的选用原则主要取决于电信运营部门提供给用户的业务类型以及享用各业务的比例。从技术方面出发，在选用 V5 接口类型时应考虑以下几点原则。

- 数据租用线业务比较高的用户地区，由于数据租用业务不需要集线，可采用 V5.1 接口。
- 对于全模拟电话业务（POTS）的情况，不必采用 V5 接口，可以使用现有的远端模块。但当引入 ISDN 业务时，需增加复用器，将 POTS 与 ISDN 业务分开，或设置 ISDN 模块来提供 ISDN 业务，这些都将增大业务量，因此倾向于采用 V5.2 接口，发挥其集线功能；对于用户业务密度低的地区，则倾向于追加投资。因此，从长远的角度看，应使用 V5 接口。
- 用户业务密度比较高的地区，倾向于采用 V5.2 接口，发挥其集线功能；对于用户业务密度低的地区，则倾向于采用 V5.1 接口。
- 对于 HFC 接入设备和无线本地环路（WLL）倾向于采用 V5.2 接口。

7.5　VB5 接口

欧洲电信标准化协会（ETSI）在定义了 V5（V5.1 和 V5.2）接口标准的基础上，于 1995 年开始对宽带接口进行标准化研究，称为 VB5 接口（目前包括 VB5.1 和 VB5.2 接口）。ITU-T 于 1997 年提出了 VB5.1 的标准 G.967.1，1998 年提出了 VB5.2 的标准 G.967.2。

VB5 接口采用以 ATM 为基础的信元方式传递信息，实现业务接入。它支持 B-ISDN 接入，UNI 接口类型包括 2Mbit/s、25Mbit/s、51Mbit/s、155Mbit/s 和 622Mbit/s 等。VB5 也支持非 B-ISDN 接入，例如：不对称/多媒体业务的接入（如 VOD）、广播业务的接入、LAN 互联功能的接入、通过 VP 交叉连接可以支持的接入。此外还包括窄带的 V5.1 和 V5.2 接口接入，但需要通过适配功能变换。

VB5 接口的技术规范不规定各种技术要求在 AN 内的实施过程，即不限制任何技术要求方法。而且，VB5 接口也不要求接入网支持全部用户接入类型。

VB5 接口的关键特性是综合窄带接入类型，允许将窄带（PSTN 和 ISDN）接入与宽带接入综合到一个接入网。所以，VB5 接口为逐步从基于电路方式的窄带接入到基于 ATM 方式的宽带接入提供了过渡手段。

小　　结

1．业务节点接口从覆盖多种不同类型的接入角度，可分为单独接入的 SNI，其中包括 V1 接口、V3 接口和 VB1 接口。ITU-T 开发并规范了的 V5.1 和 V5.2 接口则属于综合接入的 SNI。

2．用户网络接口包括模拟话机接口（Z 接口）、ISDN-BA 的 U 接口、ISDN-PRA 的基群接口、各种租用线接口等。

3．接入网作为电信网的组成部分，在其定义中就明确规定了将其纳入电信管理网 TMN 的管理范畴。TMN 与接入网的接口采用标准的 Q3 接口。

4．V5 接口是一种标准化的、完全开放的接口，是专为接入网发展而提出的本地交换机（LE）和接入网（AN）之间的接口，目前主要用来支持窄带电信业务。根据接口容纳的链路数目（速率）和接口有无集线功能，V5 接口主要有两种形式，即 V5.1 与 V5.2。

V5.1 接口由一条单独的 2.048Mbit/s 链路构成，交换机（LE）与接入网（AN）之间可以配置多个 V5.1 接口。V5.1 接口支持以下接入类型：PSTN 接入、64kbit/s 的综合业务数字网（ISDN）

基本速率接入（Base Rate Access，BRA），以及用于半永久连接的、不加带外信令的其他的模拟接入或数字接入。这些接入类型都由指配的承载通路来分配，用户端口与 V5.1 接口内的承载通路指配有固定的对应关系，即 V5.1 接口不含集线能力。V5.1 接口使用一个 64kbit/s 时隙传送公共控制信号，其他时隙传送语音信号。

V5.2 接口可以由 1～16 条并行 2.048Mbit/s 链路构成。它除了支持所有 V5.1 接口接入类型以外，还支持 ISDN 基群速率接入（Primary Rate Access，PRA）。这些接入类型都具有灵活的、基于呼叫的承载通路分配方式，即 V5.2 接口具有集线能力。V5.2 接口还支持多链路运用的链路控制协议和保护协议。原则上，V5.1 是 V5.2 的一个子集，可通过指配而升级为 V5.2。

5．欧洲电信标准化协会（ETSI）在定义了 V5（V5.1 和 V5.2）接口标准的基础上，于 1995 年开始对宽带接口进行标准化研究，称为 VB5 接口（目前包括 VB5.1 和 VB5.2 接口）。ITU-T 于 1997 年提出了 VB5.1 的标准 G.967.1，1998 年提出了 VB5.2 的标准 G.967.2。

习　　题

7-1　简述接入网接口类型。

7-2　简述用户网络接口类型。

7-3　什么是 V5 接口？分析 V5.1 接口与 V5.2 接口的相同与不同。

7-4　简述主链路和次链路的定义。

7-5　什么是 C 通路和 C 路径？

7-6　简述 V5 接口的协议栈。

7-7　在 V5 接口协议中，V5.1 支持的协议与 V5.2 支持的协议有何相同与不同？

7-8　简述 VB5 接口支持的接入类型。

7-9　什么是 Q3 接口？

第 **8** 章　接入网网管技术

网管技术是网络管理技术的简称，接入网作为通信业务网，是电信网的一部分，接入网的网管被纳入到电信管理网 TMN 的范围内。电信管理网是 ITU-T 提出的针对各种电信业务网络进行综合系统管理的概念，因此接入网网管技术不仅与接入网相关，更多的概念和原则是遵循 TMN 的思想与设计。本章的主要内容如下。

- TMN 的基本概念
- 接入网网管的基本概念
- 接入网网管的基本功能

8.1　网络管理的概念

网络管理是对实际运行中的网络的状态和性能进行监视和测量，在必要时采取适当的技术手段对网络的业务流量流向进行控制。网络管理的目标是使全网达到尽可能高的呼叫接通率，使网络设备和设施在任何情况下都能发挥最大的运行效益。

CCITT 把网络管理功能总称为 OAM&P，即运营（Operation）、管理（Administration）、维护（Maintenance）和保障（Provisioning）。为适应电信技术的飞速发展，以及满足不断增加的电信新业务管理的需要，ITU-T 提出了建立对电信网进行统一的和一体化的电信管理网（Telecommunications Management Network，TMN）的建议。

8.1.1　TMN 的基本概念

1. TMN 的定义

根据 ITU-T 的 M.3010 建议所指，TMN 的基本概念是提供一个有组织的网络结构，以取得各种类型的运行系统之间、运行系统与电信设备之间的互连。TMN 是用来收集、传输、处理和存储有关电信网维护、运行和管理信息的一个综合管理系统，是未来电信主管部门管理电信网的支柱。TMN 把负荷管理、设备故障监控、业务管理以及性能管理等各个独立的相关系统综合到一块，将各种网络管理功能用一个公用的管理网来实现。

TMN 是一个具有体系结构的数据网，既有数据采集系统，又包括这些数据的处理系统，可以提供一系列的管理功能，并在各种类型的网络运行控制系统之间提供传输渠道和控制接口，还能使运行控制系统与电信网的各部分之间通过标准的接口协议实现通信。TMN 的目标是在电信网的管理方面支持主管部门，提供一大批电信网的管理功能，并提供它本身与电信网之间的通信。

TMN 是一个完整独立的管理网络，是各种不同应用的管理系统按照 TMN 的标准接口互连而成的网络。这个网络在有限的节点上与电信网接口，与电信网是管与被管、管理网与被管理网的关系。

2．TMN 的组成

根据 ITU-T 的定义，TMN 是采用标准协议和信息接口将各类运行系统和电信设备互连起来进行信息交换，实现其管理功能的网络。它由运行系统（OS）、工作站（WS）、数据通信网（DCN）以及代表通信设备的网络单元（NE）等组成，由此所定义的 TMN 组成如图 8-1 所示。

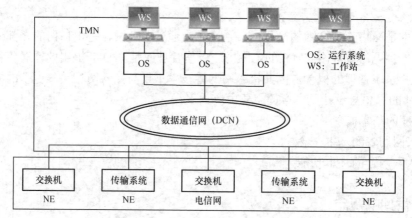

图 8-1 TMN 的组成及与电信网的总体关系

其中，运行系统和工作站构成了网络管理中心，对整个电信网进行管理；数据通信网可以是多种数字传输与交换网络，如 PSTN、PSPDN、DDN 及 SDH 等，它为 TMN 提供网管数据信息的传输通道；网络单元是指网络中的通信设备，如交换、传输、交叉连接及复用等设备，是被管理的对象。

当然，TMN 的构成还可以从其应用角度来描述：TMN 是将电信网上运行的专业网的网络管理系统互连起来构成的一个统一的综合网络管理系统，即把多种专业网和业务的管理都纳入到统一的 TMN 管理范畴，而这些网络的网管系统都可作为 TMN 的子网。按子网划分的TMN 的组成如图 8-2 所示。

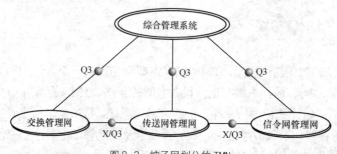

图 8-2 按子网划分的 TMN

TMN 的组成结构还与它所管理的业务网及其网管系统的结构有关，如一般业务网的网络分为骨干网、省内二级网和本地三级网，其网管系统也分为：全国网管中心、省级网管中心和本地网管中心三级。这三级网管中心以逐级汇接的方式连接为一树形的分级网管结构，如图8-3所示。

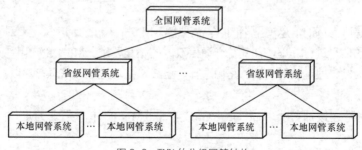

图 8-3　TMN 的分级网管结构

3．TMN 的功能体系结构

TMN 功能体系结构包括运行系统功能（Operations System Function，OSF）、网元功能（Network Element Function，NEF）、中介功能（Mediation Function，MF）、工作站功能（WorkStation Function，WSF）、适配器功能（Q Adaptor Function，QAF）和数据通信功能（Data Communication Function，DCF），如图8-4所示。功能块之间通过数据通信功能（DCF）进行信息传递。

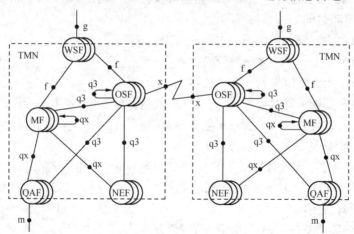

图 8-4　TMN 功能体系结构

（1）OSF

TMN 的管理功能由 OSF 完成。为了进行网络资源管理和通信业务管理，需要多种类型的 OSF。按照功能的抽象程度可以将 OSF 分为商务 OSF、业务 OSF、网络 OSF 和基层 OSF4 类。管理功能的实现，依赖于处理大量的管理信息，因此，OSF 的具体任务是处理管理信息。

（2）NEF

NEF 是为了使 NE 得到检测和控制与 TMN 进行通信的功能块。NEF 提供电信功能和管理电信网所需要的支持功能。

（3）WSF

WSF 为管理信息的用户提供解释 TMN 信息的手段，将管理信息由 F 接口形式转换为管理信息用户可理解的 G 接口形式。WSF 包括对人的接口的支持，但这种支持不属于 TMN 的内容。

WSF 终端用户提供数据输入输出的一般功能。例如对终端的安全访问和登录、识别和验证输入、格式化和验证输出以及支持菜单、屏幕、窗口、滚动、翻页等，而且提供访问 TMN 的功能。

（4）MF

当两个功能块所支持的信息模型不同时，需要用 MF 进行中介。MF 块主要对 OSF 和 NEF（或 QAF）之间传递的信息进行处理，使其符合通信双方的相互要求。MF 块的典型功能有协议变换、消息变换、信息变换、地址映射变换、路由选择、集线、信息过滤、信息存储以及信息选择等。

（5）QAF

QAF 的作用是连接那些类 NEF 和类 OSF 的非 TMN 实体，完成 TMN 参考点和非 TMN 参考点之间的转换。

在 TMN 中，利用参考点划分功能块之间的边界规范功能块之间的信息交换。因此，可以说参考点是功能块之间的信息交换点。TMN 定义了 q、f、x3 类参考点。

4．TMN 的信息体系结构

（1）面向对象的方法

为了有效地定义被管资源，TMN 运用了 OSI 系统管理中被管对象的概念，由被管对象表示资源在管理方面的特性的抽象视图。被管对象也可以表示资源或资源组合（如网络）之间的关系。

被管对象与资源之间的关系如下所述。

- 被管对象和实际资源之间不一定一一对应。
- 一个资源可以由一个或多个被管对象表示。
- 被管对象不止表示电信网资源，还可以表示 TMN 逻辑资源。
- 如果资源没有以被管对象表示，就不能通过管理接口对资源进行管理。
- 一个被管对象可以为其他被管对象表示的多个资源提供一个抽象视图。
- 被管对象能够被嵌入其他被管对象中。

M.3100 建议定义了一组被管对象，由一组被管对象构成了通用网络信息模型，如图 8-5 所示。这个模型涵盖了整个 TMN，并可在所有网络中通用。

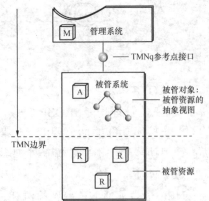

（2）管理者和代理者

因为电信网络环境是分散的，所以电信网络管理是一个分散的信息处理过程。监视和控制各种物理逻辑网络资源的管理进程之间需要交换管理信息。

对于一个特定的管理联系，管理进程将担当管理者角色或代理者角色。管理者和代理者之间一般存在以下意义的"多对多"关系。

- 一个管理者可以加入与多个代理者的信息交换中。在这种情况下，这个管理者将以多个管理者的角色同对应的代理者角色相互作用。

图 8-5 NE 被管资源的管理模型

- 一个代理者可以加入与多个管理者的信息交换中。在这种情况下，这个代理者将以多个代理者的角色同对应的管理者角色相互作用。
- 代理者可以由于多种原因（如安全、信息模型一致性等）拒绝管理者的指令。因而管理者必须准备处理来自代理者的否定应答。

- 管理者和代理者之间所有的管理信息交换都要利用公共管理信息服务（Common Management Information Service，CMIS）和公共管理信息协议（Common Management Information Protocol，CMIP）实现，如图 8-6 所示。

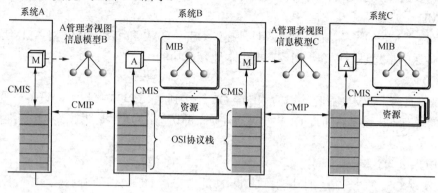

图 8-6 TMN 功能块间的互通示意图

（3）共享的管理知识

为了互通，通信系统之间一般要有一个公共的视图，否则至少需要懂得对方支持的协议、支持的管理对象、支持的被管对象类、可用的被管对象实例、授权的能力以及对象之间的包含关系。这些信息称为共享的管理知识（Shared Management Knowledge，SMK）。当两个功能块交换管理信息时，功能块必须明白交换的 SMK。为此，有时可能需要进行某种形式的协商，以使双方能够相互理解。

5. TMN 的物理体系结构

TMN 物理体系结构定义了网络管理所需要的信息传递与处理手段。如图 8-7 所示，TMN 物理体系结构中的元素有运行系统（OS）、数据通信网（DCN）、中介装置（MD）、工作站（WS）、网元（NE）和 Q 适配器（QA），在 TMN 的具体实现中，有时不需要包含 MD 和 QA，参考点表现为 Q、F、G、X 接口。

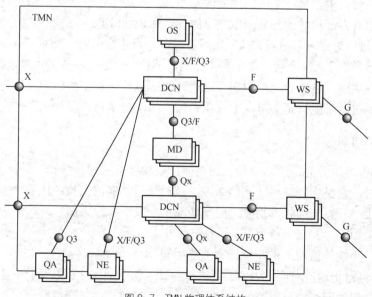

图 8-7 TMN 物理体系结构

（1）OS

OS 是完成 OSF 的系统，可以选择性地提供 MF、QAF 和 WSF。OS 物理上包括应用层支持程序、数据库管理系统、用户终端支持程序、分析程序、数据格式化和报表程序。

（2）MD

MD 是完成 MF 的设备，也可以选择性地提供 OSF、QAF 和 WSF。MF 对 NEF 或 QAF 与 OSF 之间传送的信息进行中介，对 NE 提供本地管理功能。

（3）QA

QA 是将具有非 TMN 兼容接口的 NE 或 OS 连接到 Qx 或 Q3 接口上的设备。没有 TMN 标准接口的现有 NE 设备将通过 QAF 实现对 TMN 的访问，QAF 提供非标准和标准接口之间的转换功能。

（4）DCN

DCN 实现 OSI 的 1～3 层的功能，是 TMN 的中支持 DCF 的通信网。

（5）NE

NE 由电信设备构成，随着技术的发展，越来越多的 OSF 及 MF 功能被集成到 NE 中，如交换机、DXC、复用装置、数字环路载波等 NE 都含有 OSF 及 MF 能。NE 主要的网络管理功能有协议转换、地址映射、消息变换、数据收集与存储、数据备份、自愈、自动测试、自动故障隔离、故障分析和操作数据传送等。

（6）WS

WS 是完成 WSF 的系统。WSF 将 F 参考点的信息转变为在 G 参考点可显示的格式。

TMN 的元素之间要相互传递管理信息，必须支持相同的通信接口。为了简化多厂商产品所带来的通信方面的问题，可以考虑采用互操作接口。互操作接口是传递管理信息的协议、过程、消息格式和语义的集合，具有交互性的互操作接口基于面向对象的通信视图，所有被传送的消息都涉及对象处理，互操作接口的消息提供一个通用的机制来管理在消息模型中定义的对象。

在这个体系结构中，接口之间的主要区别是接口在通信中必须支持的管理活动的范围。管理活动范围中双方都理解的部分叫做共享的管理知识（SMK）。

TMN 标准接口对参考点进行定义。当需要对参考点进行外在的物理连接时，标准接口便被应用在这些参考点上。每个接口都是参考点的具体化，但是某些参考点可能落入设备之中，因而不作为接口实现。参考点上可识别（可通过）信息的传递由接口的信息模型处理，但是实际需要传递的信息可能只是参考点上可识别信息的一个子集。

6. TMN 的功能

TMN 的功能可以分为一般功能和应用功能一般功能有传递、存储、安全、恢复、处理和用户终端支持等，它是实现应用功能的基础，是对应用功能的支持；应用功能是它为电信网及电信业务提供的一系列的管理功能。应用功能包括以下 5 个方面。

（1）性能管理

性能管理分为性能监测、性能分析和性能控制。

① 性能监测是指通过对网络中的设备进行测试，来获取关于网络运行状态的各种性能参数。对于不同类型的网络，可以监测各种不同的性能参数，如对交换网可监测接通率、吞吐

量、时间延迟等，对传输网可监测误码率、误码秒百分数、滑码率等。

② 性能分析是在对通信设备采集有关性能参数的基础上创建性能统计日志，对网络或某一具体设备的性能进行分析，若存在性能异常，则产生性能告警并分析原因，同时对当前和以前的性能进行比较以预测未来的趋势。

③ 性能控制是设置性能参数门限值，当实际的性能参数超出门限时，则进入异常情况，从而采取措施来加以控制。

（2）故障管理

故障管理可以分为故障检测、故障诊断定位和故障恢复。

① 故障检测指在对网络运行状态进行监视的过程中检测故障信息，或者接收从其他管理功能域发来的故障通报，检测到故障后发出故障告警信息，并通知故障诊断和故障修复部分来进行处理。

② 故障诊断和定位的功能是首先启用备份的设备来代替出故障的设备，然后再启动故障诊断系统对发生故障的部分进行测试和分析，以便能够确定故障的位置和故障的程度，启动故障恢复部分排除故障。在引入故障专家诊断系统之后，提高了故障诊断的准确性，更充分地发挥了网络管理的功能和作用。

③ 故障恢复是在确定故障的位置和性质以后启用预先定义的控制命令来排除故障，这种修复过程适用于对软件故障的处理。对于硬件故障，需要维修人员去更换故障管理系统指定设备中的硬件。

（3）配置管理

配置管理是网络管理的一项基本功能，它对网络中的通信设备和设施进行控制时，需要利用配置管理功能来实现。例如在性能管理中启动一些电路群来疏散过负荷部分的业务量，在故障管理中需要启用备用设备来代替已损坏的通信设备。

（4）计费管理

计费管理部分采集用户使用网络资源的信息，例如通话次数、通话时间及通话距离，然后一方面把这些信息存入用户账目日志，以便用户查询；另一方面把这些信息传送到资费管理模块，以使资费管理部分根据预先确定的用户费率计算出费用。计费管理系统还支持费率调整及根据服务管理规则调整某一功能等。

（5）安全管理

安全管理的功能是保护网络资源，使之处于安全运行状态。安全保护是多方面的，例如进网、应用软件访问、网络传输等安全保护。安全管理中一般要设置权限、口令、判断非法的条件等，对非法入侵进行防卫，以达到保护网络资源，保证网络安全正常运行的目的。

8.1.2 接入网网管的基本概念

1. 接入网网管的管理功能

接入网网管直接管理接入网中的网元，其功能是对单个网元进行管理，包括对单个网元的配置管理、故障管理、性能管理和安全管理。由于接入网不具有计费的功能，因此接入网网管也不具有账务管理功能。网元管理功能是接入网网管系统功能的基础，各项网络管理功能都可以分解为对单个网元的管理，由网元管理功能具体完成。

接入网网管的管理范围主要集中在如下 3 个方面。

① 一般的网络管理：包括配置管理和性能管理，如各种类型接口的管理和传送部分的管理。

② 设备的集中维护：是对接入网中使用的各种设备进行故障管理，保证设备的使用寿命，特别是对远端小容量设备的管理（包括电源和环境等）。

③ 对保证业务质量的支持：主要是通过和其他业务管理系统的互连，对保证业务质量提供支持。需要和接入网网管互连的业务网管系统有 112 集中受理系统、号线管理系统、营业处理前台系统以及采用接入网作为桥接方式的业务网的网管系统等。

2. 功能体系结构

如图 8-8 所示，接入网网管系统的功能体系结构是基于 TMN 的功能体系结构，共包括 3 种功能实体，即运行系统功能（OSF）、网元功能（NEF）和工作站功能（WSF）。其中，NEF 和 WSF 为标准配置，但针对 OSF 根据接入网特点进行了适合其特点的调整。OSF 具体包括端口及核心功能—运行系统功能实体（PCF-OSF）、传送功能—运行系统功能实体（TF-OSF）和调度管理功能—运行功能实体（CF-OSF）。

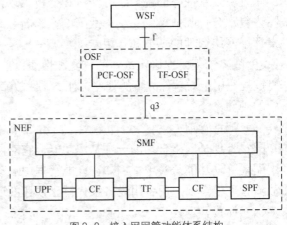

图 8-8　接入网网管功能体系结构

① PCF-OSF 是对接入网功能结构中的用户口功能 UPF、业务口功能 SPF 和核心功能 CF 进行管理的 OSF 实体，其基本功能是对 SNI、UNI 及其支持的业务进行管理，主要包括 SNI 的配置、UNI 的配置、UPF/SPF/CF 的故障和性能管理。

② TF-OSF 是对接入网功能结构中的 TF 进行管理的 OSF 实体，它主要完成对接入网功能结构中的 TF 进行配置、性能和故障方面的管理，根据 TF 采用的设备不同（如 SDH、PON、ATM、DLC、HFC、各种无线设备等），其功能有所不同。

③ CO-OSF 是对 PCF-OSF 和 TF-OSF 进行协调的 OSF 实体。由于 PCF-OSF 和 TF-OSF 是相对独立的两个管理功能实体，且与采用的接入技术有关，因此需要一个处于它们上层的 CO-OSF 从接入网全网角度对其进行调度和协调，特别是在处理和全网有关的故障和性能的时候。

3. 物理体系结构

接入网网管物理体系结构主要是 OS 的物理结构，由于 OSF 包括 PCF-OSF、TF-OSF、CO-OSF，所有 OS 可有多种物理组成方式。图 8-9 所示为综合 OS 物理结构的例子，几个 OSF 都集中在一个物理设备中。图 8-10 和图 8-11 是分离 OS 物理结构的图例，第一种分离结构中各功能分布在不同的 OS 中，第二种仅仅是 TF-OSF 在另外的 OS 中。

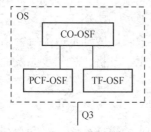

图 8-9　综合 OS 物理结构

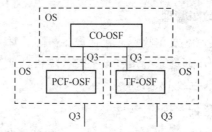

图 8-10　分离 OS 物理结构示例 1

4．网络管理协议

当前主流的网络管理协议是以计算机网络为基础的简单网络管理协议 SNMP 和以电信网为基础的公共管理信息协议 CMIP。接入网网管系统的网络管理协议采用 CMIP，其相关概念比较复杂，可以参考其他书籍进行了解和学习。

5．网管系统间的互连

接入网作为本地网的一部分，其网管也和本地网中其他部分的网络管理系统（或业务管理系统）有关，当 SIN 采用 V5、业务网为电话网时，其网管系统间的互连如图 8-12 所示。

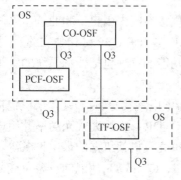

图 8-11　分离 OS 物理结构示例 2

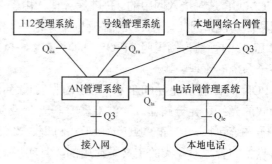

图 8-12　网管系统间的互连

本地网网管的综合化是网络管理的发展方向，因此，接入网网管应预留和本地网综合网管的接口，接口应采用 Q3。112 受理系统和号线管理系统都是用户管理和业务质量管理的支持系统，它和接入网网管关系非常密切，接口为 Q_{ca} 和 Q_{ra}。Q_{ta} 是本地电话网网管和接入网网络管理系统之间的接口，它可以有两种实现方法，一是采用 TMN 中的 X 接口；二是采用 CORBA 中的 IDL。Q_{le} 是本地电话网网管和本地电话网的接口。

8.2　接入网网管的管理功能

8.2.1　PCF-OSF 支持的管理功能

PCF-OSF 支持的管理功能主要是对 SNI 接口及其所支持的业务进行管理。PCF-OSF 的管理包括配置管理、故障管理、性能管理和安全管理 4 个管理功能域。

1．配置管理

配置管理包括 SNI 接口的配置、用户端口的配置、设备的配置和环境监控参数的配置。

2．故障管理

当接入网发生故障，包括设备故障、环境故障或通信故障，应当把故障告警信息上报给管理系统，管理系统接收设备的故障告警通知，并进行显示、分析，进一步激发故障定位和恢复测试、启动保护切换等。

3．性能管理

性能管理功能收集 SNI 接口的各种通路的流量数据，为网络性能和业务质量的分析提供原始数据，并根据一定的算法分析 SNI 接口的性能和质量。另外，接入网用户线的测试由接入网来执行，所以接入网的管理系统还应当提供线路测试功能。线路测试功能包括用户线内线测试、外线测试及用户终端测试等。

4．安全管理

安全管理功能是通过访问控制策略、规则等来保证管理应用程序和管理信息部被无权限地访问和破坏。

8.2.2 TF-OSF 支持的管理功能

TF-OSF 是对接入网中的 TF 进行管理，由于 TF 是提供接入网内用户口和业务口之间的透明传送功能，因此，对 TF 的管理与业务无关（即 TF-OSF 与 PCF-OSF 是相独立的）。下面以对 PON 的管理为例说明 TF-OSF 的功能。对 PON 传输功能的管理包括传输系统的管理和设备子系统的管理。

PON 的传输系统由 OLT 和 ONU 的收发设备电路和光/电电路及 ODN（具体来说包括各种形式的光纤、光分路器、光滤波器）和光时域反射仪（OTDR）或线夹式光功率计组成；设备子系统包括 OLT 和 ONU 的机架、机框、光分路器的机壳及机架机框的供电设备等。由于对设备的管理对象类的定义是通用的，且实现 UPF、SPF、CF 和 TF 功能的设备可能是同一个，因此，设备子系统的管理可以在 PCF-OSF 中实现，也可在 TF-OSF 中实现。

对传输系统的管理也分为 4 个管理功能域。

1．配置管理

配置管理功能包括 OLT 和 ONU 之间带宽分配的配置、ONU 的初始化、ONU 状态的维护、OLT 的交叉连接配置、环回测试的配置以及利用线夹式光功率计实现 ONU 识别；如果需要，在不同 PON 间倒换 OTDR。

2．故障管理

故障管理接收 NE 上报的故障告警信息，并对故障信息进行诊断测试，最终定位并恢复故障。在对 PON 传输系统的管理中，主要监视的故障信息有与 ONU 通信联络的丢失、传输系统 OLT 失效时的监视、过量误码的监视、传输段层的诊断测试、通过例行测试发现 ODN 的故障和 PON 性能的劣化。

3．性能管理

性能管理对系统的误码性能或延时等进行持续不断的监视，并进行自动例行测试，对数据进行分析、处理，给出性能指标。

4．安全管理

PON 传输系统的安全管理主要包括对未经授权的 ONU 试图接入系统的检测、OLT 和 ONU 之间传输的安全保证以及禁止一切未经授权的对信息的阅读、生成、修改或删除。

8.2.3　调度管理功能

调度管理功能（CO-OSF）是用来协调 PCF-OSF 和 TF-OS 的，但 PCF-OSF 和 TF-OSF 是两个独立的管理功能，且与具体的接入技术关系密切，所以 CO-OSF 应当处于 PCF-OSF 和 TF-OSF 的上层。其调度管理功能也独立于具体的接入技术，从被管理的全接入网的角度对接入网不同 NE 之间的组网结构或故障告警进行适当调度和协调。

当接入网设备发出故障告警信息（如误码性能水平降低），但又无法确定是哪一部分出现故障时，就需要 CO-OSF 来进行分析和进一步调度处理，确定是光传输系统的故障还是 CF、UPF 等部分的故障，或是用户终端的故障等，并最终定位故障。

CO-OSF 根据 PCF-OSF 和 TF-OSF 收集来的不同的性能数据进行统计、分析，得出接入网宏观的网络性能指标，并向上层网络管理系统提供统一的 Q3 接口。

调度管理功能完成了部分网络管理层的功能，但它并不是严格意义上的网络层管理功能，它与网络层管理功能的区别有以下几方面。

① 网络管理层 OSF 与网元管理层 OSF 之间传送的管理接口是标准的 Q3 接口，且定义有网络管理层的信息模型；而调度管理功能 OSF 与 PCF-OSF/TF-OSF 之间没有标准的 Q3 接口，也没有定义信息模型。

② 网络管理层 OSF 可以对不同接入网的管理系统进行协调和控制，而调度管理功能 CO-OSF 的作用范围较小，只是协调或调度本接入网内 PCF-OSF 和 TF-OSF 之间的功能。

③ 网络管理层 OSF 与调度管理功能 OSF 之间最大的区别在于网络管理层 OSF 可以配置端到端的连接，在不同的网元间建立链路，形成统一、完整的网络。而调度管理功能 CO-OSF 不能够进行端到端的链路配置，它只是一种协调或调度功能，不具备配置功能。

8.3　接入网网管的管理信息模型

管理信息模型是 Q3 接口的语义部分。管理信息模型基于 ISO 系统管理模型，采用面向对象的方法，使用抽象的方法使语义描述独立于设备。管理信息模型的基本元素是管理对象（MO），MO 是对通信网上各种资源的一个抽象描述，通信网上的各种资源可以是物理资源，如交换机、传输设备、机架、电路等；也可以是逻辑资源，如软件、号码、报警门限等。

接入网网管中的管理信息模型分为两大类，一类是通用的管理信息模型；另一类是接入网管理专用的管理信息模型，主要包括 SNI 类管理信息模型、UNI 类管理信息模型、传送类管理信息模型和设备及环境类管理信息模型。

1．SNI 类管理信息模型

SNI 类管理信息模型包括各种类型的 SNI 管理信息模型，例如 V5 管理信息模型、VB5

管理信息模型、DDN 接口管理信息模型及 IP 电话服务器接口管理信息模型等。

2．UNI 类管理信息模型

UNI 类管理信息模型包括各种类型的 UNI 的管理信息模型，如 PSTN 用户端口管理信息模型、ISDN 用户端口管理信息模型、各种专线用户端口管理信息模型以及 IP 网用户端口管理信息模型等。

3．传送类管理信息模型

传送类管理信息模型包括各种传输技术的管理信息模型，如 SDH 管理信息模型、PDH 管理信息模型、PON 管理信息模型及无线部分管理信息模型等。

4．设备及环境类管理信息模型

设备及环境类管理信息模型包括各种接入网专用设备的管理信息模型以及环境类（如电源、空调、温度和门禁等）管理信息模型。

小　　结

1．网络管理的功能是对实际运行中的网络的状态和性能进行监视和测量，在必要时采取适当的技术手段对网络的业务流量流向进行控制。网络管理的目标是使全网达到尽可能高的呼叫接通率，使网络设备和设施在任何情况下都能发挥最大的运行效益。

2．根据 ITU-T 的 M.3010 建议，TMN 是一个具有体系结构的数据网，既有数据采集系统，又包括这些数据的处理系统，可以提供一系列的管理功能，并在各种类型的网络运行控制系统之间提供传输渠道和控制接口，还能使运行控制系统与电信网的各部分之间通过标准的接口协议实现通信。

3．TMN 是采用标准协议和信息接口将各类操作系统和电信设备互连起来进行信息交换，实现其管理功能的网络。它由运行系统（OS）、工作站（WS）、数据通信网（DCN）以及代表通信设备的网络单元（NE）等组成。

4．TMN 功能体系结构包括运行系统功能（Operations System Function，OSF）、网元功能（Network Element Function，NEF）、中介功能（Mediation Function，MF）、工作站功能（WorkStation Function，WSF）、适配器功能（Q Adaptor Function，QAF）和数据通信功能（Data Communication Function，DCF）。功能块之间通过数据通信功能（DCF）进行信息传递。

5．TMN 物理体系结构中的元素有运行系统（OS）、数据通信网（DCN）、中介装置（MD）、工作站（WS）、网元（NE）和 Q 适配器（QA）。在 TMN 的具体实现中，有时不需要包含 MD 和 QA，参考点表现为 Q、F、G、X 接口。

6．接入网网管系统的功能体系结构是基于 TMN 的功能体系结构，共包括 3 种功能实体，即运行系统功能（OSF）、网元功能（NEF）和工作站功能（WSF），其中，NEF 和 WSF 为标准配置，OSF 具体包括 3 种功能实体，为端口及核心功能—运行系统功能实体（PCF-OSF）、传送功能—运行系统功能实体（TF-OSF）和调度管理功能—运行功能实体（CF-OSF）。

7. 接入网网管中的管理信息模型分为两大类，一类是通用的管理信息模型；另一类是接入网管理专用的管理信息模型，主要包括 SNI 类管理信息模型、UNI 类管理信息模型、传送类管理信息模型和设备及环境类管理信息模型。

习　　题

8-1　简述网络管理的定义和目标。

8-2　简述 TMN 的定义。

8-3　画图描述 TMN 的功能体系结构。

8-4　简述 TMN 的功能体系结构与物理体系结构的关系。

8-5　简述参考点和接口的定义与区别。

8-6　简述接入网网管系统的功能体系结构。

8-7　简述 PCF-OSF 的作用及其支持的功能。

8-8　简述 TF-OSF 的作用及其支持的功能。

8-9　简述 CF-OSF 的作用及其支持的功能。

第9章 宽带接入网规划与设计实例

本书前 8 章对各种宽带接入技术的基本原理做了详细介绍，进行宽带接入网的规划设计，是至关重要且具有实际意义的。本章分别将针对 ADSL、HFC、EPON、FTTx + LAN 4 种不同技术，以范例的形式对相应接入网的规划与设计进行介绍，主要内容如下。

- ADSL 接入网规划与设计
- HFC 接入网规划与设计
- EPON 接入网规划与设计
- FTTX + LAN 接入网规划与设计

9.1 ADSL 接入网规划与设计

9.1.1 宽带接入网中应用 ADSL 技术的可行性分析

虽然我国宽带人口普及率在 2009 年年底超过全球平均水平,2010 年第 4 季度达到 9.2%,但仍低于亚太地区的平均水平（10.3%），与发达国家和地区在宽带接入普及率上的差距仍然较大（北美和西欧地区的宽带接入普及率均接近 30%）。我国平均网速为 1.774Mbit/s，处于中等偏下的水平，全球住宅用户 DSL（单一业务）平均水平为 5.9Mbit/s。中国住宅用户 DSL 业务平均下行速率为 2.5Mbit/s。由此可以看出，在全球范围内，我国宽带接入的普及率还不高，接入速率也比较低，因此宽带接入存在着巨大的发展空间，作为 DSL 主流技术的 ADSL 技术是当前基于铜线接入为分散用户提供宽带数据接入的有效方式之一。

从用户的角度来看，采用 ADSL 技术无需大规模改造接入线路，各运营商能提供的下行速率从 512kbit/s 到 8Mbit/s，基本能满足普通用户宽带接入的速率需求。同时，ADSL 接入的优势还体现在语音业务与数据业务相互独立，可以同时使用，是普通电话用户优先考虑的接入方式。

从运营商的角度出发，基于铜线的宽带接入降低了接入网改造成本，技术成熟，维护管理简单，在光纤接入网普及之前，是很好的过渡方案，因此，ADSL/ADSL2、ADSL2+在现阶段还是主流的宽带接入技术之一。

9.1.2　ADSL 宽带接入网设计方案

我们以一个虚拟区域内的 ADSL 接入网为例来说明相关设计方案。

假设某电信运营商计划对一端局管辖的综合区内 8 个楼区的分散电话用户进行 ADSL 接入改造，A 办公大楼用户数约 400 个（按所需宽带接入数考虑），B、C、D、E、F、G、H 楼区用户数各约 200 个，合计用户约 1800 个，各用户到端局机房的距离在 3.5km 之内，双绞线质量能满足 ADSL 接入要求。

1．ADSL 宽带接入网的网络结构

通用的 ADSL 网络结构在已有的语音网络基础上需要在用户侧增加 ADSL Modem 和分离器，用户双绞线经过引入线、配线、馈线电缆到运行商的端局配线架后，经局端分离器将语音和数据业务分开，语音部分不变，仍然接入 PSTN 网络，数据业务需要通过局端 ADSL Modem 连入相应的数据网络。在实际组网中，局端 Modem 被集成在 DSLAM 设备中，因此，ADSL 接入网的设计中很重要的一个部分就是 DSLAM（DSL 接入复用器）的设计。结合我们的实例，本次设计的网络结构示意图如图 9-1 所示。

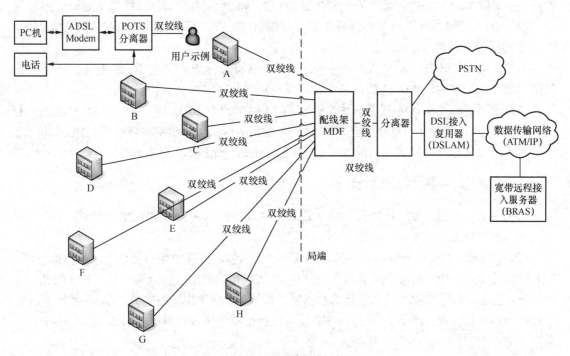

图 9-1　ADSL 网络结构示意图

图 9-1 中 A～H 表示本次要改造的 8 个楼区，除用户数量不同外，每个用户侧的改造是一样的，这里以 A 中的用户为例说明用户侧结构。各楼区到局端间的线路实际上经过引入线、配线和馈线电缆接入端局内的配线架，为了强调本设计针对的线路类型，我们都标注为双绞线。ADSL 接入网还应包括局侧的分离器（可以选择外置和内置两种形式，如果采用内置方式，DSLAM 设备将在用户板中支持该功能）、DSLAM 设备和 BRAS，示意图中以方框图来表示

各类设备，其具体的数量根据用户数进行相应配置。分离器需要和用户数一致，DSLAM 的容量将在下面展开分析。当前 DSLAM 的上联网络依据各地运营商实际传输网络多为 IP 网络，某些地区仍然有基于 ATM 网络的情况。

2. ADSL 设备选型配置

ADSL 设备主要指局端设备 DSLAM、宽带远程接入服务器 BRAS 和用户端设备 ATU-R。

用户端设备 ATU-R 用于实现 POTS 语音与数据的分离，完成用户端 ADSL 数据的接收和发送。

DSLAM 作为 ADSL 的局端收发传送设备，为 ADSL 用户端提供接入和集中复用功能，同时提供不对称数据流的流量控制，用户端设备通过 DSLAM 可接入 ATM、IP 等数据网。有了良好的 DSLAM 设备，才能为构建一个良好的 ADSL 网络打下坚实的基础，大型本地网使用的 DSLAM 设备应控制在 3 家厂商以下，中等本地网控制在 2 家以下。设备选型的主要考虑因素包括高密度、低功耗、高扩展性（设备的扩展性好坏要从两个方面考察，一个是本地扩展，即同机房级连；一个是远程扩展，即不同机房之间设备级连、具备二/三层功能且上行方式灵活等。DSLAM 设备具备二、三层功能，优选支持 ADSL、VDSL 和 SHDSL 同框混插的设备；支持 VLAN 功能，支持基于 SNMP 协议的端口配置和管理，支持基于端口的流量控制，支持 802.1p 等功能；并应尽量选择能同时提供 IP 和 ATM 两种上联接口的 DSLAM 设备，IP 口主要用于宽带接入，ATM 口主要用于专线。

BRAS 除了能够提供 ADSL 用户接入的终结、认证、计费、管理等基本业务，还可以提供防火墙、安全控制、NAT 转换、带宽管理及流量控制等网络业务管理功能。

当前常采用的 DSLAM 设备有华为公司的 MA5100/MA5600 和烽火公司的 AN2200-01/AN2200-02。BRAS 设备包括华为公司的 MA5200G-8、ISN8850 和思科公司的 ESR10008 等。设备具体情况和特点可以从 Internet 或相关企业处获知，此处不再展开详细介绍。

3. ADSL 接入网中的工作协议

这里主要讨论用户侧通信协议，特别是 PPP 协议、PPPoA 协议和 PPPoE 协议。

（1）PPP 协议

PPP（Point to Point Protocol）为在点对点连接上传输多协议数据包提供了一个标准方法。PPP 最初设计的目的是为两个对等节点之间的 IP 流量传输提供一种封装协议。在 TCP/IP 协议集中，它是一种用来同步调制连接的数据链路层协议（OSI 模型中的第二层），替代了原来非标准的第二层协议。除了 IP 以外，PPP 还可以携带其他协议，例如 Novell 的 Internet 网包交换（IPX）协议。

（2）PPPOA 协议

PPPoA（PPP over ATM）协议采用 PPPoA 的接入技术，由客户端计算机或 ADSL Modem 发起 PPP 呼叫，需要有宽带服务器的支持。

当 PPP 呼叫由用户计算机发起时，需用 RJ-45 头通过五类线将 ATU-R 的 25.6Mbit/s ATM 端口和用户计算机相连；用户计算机需插 ATM 网卡，并安装客户软件。用户侧的 ATM25 网卡在收到上层的 PPP 包后，根据 RFC-2364 封装标准对 PPP 包进行 AAL5 层封装处理形成 ATM 信元。ATM 信元通过 ATU-R 和 DSLAM 传送到网络侧的宽带接入服务器上，完成授权、认证、分配 IP 地址和计费等一系列 PPP 接入过程，然后在 ATM 网卡和宽带接入服务器之间监理 PVC（永久虚电路）连接。目前由于 ATM25 网卡自身的局限性，阻碍了 PPPoA 接入方式的大规模推广应用。

当 PPP 呼叫由 ADSL Modem 发起时，ADSL Modem 需支持 PPPoA，用户计算机不必安装客户端软件和 ATM 网卡，可以通过 10Base-T 以太网口和 ATU-R 相连。DSLAM 先接到 ATM 交换机，ATM 交换机接到宽带接入服务器，再连接到公网。ATU-R 在接收到来自客户端的数据时，会向宽带接入服务器发起 PPP 呼叫；宽带接入服务器在接收到 PPP 呼叫后，可以对用户计算机进行合法确认，然后向 ATU-R 分配 IP 地址；ATU-R 通过 NAT（地址转换）功能允许用户计算机接入。通过 DSLAM 和 ATM 交换机可以在 ATU-R 和宽带接入服务器之间只建立 PVC 连接，此时 ADSL Modem 实际起到了 PPP 代理的作用。

（3）PPPoE 协议

PPPoE（PPP over Ethernet）是在以太网上建立 PPP 连接，由于以太网技术十分成熟且使用广泛，而 PPP 协议在传统的拨号上网应用中显示出了良好的可扩展性和优质的管理控制机制，二者结合而成的 PPPoE 协议得到了宽带接入运营商的认可，并广为采用。

PPPoE 建立过程可以分为 Discovery 阶段和 PPP 会话阶段。Discovery 阶段是一个无状态的阶段，主要是选择接入服务器、确定所要建立的 PPP 会话标识符 Session ID、获得对方点到点的连接信息；PPP 会话阶段执行标准的 PPP 会话过程。

一个典型的 Discovery 阶段包括以下 4 个过程。

① 主机首先主动发送广播包 PADI 寻找接入服务器，PADI 必须至少包含一个服务名称类型的 TAG，以表明主机所要求提供的服务。

② 接入服务器收到包后，如果可以，提供主机要求。

③ 主机在回应 PADO 的接入服务器中选择一个合适的，并发送 PADR 告知接入服务器，PADR 中必须声明向接入服务器请求的服务种类。

④ 接入服务器收到 PADR 包后开始为用户分配一个唯一的会话标识符 Session ID，启动 PPP 状态机，以准备开始 PPP 会话，并发送一个会话确认包 PADS。

主机收到 PADS 后，双方进入 PPP 会话阶段。在会话阶段，PPPoE 的以太网类域设置为 0x8864，CODE 为 0x00，Session ID 必须是 Discovery 阶段所分配的值。

PPP 会话阶段主要是 LCP、认证、NCP 三个协议的协商过程。LCP 阶段主要完成建立、配置和检测数据链路连接，认证协议类型由 LCP 协商（CHAP 或者 PAP）。NCP 是一个协议族，用于配置不同的网络层协议，常用的是 IP 控制协议（IPCP），它负责配置用户的 IP 和 DNS 等工作。

PADT 包是会话中止包，它可以由会话双方的任意一方发起，但必须是会话建立之后才有效。

PPPoE 不仅有以太网的快速简便的特点，同时还有 PPP 的强大功能，任何能被 PPP 封装的协议都可以通过 PPPoE 传输，此外还有如下特点。

● PPPoE 很容易检查到用户下线，可通过一个 PPP 会话的建立和释放对用户进行基于时长或流量的统计，计费方式灵活方便。

● PPPoE 可以提供动态 IP 地址分配方式，用户无需任何配置，网管维护简单，无需添加设备就可解决 IP 地址短缺问题，同时根据分配的 IP 地址可以很好地定位用户在本网内的活动。

- 用户通过免费的 PPPoE 客户端软件（如 EnterNet），输入用户名和密码后就可以上网，跟传统的拨号上网差不多，最大程度地延续了用户的习惯。从运营商的角度来看。PPPoE 对其现存的网络结构进行变更也很小。

DSLAM 是 ADSL 汇聚设备，其内核采用 ATM 或 IP，但上联口为以太网口。BRAS 是局端实现 PPPoE 功能的接入服务器，它终结由用户侧发起的 PPPoE 进程。下行的以太网帧从 IP 城域网经路由器送到 BRAS，被加上 PPPoE 的头后送到 DSLAM 封装成 AAL5 帧，再经过交叉模块发送到 ADSL Modem，由其完成 AAL5 帧重组解出以太网帧并发送到客户端，最后客户端从 PPPoE 包中取出 IP 数据包。

上行的 PPPoE 包在 ADSL Modem 中封装成 AAL5 帧后，由 ATM 信元传输到局端的 DSLAM，DSLAM 负责终结 ATM，重新组合出 PPPoE 包，并通过设好的 PVC 传送到 BRAS 处理。

从上面可以看出，PPPoE 将 PPP 承载到以太网之上，实质是在共享介质的网络上提供一条逻辑上的点到点链路。对用户而言，DSLAM 和 ADSL Modem 之间的传输是透明的，如果将中间的 DSLAM 和 ADSL Modem 换成有线电视的接入设备，就是典型的 HFC 接入，BRAS 对 PPPoE 包的处理方式不变。

4．DSLAM 容量计算

DSLAM 容量体现在两个方面，一个是每个业务区内所需 DSLAM 的用户端口数量；另一个是每个 DSLAM 节点的上联带宽值。

（1）用户端口计算

根据现有窄带拨号用户（设为 A）的分布情况，按照一年内约有 50%的用户转用 ADSL 宽带业务，得出现有窄带拨号用户对宽带的需求量；然后根据现有固定电话用户数预测一年内新增的 ADSL 用户需求量（设为 B）；加上现有专线用户数和预测一年内有专线上网需求的用户数，得出 ADSL 专线用户需求量（设为 C）；最后考虑预留 30%左右的容量，防止由于扩容工程不及时完工（计划每年扩容一次）而阻碍了 ADSL 业务放号，并要考虑设备端口容量是 32 的倍数关系。那么端口容量（设为 D）的计算公式为

$$D = (A*50\% + B + C) /70\%$$

以某业务区内一节点为例，假设该区内 A 类用户数量为 2857 个，B 类用户为 550，C 类用户 23 个，则该节点 DSLAM 端口容量为

$$D = (2857*50\% + 550 + 23) /70\% = 2859$$

如果采用华为 MA5600 DSLAM，其设计容量为单框 14 块 64 路 ADSL2＋业务板、单框密度 896 线、单柜为三个机框总共 2688 线，由此可知，需要配置两台 MA5600 才能满足该业务区的端口容量需求。

在本设计中，由于通过调研已测算出要增加 1800 个 ADSL 用户，因此，可直接根据该数值选择满足容量需求的 DSLAM 设备。

（2）上联带宽计算

每个 FE 上联端口实际有效传输带宽约为 70Mbit/s，每个 GE 上联端口实际有效传输带宽约为 700Mbit/s。根据目前对宽带业务开展情况的测算，宽带接入用户中 1Mbit/s 以下业务用

户数将占 ADSL 业务用户总数的 30%，2Mbit/s 业务用户数将占 ADSL 业务用户总数的 40%，4Mbit/s 以上业务用户将占 ADSL 业务用户总数的 30%。根据现有网络的实际情况以及考虑部分预留，建议用户同时在线比按照 1:3 考虑。用户浏览特征值（下载时间/上网时间）为 25%。

根据上述原则计算各节点上联带宽的公式为

$$节点上联带宽（Mbit/s）= 节点实配用户数 \times （（1Mbit/s \times 30\% + 2Mbit/s \times 40\% +$$
$$4Mbit/s \times 30\%）X25\%））\div 3$$

（3）上联端口配置原则

根据公式通过计算可得到各节点的上联带宽，然后依据上联带宽来确定上联端口配置，主要基于如下原则。

① 各局点 ADSL 设备每个节点均单独上联。

② 本工程每个节点上联至汇聚交换机的端口数量均按 GE 端口折算。

（4）上联带宽需求及上联端口配置

根据上联带宽计算方法并遵循上联端口的配置原则，本例中用户数为 1800，可知只需要一台 MA5600；其上联带宽需求计算结果是 345Mbit/s，可知配置一个 GE 上联端口即可。

5．IP 地址的规划

在 Internet 上为每台主机指定的逻辑地址称为 IP 地址，目前使用的主要是 IPv4 版本（本节讨论的 IP 地址均指 IPv4 地址）。IP 地址是唯一的，每个 IP 地址含 32 位二进制数，分为 4 段，每段 8 位，为使用的方便性，通常以点分十进制的形式表示，每段所能表示的十进制数最大不超过 255。

（1）分类编址

在分类编址中，IP 地址按节点计算机所在网络规模的大小分为 A、B、C、D、E 五类。

- A 类地址的表示范围为 0.0.0.0～127.255.255.255，默认网络掩码为 255.0.0.0。
- B 类地址的表示范围为 128.0.0.0～191.255.255.255，默认网络掩码为 255.255.0.0。
- C 类地址的表示范围为 192.0.0.0～223.255.255.255，默认网络掩码为 255.255.255.0。
- D 类地址称为组播地址，供特殊协议向选定的节点发送信息时用，表示范围为 224.0.0.0～239.255。
- E 类地址是保留地址，表示范围为 240.0.0.0～255.255.255.255。

（2）无分类编址

分类编址分配给一个组织的主机地址最小数量是 254（一个 C 类），最大数量是 16777214（一个 A 类），往往不适合给个人或中小企业等中小规模的网络使用，1996 年，Internet 管理机构宣布了一种新的体系机构，叫做无分类编址。在无分类编址中，一个地址块中的地址数只受一个限制，即地址数必须是 2 的乘方，即 2、4、8……

对于无分类编址，地址必须和掩码一起给出，掩码用 CIDR（无分类域间路由选择）记法表示，CIDR 记法给出了掩码中 1 的个数。在无分类编址编码体系中，一个地址通常被表示为 $x.y.z.t/n$，斜线后的 n 定义了在这个地址块的所有地址中相同的位数。例如 n 是 20，就表示在每一个地址中最左边的 20 位数都是相同的，表示网络地址；而另外的 12 位则是不同的，代表主机地址。

分类编址其实是无分类编址的一个特例。

（3）用户 IP 地址规划

按照 ADSL 网络建设原则，每个普通在线用户划分 1 个 VLAN，同时需动态分配 1 个 IP 地址，按照在线用户比为 1:3，本例扩容增加用户接入实配 1800，需要配置用户 IP 地址数量为 1800 ÷ 3 = 600 个 IP 地址，约 3 个 C 类地址。

具体的 IP 地址分配方案可以设置如下：

- 192.168.1.1/24—192.168.1.200/24。
- 192.168.2.1/24—192.168.2.200/24。
- 192.168.3.1/24—192.168.3.200/24。

（4）网管 IP 地址需求

单个 DSLAM 或者若干个 DSLAM 级联后，通过一个或者几个 GE、FE 端口上联到 BRAS 上，其在网管上就表现为一个网元，需要分配一个 IP 地址，本工程共需要分配 1 个网管 IP 地址，例如 192.168.4.1/24。

9.1.3　网络安全的设计

接入节点、汇聚层网络和宽带网络网关属于运营商，这些设备或者网络对运营商而言都是可信的；用户自组网络归用户自己所有和使用，对运营商而言，用户自组网络是不可信的。安全威胁大都来自不可信网络内恶意用户或者程序的攻击。当然，有时安全问题也产生于可信任域内，比如因为设备不稳定等原因产生的安全问题。但安全问题主要还是来自不可信域对可信任域的安全威胁。

归纳起来，接入网络中主要有如下一些安全问题。

1. 非法用户接入

非法用户接入性质严重，会直接影响运营商的运营收益。如果不对用户进行识别和认证，那么非法用户接入就会大量存在。

用户识别与认证技术已经非常成熟，基于以太网的点到点协议（PPPoE）、DHCP + Web 和 802.1x 协议等已经被普遍使用。当前，业界关注的问题是对用户端口（也称为用户线路）的识别。在个人接入模式下，每个用户在接入节点处都有一个逻辑端口，有线环境下是硬端口，无线环境下是一个软端口。如果认证服务器只是通过用户名来识别用户，那么用户可以把自己的用户名和密码共享给其他用户，其他用户也能通过这一逻辑端口上网，这是运营商不希望看到的，会造成运营商的运营收入的减少。

在基于 ATM 的点到点协议（PPPoA）为主要接入方式时，用户虚通道（VC）在宽带接入远程服务器（BRAS）上终结，因此，用户的端口信息直接就可以在 BRAS 上获取。现在，PPPoE 和 IPoA 是主要的接入方式。在这两种接入方式下，物理上，用户线路在接入节点处就被终结；VC 信息要么在接入节点处终结，要么根本没有，因此 BRAS 没有办法直接获取用户的端口信息，所以必须有一套有效的机制能够将接入节点处的用户端口信息传递给 BRAS。

2. 非法报文和恶意报文发送

对于非法报文，一般的技术是使用过滤器来过滤丢弃。过滤器的基本原理是，根据用户定义的被过滤数据报文的特征匹配数据报文，如果符合预定义的特征，那么过滤掉该报文。当前的交换芯片大都具备报文特征提取和匹配功能，可以完成数据链路层、网络层甚至更高层数据报文特征信息的提取和匹配。

处理过量协议、广播和组播报文的技术又称为报文抑制。解决过量源 MAC 地址问题比较简单：可设定用户侧端口 MAC 地址个数的上限。这样，一旦端口达到预定义的 MAC 地址个数，后续带有新 MAC 地址的报文将一律被丢弃。

通过媒体访问控制 MAC/IP 地址欺骗，如冒用 MAC 地址或者 IP 地址，偷取他人的业务服务或者造成 DOS 攻击。

非法业务，如开展非法的 IP 语音（VoIP）业务、私拉乱接用户等。

所谓的非法业务是从运营商的角度来判定的一些目前网络上存在的部分数据服务。非法业务具有非常复杂的业务特征，通过简单的特征提取方法不可能判定某数据报文是否属于非法业务。对于某条数据流是否非法业务，需要对数据流进行深度智能分析，依据预定义的特征信息库对数据流匹配才能判定。

用户私拉乱接现象一般发生在用户使用具有网络地址转换（NAT）功能的设备和接入节点对接的情况下，上行数据报文从表面看起来好像从一个用户发出的一样。解决这个问题需要收集各种"蛛丝马迹"，分析传输控制协议（TCP）连接数量、网络流量、源 TCP 端口范围，这些信息都有一定的参考价值；分析 MSN、Windows Update 能携带的一些用户特定信息；收集用户上行数据流中，如 OS 版本、IE 版本、用户的行为习惯等有用的用户信息。然后往往需要结合部分或者全部特征作出综合判断，以减少误判和漏判。

9.1.4　ADSL 宽带接入网络的性能分析

1. 影响系统性能的因素

影响系统性能的因素主要有以下几个方面。

（1）衰耗

在传输系统中，发射端发出的信号经过一定距离的传输后，其信号强度都会减弱。ADSL 传输信号的高频分量通过用户线时，衰耗更为严重。如一个 2.5V 的发送信号到达 ADSL 接收机时，幅度仅能达到毫伏级。

（2）反射干扰

桥接抽头是一种伸向某处的短线，非终接的抽头会发射能量，降低信号的强度，并成为一个噪声源。从局端设备到用户至少有二个接头（桥接点），每个接头的线径也会相应改变，再加上电缆损失等造成阻抗的突变，即会引起功率反射或反射波损耗。目前大多数设备都采用回波抵消技术来消除反射信号的干扰，但当信号经过多处反射后，回波抵消就变得几乎无效了。

（3）串音干扰

由于电容和电感的耦合，处于同一主干电缆中的双绞线发送器的发送信号可能会串入其他发送端或收发器，造成串音。串音干扰是发生于缠绕在一个束群中的线对间干扰，一般分为近端串音和远端串音。传输距离较长时，远端串音经过信道传输将产生较大的衰减，对线路影响较小；而近端串音一开始就干扰发送端，对线路影响较大。但传输距离较短时，远端串音造成的失真也很大。在同一个主干上，最好不要有多条 ADSL 线路或频率差不多的线路。

（4）噪声干扰

传输线路可能受到若干形式的噪声干扰，为达到有效数据传输，应确保接收信号的强度、动态范围、信噪比在可接受的范围之内。噪声产生的原因很多，可能是家用电器的开关、电话摘机和挂机以及其他电动设备的运动等，这些突发的电磁波将会耦合到 ADSL 线路中，引起突发错误，对 ADSL 传输非常不利。例如，在同等情况下，使用双绞线下行速率可达到852kbit/s，而使用平行线下行速率只有 633kbit/s。

（5）接入线路质量问题

ADSL 接入对线路质量要求比较高，在外线距离较长的情况下，如果引入平行线，对高频信号的衰减作用较大，要求尽量采用双绞线。此外，接头过多或线路老化等线路质量问题都会导致线路激活速度慢、上网速度慢，要对线路进行整改。

（6）接入层组网结构问题

如果前期组网缺乏有效规划，当级联层数增多、扩容单板增多时，一台 DSLAM 接入的有效用户数迅速增大将导致上行带宽无法满足大量用户同时上网的需求，在高峰时用户上网速度很慢。针对该问题，建议对网络进行如下优化。

① BRAS 端局化，同时减少 DSLAM 级联层数。

② 上行端口负荷分担：对 DSLAM 上行端口扩容至 GE、622MATM 或者 FETRUNK。

③ 根据流量模型对 GE/FE/ATM 的宽带用户进行合理规划，避免同时在线。

④ 使用户数与上行带宽不匹配。

（7）多用户共享 VLAN 引起广播问题

部分地区由于网络结构问题，多用户共享 VLAN，此时容易引起二层广播风暴，造成用户主机端口流量过大。当广播域内有部分用户感染了 DOS 类病毒时，情况尤其严重。应尽量做到每个用户一个 VLAN/PVC，这样除了可以隔离广播报文外，还为以后的用户管理和业务扩展提供了必要的支撑。

（8）未进行流量控制

如果没有对用户进行流量控制，某些高速数据流会占用其他用户的带宽资源，造成部分用户上网速度慢。对每个用户都进行流控后，用户之间就不会有影响，可保证所有用户的上网速度。推荐的做法是：在接入设备（比如 DSLAM）上启用用户的上行承诺访问速率（CAR）功能，BRAS 设备启用用户的下行 CAR；当然，在接入设备、BRAS 设备上都进行双向 CAR更好。另外，在 BRAS 上的 CAR 必须是用户级的。

（9）用户侧网络、PC 问题

用户的 PC 终端配置过低、用户的各种软硬件兼容性不好、网卡坏了、接头松了或者用户的终端感染病毒也会造成上网速度慢。此时可利用宽带客户端管理系统（如华为 PCKEEPER）的故障检测和网络安全功能对 PC 进行检测，判断 PC 配置是否符合 ADSL 上网业务要求、PPPoE 软件绑定协议是否过多、网卡有无故障、有无感染网络病毒等，并提供 FTP 测速、直观显示网卡速率等功能，从而快速判定 PC 软硬件存在的问题。

2. 改进方案建议

ADSL 系统发展的下一个趋向是进一步提高系统的下行带宽，即演变成所谓甚高速数字用户线（VDSL）系统。VDSL 技术是铜线接入网向更高带宽发展的一个方向，随着它的不断发展与成熟，在"最后一公里"的技术中具有了很强的竞争力。

（1）VDSL

VDSL（甚高速数字用户线）技术是在短距离双绞线上传送高速数据的 DSL 技术，是 xDSL 技术中最快的一种，其网络结构与 ADSL 相同。VDSL 的线路编码（调制技术）有 QAM（正交幅度调制）和 DMT（离散多音频）两种。VDSL 传输系统分对称和不对称两类，对称系统在双绞线上可以双向传输 26Mbit/s 速率的信号，传输距离不超过 500m，主要适用于企事业用户；不对称系统下行传输速率分别为 13Mbit/s、26Mbit/s 和 52Mbit/s，对应上行传输速率分别为 2Mbit/s、2Mbit/s 和 6.4Mbit/s，其传输距离则分别为 1500m、1000m 和 300m，主要适应于家庭用户。

（2）VDSL2

VDSL2（第二代 VDSL）是最新也最先进的 xDSL 宽带线缆通信标准。VDSL2 使电信运营商能够通过标准铜缆电话线提供诸如高清晰度电视（HDTV）、视频点播（VOD）、视频会议（videoconferencing）、高速 Internet 接入等业务以及 VoIP 语音业务。VDSL2 标准使业务的上载速率和下传速率都能达到 100Mbit/s，是现有的 ADSL 业务的十倍。

此外，最重要的一点，也是与先前 VDSL 的不同，ITU 制定了 VDSL2+互连互通标准，使 VDSL2+实现了不同厂家的兼容，使得用户的设备采购渠道增加，有效降低了运营商的经营成本，为 VDSL2+大规模商业推广提供了条件。

VDSL 技术必须配合光纤接入，将 ONU 尽量布放在离用户终端比较近的位置，最后几百米采用双绞线和 VDSL 技术来保证速率。因此，随着光纤接入网的不断建设，ADSL 系统也将升级为 VDSL 系统，综合为用户提供更高的接入带宽。

通过以上设计，针对本例中提出的需求，我们详细设计了相应的 ADSL 接入网，设计方案合理，在满足用户接入数量的基础上充分考虑了可靠性和可扩展性，并给出了今后的改进方向。

9.2　HFC 接入网规划与设计

9.2.1　A 地区宽带接入网中应用 HFC 技术的可行性分析

随着通信和信息技术的发展，传统的三大网络（电信网、计算机网、有线电视网）逐步相互渗透、相互融合。在我国，有线电视网的普及程度最高，覆盖范围非常广，在许多城市已建成 HFC 光纤同轴电缆混合网。伴随着数据通信等多种业务的需求，在具有接近 1GHZ 频宽的 HFC 双向网络上建设宽带数据平台已成为发展趋势，CMTS 技术也因此应运而生。

A 地区有线电视网络系统建设的整体目标是将现有的传统网络升级改造成 860MHz（或 750MHz）的双向多功能网络，也就是将传统 CATV 网（模拟网 A 平台）与多功能综合接入网（数字网 B 平台）融合在一起，具体地说就是将模拟 CATV HFC 传输部分和多功能综合接入网相结合，以使两张业务网建设上相互依托、共同建设，业务发展上相互促进、共同发展，也为今后模拟信号向数字信号平滑过渡提供网络传输基础平台。同时，利用现有的有线电视网络和特有优势，通过提供高速 Internet 接入方法和适当地开发符合本地服务（如给集团用户提供透明信道服务）为进入通信服务市场的切入点，形成经营特色，造就区域影响，并逐步开展多种通信类型的综合服务。

B 小区作为居住小区，位于 A 地区西南角，总占地 69306.04m^2，总建筑面积 11.6 万 m^2，总体规划用户 2000 户。针对该小区，对比 ADSL 接入方式和 Cabel Modem 接入，具体分析如下。

ADSL 具有上下行速率不对称的特性，主要适用于为用户提供上网服务以及 VOD 点播等业务，而不适用于局域网互联业务。提供 Internet 接入业务多采用"ADSL＋ATM/以太网"的方式。用户端配置 ADSL 远端设备，局方配置 DSLAM（ADSL 局端设备），它们之间用普通电话双绞线进行连接。ADSL 远端设备为用户 PC 机提供以太网接口，DSLAM 通过 ATM 或快速以太网与 ISP 相连。通过该网络，用户就可以实现宽带接入 Internet。DSLAM 可以放置在 ISP 机房，通过接入网接入 ISP；也可以直接放置在 ISP 机房，与 ISP 接入平台利用局域网直接相连。利用 ADSL 提供 VOD 视频点播业务，则可以采用"ADSL＋ATM"的方式。

Cable Modem 也是一种上下行带宽不对称的技术，适合提供上网及 VOD 两种业务。其中，提供 Internet 接入业务可以采用"HFC＋Cable Modem＋以太网/ATM"的方式。局端需要配备一台 HFC 头端设备，通过 ATM 或快速以太网与 Internet 进行互连，并且完成信号的调制和混合功能。数据信号通过光纤同轴混合网（HFC）传至用户家中，Cable Modem 完成信号的解码、解调等，并通过以太网端口将数字信号传送到 PC 机；反过来，Cable Modem 接收 PC 机传来的上行信号，经过编码、调制后通过 HFC 传给头端设备。

ADSL 和 Cable Modem 两种组网技术都能够提供多种业务，并且都能够基本满足目前宽带业务的需要。ADSL 在带宽上要低于 Cable Modem，且从组网成本来看，Cable Modem 组网成本也明显低于 ADSL。

基于以上所述，本实例本着迎合三网融合及全球 Cable Modem 发展趋势、充分利用现有资源、对现有 ADSL 的带宽较窄实现有效互补的原则，提出了在该地区应用 HFC 技术实现宽带接入的相关设计方案。

9.2.2　A 地区 HFC 接入网络设计方案

1．基本要求

① HFC 接入网的基本设计原则如下。
- 前端到节点为星形光纤干线 750MHz。
- 节点到用户为短距离电缆分支线，树形拓扑（550MHz 或 750MHz）结构。
- 一个光节点所带用户在 500 户左右（视农村和城市而定）。
- 双向功能（即具有反向传输功能）。

② 系统设计时主要指标如下所述。
- 噪声指标：C/N（载噪比）。
- 非线性指标：CTB（组合三阶差拍比）、CSO（组合二阶差拍失真）。

③ 此外，其他的指标也必须满足要求，如邻频传输的技术指标、系统输出的各项技术指标、电视屏蔽、安全要求（强制性）等。

④ 传输网系统频率划分为上行 5～65MHz、下行 87～750MHz。

⑤ 电缆主要采用架空敷设方式。电缆在横跨电力线时，应采用过电保护带保护；入户电缆明敷。

⑥ 工作站、防水型分支分配器采用吊线直接悬挂或置于安装箱内的安装方式；分配放大器挂墙安装，并由安装箱保护。

⑦ 光工作站、分配放大器采用 AC60V 集中供电或单独 AC220V 供电；供电器输入电源应稳定可靠，输入电压应满足 AC220V±10%的要求，否则应安装稳压设备。

⑧ 所有室外设备（含安装箱）必须可靠接地，以确保人身和系统安全。光工作站接地电阻应小于 4Ω；其余设备接地电阻应小于 10Ω。

光工作站、分配放大器的均衡器、衰减器规格仅作参考，最后由现场调试确定。

2. 网络结构的设计

根据小区有线电视以 500 户左右、光节点及每光节点覆盖的地域半径不大于 600m 的原则，本例共设光节点 4 个。

（1）光站（设备间）设计

前端多路广播电视信号和数字信号送入 1310nmDFB 光发射机，转换成强度调制的光信号，完成前端向各光节点的传输。光接收机选用高输出光工作站，可满足光缆到楼头及光缆到小区的要求。

图 9-2 是前端网络结构示意图，从前端设备开始，经过两级交接箱后，由双向工作站 1 引出的光缆连接到本次设计范围内的 K009 小区。

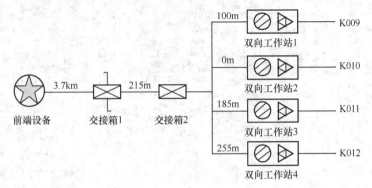

图 9-2　前端网络拓扑示意图

图 9-3 所示为本住宅小区的光网络结构示意图，根据小区建设规划和有线电视用户分布情况，按照本文所述的设计原则设置了 A1、A2、A3、A4 四个光节点，根据网络总体规划，由二级机房到小区中心位置配置了光纤交接箱 1 台，以分配不同方向的光纤。

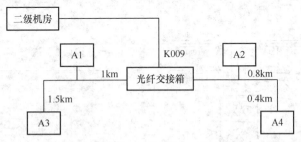

图 9-3　B 小区网络拓扑示意图

（2）同轴电缆网络设计方案

图 9-4 所示为小区内的系统结构示意图，光节点以下采用同轴电缆树星形结构将信号传给用户，支线放大器采用双向放大器，集中馈电，放大器级联台数不超过 2 级，用户指标完全满足系统指标要求。

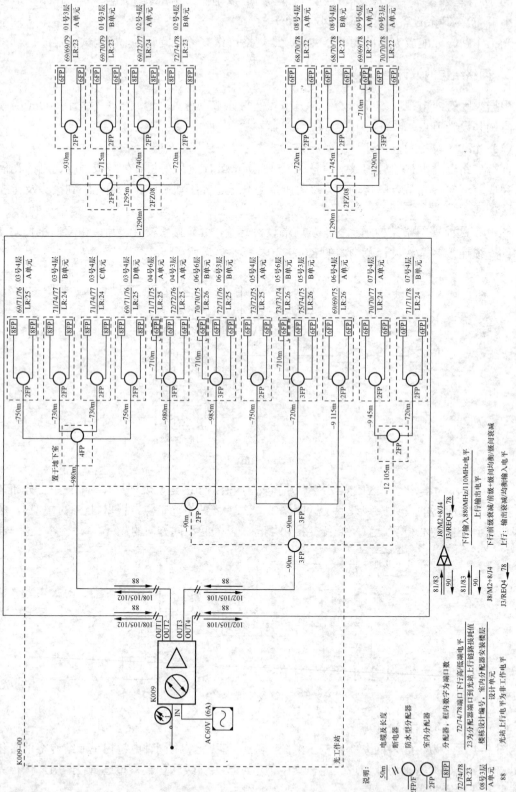

图 9-4　小区系统结构示意图

（3）上行设计

用户终端的回传信息通过回传放大器（5～5MHz）回传至光节点，再通过内置于正向接收机的回传光发射机，即可将回传信号回传至前端，满足交互业务的需要。

（4）光工作波长的选择

光纤损耗与波长有关。通常有 3 个低损耗窗口，即 850nm、1310nm、1550nm。其中，1310nm 和 1550nm 是重点窗口，1310nm 窗口上的衰减≤0.36dB/km，具有最佳的色散值；1550nm 窗口上的衰减≤0.25dB/km，但色散值比 1310nm 窗口高。

目前，1310nm 工作波长的光发机最大输出功率为 16mW，光接收机的光输入功率为-2dBm（0.63mW），光纤传输损耗 0.4dB/km（含熔接头损耗、光纤活动连接头的损耗）。这样，一级光纤系统的单根传输最大传输距离为 30～35km。根据以上述和 A 地区的实际情况，我们选择 1310nm 的传输方式。

（5）频段的划分

频段的划分首先应考虑双向传输中上下频带带宽，上、下行频带的划分目前有低分割、中分割和高分割方式。根据系统功能的要求和传输频带的选择，系统的频段划分和频率配置如下：

① 低端上行：5～65MHz，频道带宽分别为 0.2MHz、0.4MHz、0.8MHz、1.6MHz、3.2MHz、6.4MHz。送入 STB 或电缆调制解调器 CM 的时分复用 TDM 的数字信号，经 QPSK 或 mQAM 调制器后符合 FDM 的要求。

② 调频广播：87～108MHz，每频道 0.2MHz，调频 FM 调制。

③ 系统管理：108～111MHz，频移键控 FSK 调制。

④ 模拟电视：111～550MHz，每频道 8MHz，调幅残留侧边带 AM-VSB 调制。

⑤ 数字业务：550～750MHz，每频道 8MHz。

3．设备配置

光端机是 HFC 网的重要组成部分，其质量与指标直接影响全网的信号指标水平，因此选择高稳定性能的光端机对于设计有线电视光网络至关重要。光端机的选用原则是保证网络质量和降低建网成本，因此应选用较高性价比的设备，同时应保障良好的售后服务。

（1）光发射机

光发射机将电信号调制处理转化为光信号，送入光纤中传输，其核心部分激光器分为 DFB 和 YAG 两类，采用直接调制或外调制，分别适于 1310nm 和 1550nm 光波。小区的光网络大多采用 DFB 分布反馈式光发射机与 1310nm、AM-VSB 传输模式，本例中的光发射机可以采用上海英达视听器材有限公司生产的 ED-7500 调幅光发射机，光功率、激光器偏置电流、激光器内部温度等参数由微电脑集中监控，数字面板 LED 显示，激光器有完善可靠的 APC（自动功率控制）和 ATC（自动温度控制）电路，能确保长期工作时输出光功率稳定。

（2）光接收机

光接收机把光纤传输来的光信号转变为电信号，然后送入电缆分配网传至用户，它具有如下两个重要参数。

① 接收功率：小区光网络的光接收功率一般为 0～-2dB；

② 输出电平：RF 值越高，C/N 值越好，但损伤 CTB 和 CSO 值，因此应控制光接收机

输出电平为 98~103dB，不能随意提高 RF 值。

（3）光分路器

它的作用是将光信号耦合，然后进行功率再分配，主要参数有分光比、附加损耗与插入损耗，适当的分光比可使网络中距前端机房距离不等的各光节点获得相同的光功率输入。

光分路器具体可分为分配器和分支器。分配器和分支器都是无源网络设备，其主要功能为对下行信号进行功率分配，对上行信号进行汇集。分配器是将下行信号均匀分成几路，在下行通道中起分路作用，常用的有二分配器（分两路）、三分配器（分三路）、四分配器（分四路）及六分配器（分六路）；分支器是将下行信号不均匀地分成几路，输出信号分主路输出和分支输出。主路输出衰减小，可持续进行再分配。分支输出有一系列的衰减量，供信号分配时选用。同时，将主路输出端和分支输出端的反向回传信号进行汇集。常用的分支器有一分支器、二分支器、三分支器、四分支器及六分支器。

① 分配器有如下主要性能指标。

• 分配衰减：指分配器输入端的输入电平与输出端的输出电平的差值。分路越多的分配器，分配衰减越大。

• 相互隔离：指分配器的各输出端之间的隔离度。相互隔离表征了分配器各输出端相互影响的程度。相互隔离数值越大，相互影响越小。

• 端口阻抗与反射损耗：有线电视系统中的所有设备均采用 75Ω 端口阻抗。反射损耗用于表征各种设备的端口阻抗匹配的程度，反射损耗的数值越大，表示阻抗匹配越好。

② 分支器有如下主要性能指标。

• 分支衰减：是指分支器输入端的输入电平与分支输出端输出电平的差值。

• 反向隔离：是指分支器的分支输出端与主输出端之间的隔离度。反向隔离表征了分支器的分支输出端与主输出端之间相互影响的程度，反向隔离越大，相互影响越小。

• 插入损耗：是指分支器输入端的输入电平与主输出端的输出电平的差值。分支器的分支衰减越小，其插入损耗越大。

• 端口阻抗与反射损耗：同分配器。

综上可得，分支分配器——支干线采用过流型分支分配器；用户分配系统采用全屏蔽高隔离双向分支分配器；无源器件带宽 5~1000MHz，屏蔽性大于 100dB，连接器宜用内螺纹针型结构。

（4）同轴电缆

分配系统中使用的电缆均采用物理发泡同轴电缆。分支器、分配器和用户终端之间的连接采用-5 电缆。分配放大器输出端连接的分配器输出端的分路电缆距离较长，宜采用-7 或-9 电缆。为了降低回传通道的噪声，应选用四屏蔽电缆。电缆主干线采用 SYWLY-75-9 聚乙烯护套物理发泡（铝管）同轴电缆，支干线采用 SY-WV-75-7 聚乙烯护套物理发泡同轴电缆，用户分配系统采用四屏蔽 SYWV-75-5 物理发泡聚乙烯护套同轴电缆，同轴电缆屏蔽性大于 100~120dB。

（5）电缆调制解调器

宜选用国内优质产品。

（6）光纤

CATV 系统中用于干线的同轴电缆即使很粗（例如美国 MC750 电缆），在 750MHz 的损耗也要 40dB/km 左右。而采用波长 1310nm 的光信号，其损耗约为 40dB/100km。光纤的损耗比同轴电缆降低 100 倍。显然，用光纤替代每隔几百米必须设置一台放大器的同轴电缆干线，可以实现跨越几十公里的直传，彻底解决了干线放大器级联造成传输信号技术指标下降的问题。根据目前技术要求，兼顾未来业务发展，每个光节点设置 4 芯光缆，其中 1 芯正向，1 芯反向，2 芯备留为数据或其他增值业务使用。有线电视信号的光传输采用单模式光纤，它在 1310nm 波长时传输损耗为 0.39~0.40dB/km；在 1550nm 波长时传输损耗为 0.19~0.20dB/km；传输距离长，几乎不受环境温度变化的影响，不受强电及外界高频电磁场的影响，保密性能好，使用寿命长并与 RF 信号频率无关。

4．基本参数的计算

（1）系统设计的指标分配

光纤有线电视宽带网络系统指系统指标分配主要是 C/N、CTB、CSO 三项指标。

① 在有线电视系统中，C/N 是衡量系统的重要指标。对于 VSB-AM 型调制器，主要依靠视频信噪比 C/N 来提高 C/N 值。对于放大器，主要依靠保证其允许的输入电平，并合理选择放大器的噪声系统来保证系统良好。在系统中，C/N 值与放大器等有源器件的串接级数有关，呈 $10\lg n$ 关系下降。

② 随着系统内传输频道的增多，组合三阶差拍 CTB 在系统中越来越重要，它客观地反映了系统中的射频非线性失真。CTB 值与放大器的级数有关，呈 $20\lg n$ 的关系下降，即电平升高 1dB，CTB 下降 2dB。前端系统中，由于各频道为单独处理，几乎不存在相互串扰的问题，因此 CTB 可以降到很低。在光纤系统中，CTB 除与频道有关外，还与光发射机和光接收机的指标有关。在同轴网中，当放大器的级数控制在 5 级时，CTB 值可以高于系统要求。

③ 在光纤系统中，组合二阶差拍 CSO 指标尤为重要。由于同轴网中的放大器均采用推挽式放大模块，其产生的二次失真大部分被抵消，所以分量较小，系统各部分的指标分配如表 9-1 所示。

表 9-1　　　　　　　　　　　　　　　　　指标分配表

项　　目	设　计　值	前　　端	光　缆　干　线	分　配　网
载噪比（C/N）	44dB	3/10	4/10	3/10
二阶差拍比（CSO）	55dB	—	5/10	5/10
三阶差拍比（CTB）	55dB	—	5/10	5/10

根据以上指标分配系数情况，再根据设计与分配关系的计算公式

（C/N）部分＝（C/N）设计$-10\lg k$、（CSO）部分＝（CSO）设计$-a\lg k$（a 常数取 10~20，这里取 15）、（CTB）部分＝（CTB）设计$-20\lg k$，可得出具体指标分配如表 9-2 所示。

表 9-2　　　　　　　　　　　　　　　　　具体指标分配

项　　目	前　　端	光　缆　干　线	分　配　网
载噪比（C/N）	49.0dB	48.0dB	49.0dB
二阶差拍比（CSO）	—	59.5dB	59.5dB
三阶差拍比（CTB）	—	61.0dB	61.0dB

如果系统主要采用进口设备，有些技术参数是按 NTSC 制式标注的，用于 PAL-D 制时，则应相应地加上修正系数。例如光发射机标注的指标为 PAL-D 制，可不需再修正。在 NTSC 制式中，550MHz 带宽为 77 个电视频道，为 PAL-D 制时为 59 个频道，则有

$$CSO' = CSO + 15lg(77/59) = CSO + 1.73$$
$$CTB' = CTB + 20lg(77/59) = CTB + 2.31$$

这两项非线性失真指标在后面的标注和计算时应作相应的修正。

（2）光链路的计算

为了统一设备型号，设计思想是将从发光器通过分光器进行功率分配，通过调节分光比使到达接收点时各点的功率基本保持一致，下面计算各分支的分光比，并看发光功率是否能达到需求。

① 设定估计标准。

在系统设计时确定的光线路损耗和总链路损耗是为了保证整个系统的载噪比满足要求。光接收机输入灵敏度范围是+2～−9dBm。为保证 C/N 比值的要求，取−2dBm。

从总前端直达的每个光纤到各住宅服务小区光节点光接收机为星形网，光发射机输出功率为

$$P_{出} = 0.35D + n \times 0.02 + 0.5 + 1.5 + (-2dBm)$$

式中，0.35 为 1310nm 波长单模光纤损耗 0.35dBm/km；D 为光纤路径长度，单位为 km；n 为熔接头数，0.02 为热熔接点损耗 0.02dBm；0.5 为光活插接头损耗，发、收一共取 0.5dBm；1.5 为光耦合器插入损耗 0.5dBm 和常规留系统余量 1dBm；−2dBm 为光接收机输入功率，设定为−2dBm。

② 计算至光接收机的光发射机功率。

$$P_1 = (3 + 1) \times 0.4 + 0.5 \times 4 + 0.4 = 4(dBm) = 2.51(mW)$$
$$P_2 = (3 + 0.8) \times 0.4 + 0.5 \times 4 + 0.4 = 3.92(dBm) = 2.46(mW)$$
$$P_3 = (3 + 1.5) \times 0.4 + 0.5 \times 4 + 0.4 = 4.2(dBm) = 2.63(mW)$$
$$P_4 = (3 + 0.4) \times 0.4 + 0.5 \times 4 + 0.4 = 3.76(dBm)$$

③ 计算各分路所需总的光功率损耗。

$$P_{总} = P_1 + P_2 + P_3 + P_4 = 2.51 + 2.46 + 2.63 + 2.37 = 9.97(mW)$$

④ 计算各分路的分光比。

$$K_1 = P_1/P = 2.51/9.97 = 25.18\%$$
$$K_2 = P_2/P = 2.46/9.97 = 24.67\%$$
$$K_3 = P_3/P = 2.63/9.97 = 26.38\%$$
$$K_4 = P_4/P = 2.37/9.97 = 23.77\%$$

⑤ 计算光发射机的功率。根据系统指标分配，选取光节点接收功率为−2dBmW，再加入 0.5dB 的裕量。

$$P_{光} = 9.99 + (-2) + 0.5 = 8.49(dBmW) = 7.06(mW)$$

⑥ 验证。选取距离最长的 A3 光节点分路，其所需光功率为

$$-2 + (3 + 1.5) \times 0.4 + 0.5 \times 4 + 0.4 + (-10lgK_3) + 0.5$$
$$= -2 + 1.8 + 2 + 0.4 + 5.79 + 0.5 = 8.49(dBmW) = 7.06(mW)$$

根据以上计算可知，小区共设置 4 个光节点，光接收机功率为−2dBmW，光发射机功率

选取 8mW，选用四分路器，分光比如上所计算。

（3）分配系统电缆干线的设计原则和指标计算

小区设计范围为以光接收点含桥放为中心，采用同轴电缆传输方式分设几条电缆干线将小区覆盖，同轴电缆干线及分配网采用树枝和星形结构，放大器的串接级数设计 5 级，干级放大器 3 级＋延长放大器 1 级＋楼幢放大器 1 级。同时，干线放大器采用集中供电方式（芯线馈电），延长放大器尽可能采用芯线供电方式，减少由于某一点停电而影响用户的正常收看，楼幢放大器则就地取电。

根据系统分给分配网络部分的［C/N］分配、［CTB］分配指标和计算公式可以计算出放大器的工作状态。

S_i 分配 ≥ ［C/N］分配 + F + 10lg$n$ + 2.4，式中 S_i 分配指用户分配部分放大器的输入电平；F 指所用放大器噪声系数；n 指串接级数；2.4 指基础热噪声。

S0 分配 ≤ 1/2［CTB 设备给定–CTB 设计］+ S0t–10lg$n$，式中 S0 分配为用户放大器实际工作电平；CTB 设备由给定厂家给定；CTB 设计是由系统分给分配网的指标；n 指放大器串接级数；S0t 指厂家给定的输出电平。所选用的用户放大器指标情况如下：S0t = 98dB，G（用户放大器的标准增益）= 34dB，F = 8dB，CTB = 77dB。

根据以上的已知条件可得

Si 分配 = ［C/N］分配 + F + 10lg$n$ + 2.4 = 49 + 8 + 7 + 2.4 = 66.4（dB）（式中 n = 5）

即放大器的最低输出电平 S0 低 = Si 分配 + G

S0 实 = 66.4 + 34 = 100.4（dB）

S0 分配 = 1/2［CTB 设备给定–CTB 设计］+ S0t–10lg$n$ = 1/2［77–61］+ 98–10lg$n$ = 99（dB）（式中 n = 5）

为提高用户放大器的使用效率，我们选用放大器输出电平 101dB，这时用户分配网 CTB 指标基本没有余量，与分配指标 61dB 相符，但这时 C/N 分配有所提高，根据公式：

S0 低 = Si 分配 + G，其中 Si 分配 = ［C/N］分配 + F + 10lg$n$ + 2.4

即 S0 实 = ［C/N］分配 + F + 10lg$n$ + 2.4 + G 那么

［C/N］分配 = S0 实–F–10lg$n$–2.4–G = 101–8–7–2.4–34 = 49.6（dB）

由此可以看出，用户部分最差载噪比为 49.6dB，比设计要求的载噪比 49dB 要高出 0.6dB，说明符合设计要求。

5. 接入业务的设计

对于同轴 Cable Modem 系统，在用户接入上有两种方式，一种是每个用户自己独享 Cable Modem，这种方式对于运营者来说需对用户接入网进行改造，且用户自身的费用太高，难以形成市场规模；另一种是多用户共享一台 Cable Modem（如一栋楼共用一台 Cable Modem，再通过集线器及 5 类线双绞线入户，可降低用户的入网初装费，接入成本相对较低，通常对集体用户采用这种方案，每一栋楼的 Cable Modem 从光工作站支线上直接获取，优点是不用改造用户网，Cable Modem 与光工作站直连，实际减少了一级回传放大器及串入干扰的点数，缩小了漏斗的规模，大幅度降低了回传噪声。

利用本系统，一方面维持了原有用户的有线电视业务，另一方面对个人提供了普通 Internet 接入，条件成熟时还可引入视频服务器，能直接开展视频点播业务。

6．IP 地址的规划

A 地区 HFC 网是当地运营商 IP 网在该地区范围内的自然延伸，因此也必须统一编址，使用公有的 IP 地址，可以保证网上设备的 IP 地址在国际 Internet 上的唯一性。在地址分配中，分配给用户的地址量是最大的，因此要尽量多地预留。

（1）IP 地址的使用

A 地区 HFC 网已分得 16 个 C 类地址，地址范围为 218.106.48.0～218.106.63.255。按照要求，IP 地址使用分为以下两个部分。

① 网络部分地址：包括节点设备 Loopback 地址、网络设备互连地址、POP 点内部地址（含 POP 点内部设备互连地址、专线用户互连地址，也可用使用私有地址做互联）、POP 点内部 VLAN 划分、服务器及监控终端等地址，如开展 VPN 服务，还应预留 VPN 互连地址等。

② 用户部分地址：DIA（Internet 用户接入）地址。用户部分是网络运营收入的来源部分，IP 地址需求量较大，目前的地址段可以支持 3000 个以上的用户同时上网，利用 DHCP 使地址被统计复用，即所有用户不会同时在网上，该地址段可支持 10000 个以上的登记用户。

（2）计划 IP 地址分配方式

为此，计划 IP 地址分配会按照以下方式。

① 对城域内的个人用户采用地址动态分配，以私网地址为主。

② 对城域内的专线用户采用地址静态分配、公网、私网地址并存。

③ 企业用户分配公有 IP 地址，由企业自己进行私有 IP 地址和公有 IP 地址的转换。

④ 城域内私网、公网之间的相互访问不需要地址转换，出城域网的私网用户通过 NAT/PAT 实现到 Internet 的访问。

⑤ 某些特殊的个人用户需要动态分配公网地址（如某些类型的 VPN 不能穿过防火墙），建议支持该方式。

（3）C 段地址的分配

根据以上要求和建议，将 A 地区 HFC 网申请到的 16 个 C 段地址做以下分配。

① 设备的 Loopback 地址：预留 64 个地址给设备的 Loopback，使用 218.106.48.1～218.106.48.64。

② 剩余的 218.106.48.65～218.106.49.255 分配给城域网内设备互连，掩码为/30，可提供 112 对接口的互联地址。

③ 分配 218.106.50.0/26 给内部开发、维护和网管使用，DNS、DHCP 服务器、NAT 服务器地址为 218.106.50.64/26，剩余的 218.106.50.128/25 预留给将来使用。

④ 分配 218.106.61/24～218.106.62/24 两个 C 段地址给城域网内的企业用户使用。每个企业可分配 14 个可用公有地址，掩码为/28。现阶段可分给 32 个企业用户使用，具体分配办法可和客户讨论。对于个人用户，可使用 DHCP 分配 IP 地址。目前阶段尚无需引入地址翻译，故分配公有地址给用户，可用地址段为 218.106.51/24～218.106.60/24，共 10 个 C 类地址块，可同时供 2500 个个人用户使用。由于 DHCP 的统计复用特性，可支持 5000～10000 注册用户。当地址利用率接近 90%时，就应该开始 HFC 网二期工程，部署 NAT 设备和核心路由设备，以满足业务增长的要求。

9.2.3　该 HFC 接入网络的性能分析

HFC 网络下行信号的一个信道为所有用户共享，而上行信道是一个信道只为一个光节点的用户所共有。下行信道的信号带宽和信号电平一致，例如，电视信号都是 8MHz 带宽，载波电平也基本一样。而上行信道的信号不一样，有不同信号的内容，如视频、音频、IP 数据等。由于这些信号的带宽不相同，所以其调制后的载波电平也不一样。在相同的载波电平下，带宽越大，噪声功率肯定就会越大。为了满足同样载噪比的要求，带宽越大，载波电平也会越高。

1. 漏斗效应

在 HFC 网络中，每个用户在下行链路中接收来自前端的信号、从前端到该用户端线路上的正向放大器的热噪声及沿途的外界干扰，信号经过分支器时受到衰减，相应的噪声和干扰也受到衰减；分支器的定向性消除了别的支路上的噪声与干扰对该用户支路的影响，所以对用户的收视不构成太大的影响。而在上行链路中，由于 HFC 网络的系统结构是整个树状网结构，各个支路上的反向放大器的热噪声和外界干扰都会全部汇聚到光节点，我们称这种汇集现象叫漏斗效益。

漏斗效应形成是由于非相关噪声（如高斯噪声），累积形成，由于噪声均来自用户的住宅，所以它主要与网络用户数有直接关系。由于上行通道的带宽有限，再加上噪声的漏斗效应，使得每个节点的用户不能太多，目前最好每个光节点用户数为 300 左右比较合适，网络比较稳定，传输速度也快。

2. HFC 网络上行信道的噪声

HFC 网络的上行信道的噪声和干扰主要有两大类，为内部的结构噪声和外部的侵入噪声。

（1）内部结构噪声

内部结构噪声分为内部噪声和公共通道干扰。内部噪声为网络内部上行通道中的有源设备和部件所固有，其中包括电缆放大器的热噪声、电源的交流声调制、光探测仪器的光电转换散弹噪声、激光器的相对强度噪声和削波噪声，放大器的热噪声会因树状电缆网络的漏斗效应而大大加强，激光器造成的上行信号削波失真会对数字射频信号的调制产生干扰。公共通道干扰是指同轴连接部件的非线性所产生的下行信号差拍分量对上行信道的干扰。

（2）外部侵入干扰

HFC 网的侵入干扰主要有入户线缆侵入、接头侵入、主干线路的电缆侵入。所有的干扰最后汇聚到光节点，在 HFC 网的上行信道形成汇聚噪声。环境电磁干扰的入侵主要途径是电缆屏蔽层和接头。HFC 网的电缆网处在一个复杂的电磁环境中，网络结构又是树形结构，收集着各种类型的干扰信号，包括无线电干扰、用户设备产生的电磁干扰、工业交通电磁干扰等。按特征分为窄带连续波干扰和宽带冲击波干扰。

窄带连续波干扰源主要有短波无线电广播和通信及业余无线电。短波无线电发射机的工作频段是 5～30MHz，正好处于 HFC 网的上行信道频率范围内，容易产生若干频率固定、幅度起伏的窄带辐射干扰。无线电短波的传播是利用电离层的散射，具有多径衰落决定的幅度和相位, 随昼夜和四季做周期性的随机起伏, 并且受着由太阳黑子和耀斑引起的灾难性变化, 例如磁暴和电离层突然扰动现象的影响。

冲击干扰的来源既有人为因素, 也有自然因素。与窄带连续波干扰相比, 宽带冲击干扰对 HFC 网上行信道的工作有更致命的影响。宽带冲击干扰的特点是偶然性非常强、幅度大、持续期短、频带宽。其持续时间短于 100ms, 大多数短于 10ms。由于冲击干扰随机性强, 冲击强度大, 如果一旦出现, 就可能造成数据传输系统的突发性误码。这样容易造成 HFC 网络的上行信道的信号失真, CM 容易掉线。

3. 消除或抑制上行通道噪声的措施

（1）隔离频率资源

在单向广播电视信号与上行信号之间设隔离频带。

（2）选用带有双向滤波器电路的用户盒

选用该用户盒能有效防止用户端馈入系统的噪声干扰。从根本上避免噪声的侵入。

（3）提高上行信号的电平

根据国家有关公共防辐射安全规定, 上行信号的电平极限值应为 114dBμv, 在实际工作中我们建议用户上行电平为 105dBμv, 增加上行信号的抗干扰性。

（4）将分支、分配环节与放大器屏蔽

由于上行频率低, 由用户到放大器和分支器的电缆路由中上行信号均为高电平, 且无接头, 电缆路由的整体抗干扰能力极强; 而上行信号进入屏蔽机壳后电平下降, 且随即放大后上行传输, 输出又是高电平, 有效地防止了噪声从最容易侵入的地方侵入。

（5）限制光节点的服务用户数量

限制光节点的服务用户, 是可以减少侵入噪声的最有效的方法。因为用户终端越多, 混入的噪声叠加起来就越大, HFC 网络的上行信道容易受到干扰, 那样网络传输稳定性就比较差。

（6）优化用户分配系统的屏蔽性能

选择高屏蔽的电缆和高指标的设备, 可以衰减侵入噪声。由于同轴电缆的外导体兼有发射天线和接收天线的功能, 因此在实际工作中必须严格要求用户分配系统的电缆和无源器件的屏蔽性要好。

（7）合理设计

设计中尽量减少线路中接头的数量, 提高网络施工质量, 尤其是接头的工艺和维护的细致, 应尽量保证网络线路中的各个接头点清洁干净。

（8）减少噪声

在实际工作中, 主要通过加滤波器或带滤波功能的接口模块的办法来滤除用户端设备引入的噪声。使用带通滤波器的功能主要是对回传频带外的部分加以滤除, 对未使用的回传业务信号进行隔离等。如果有条件, 我们可以用前向纠错、交织传送、频率搬移等技术来抑制和消除回传噪声, 也可增加反向通道的带宽来减轻噪声和干扰的影响。

4. 回传激光器的选择与调试

（1）回传激光器的选择

根据传输信号类型、链路损耗以及成本要求, 我们需要对回传激光器类型是否带隔离器以及输出光功率进行选择。即使是价格昂贵的 DFB 激光器，也并不是在任何场合均适用。

FP 激光器与 DFB 激光器采用的工艺不同，FP 激光器输出光谱是围绕在中心波长周围的一组光谱模，DFB 激光器对边模进行了有效抑制。

FP 激光器与 DFB 激光器均可带隔离器，通过隔离器，光的反射大大降低，有效抑制了光纤杂散，在传输距离较远时，必须采用带隔离器的激光器。

激光器的输出光功率需要根据光链路损耗大小进行选择，保证回传接收光功率接收范围为 $-5\sim-11$dBm，如回传接收光功率过低，C/N 将严重恶化；如接收光功率过高，光接收器件处于饱和状态，会影响信号载噪比，同时也会降低光收器件寿命。

（2）回传激光器工作状态的调试

通过前面的分析，我们已经知道了回传激光器输入电平的调整是一大难点，主要原因如下。

① 回传激光器需要确定最佳电平，为了提高载噪比，最好使用较高电平，当电平过高时，又会带来削波失真。

② 回传激光器受影响的是峰值功率，不是平均功率，仪表不易测试，对于不同信号，必须进行换算。

所有回传激光器厂家资料中必须给出设备的最佳输入电平，在网络调试时，根据实际信号带宽大小及不同信号种类对最佳电平进行换算，注入换算电平后再对指标进行测试，在该值电平上下 1dB 范围内进行微调，即可获得最佳工作状态。

5. 回传通路网络设计

在实际回传通路网络设计工作中应该注意以下几点。

① 应避免使用分支损耗大于 12dB 的分支器，尽量采用分配器作分路器件，以保证各支路上行路由的总损耗之和与电缆及分路器材传输损耗之和近似相等；下行增益可在放大器内调整。

② 网络路由最好设计为多级星形传输结构，即对称性设计。因为多级星形结构由中心到用户的分配过程正是由各用户上行逐级汇集的过程，只要保证了对称性，上行/下行信号电平必然一致。为了保证传输系统指标，使网络更简单化，双向放大器要选用低增益放大器，严禁使用上行无增益、下行高增益的放大器。

③ 正确使用双向光工作站。在双向传输条件下，要求光发射机能在内部对 N 个端口的上行电平分别调整后汇集，使上行调试在光节点处细调致各个端口回传电平一致即可，非常简单方便。

9.3　EPON 接入网规划与设计

光纤接入被公认为是有线接入方式未来的发展方向，国内各大固网运营商在接入网的规划上也提出了"光进铜退"。光纤接入网的设计是接入网规划设计的重点，当前主要采用的接入形式有 EPON 接入、FTTX + LAN 接入和有源光接入网。接下来我们将分别通过不同的范例来说明各种接入形式下光纤接入网的设计。

9.3.1 某市本地网网络结构和运行数据

1. 某市本地网的基本情况

某市分为桥东、桥西两个区，共 6 个汇聚机房，本次规划设计的小区位于桥西区。桥西区有 A、B、C 三个汇聚局，各部署 1 个 BRAS 路由器（华为 ME60）和 SR 路由器（华为 NE80E），通过 10GE 上联至市局的核心路由器。每个机房配置 1 台汇聚交换机（华为 S8512）和 2 台 OLT 设备，分别通过双 GE 上联至 BRAS 和 SR 路由器，其中 S8512 下挂三层交换机，负责 A 覆盖范围内 ADSL 用户的数据汇聚；OLT 设备下挂 ONU 设备，负责 A 覆盖范围内 PON 的语音及数据汇聚。

目前，A 局范围内有宽带设备 12000 线、窄带设备 16000 线，其中原有的 ADSL 用户有 4946 线，语音用户有 7898 线；PON 中宽带用户有 2241 线，窄带用户有 3241 线。

2. 本例所涉及范围内的用户群状况

目前小区有 2 栋楼，用户群状况如表 9-3 所示。

表 9-3	用户群状况
1 号楼	1 号楼 27 层高，二个单元共 270 户，每个单元各 135 户
2 号楼	2 号楼情况同 1 号楼

综上所述，本小区用户数共计为 540 户。

3. 现行用户接入方式及接入业务状况

由于该小区为新建高层住宅小区，因此不存对现行用户接入方式调研的问题。根据对用户群的分析，本小区主要住户多为中青年，对宽带需求较高，且具备相应的经济实力，因此本地电信公司与开发商合作，为该小区设计并建设了光纤接入网。根据国内实际情况，相应的接入业务以基于宽带网络的各种业务，如网页浏览、视频、电子邮箱等为主，普通电话业务 POTS 需要另外部署，视频点播 VOD 业务和广播电视业务则需要和广电部门合作才能提供，通常也通过广电网络实现。

如果为已建接入网地区进行光纤接入网的规划设计，则需要先调研现行用户接入方式和用户需求，我国目前仍然以 DSL 接入方式为主，相应的接入业务状况对某些需要更高带宽的业务就无法实现，在全面分析本地网现状和用户需求及承受力后，才能开始规划光纤接入网，否则可能会造成投资与用户需求不匹配，出现过度超前的问题。

9.3.2 EPON 接入网设计方案

1. 接入方式的选择

接入方式指的是在现有光纤接入技术中采取哪种具体的技术，而并非光纤接入的应用模式，也就是大家比较熟悉的 FTTX，包括 FTTB、FTTC、FTTH 等。通常需要先确定使用 PON 还是 AON。如果采用 PON 方式，则再考虑使用 APON、EPON 还是 GPON。这需要根据本地网实际、用户需求、运行商规划等多方因素综合得出结论。

本例中，当地电信运营商正在建设基于 EPON 技术的光纤接入网，作为新建住宅小区，本次设计选择的接入方式为 EPON 技术。

2．接入网网络结构的设计

EPON 的组网方案国际标准主要推荐采用树形拓扑结构，由于树形拓扑具有非常好的可扩展性，并可通过更换集线设备使网络性能迅速得以升级，极大地保护了布线投资。

商业楼宇和住宅小区原则上光纤到楼，采用宽带光接入 FTTX 相关技术。FTTX 技术目前主要分为 FTTC、FTTB 以及光纤接入的终极目标 FTTH。FTTC 的特征是以光纤替换传统的馈线电缆，ONU 部署在交接箱（即 FP）处，ONU 下采用现有传输介质接入到用户，一般适用于沿路用户、带宽需求不高、业务较为单一的区域。FTTB 的特征是以光纤替换用户引入点之前的铜线电缆，ONU 部署在传统的分线盒（用户引入点，即 DP，distribution point，分配点），ONU 下采用现有的金属线接入到用户，一般适用于生活小区。FTTH 是仅利用光纤传输媒介连接通信局端和家庭住宅的接入方式，引入光纤由单个家庭住宅独享，一般适用于高档的写字楼和住宅小区。

根据以上分析，针对本例，设计的 EPON 网络结构图如图 9-5 所示。

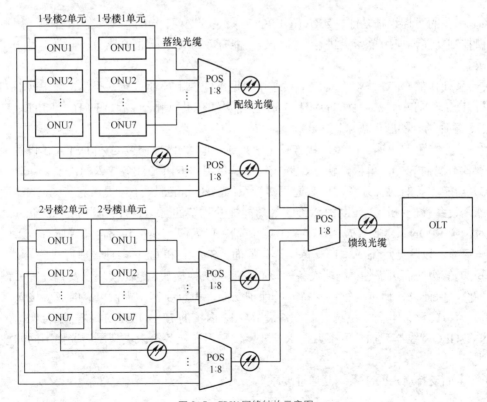

图 9-5　EPON 网络结构示意图

小区一期为 1 号楼和 2 号楼，分别有两个单元，每个单元都是 27 层，每层 5 个住宅用户，本设计采用 FTTB 方式，每个 ONU 负责 4 层 20 个住户的宽带接入，因此每个单元需要 7 个

ONU，ONU 的具体位置设计见后文。OLT 到 ONU 间的 ODN 包括两级 POS 分光，第一级是对从 OLT 出来的馈线光缆中的光纤进行 1:8 分光，从当前设计的角度来看，其实选择 1:4 分光也能满足设计要求，但考虑小区一期是两栋楼，后续还要再建两栋，因此，这里选择了 1:8 的分光比。第二级是对馈线光缆进行 1:8 的分光，产生落线电缆，接入楼内各 ONU，由于每个单元只需要 7 个 ONU，二级 POS 还富裕一路落线，可做扩展用。

3．接入网设备的选型

本例设计选择中兴公司的 ZXA10 EPON 系统，其特点如下。

① 丰富的业务接口类型。ZXA10 EPON 无源光接入系统可综合提供 GE、FE、VOIP、xDSL、WiFi、CATV 及 TDM E1 等各种业务接口。

② 高集成度，大容量。系统充分考虑光接入大带宽的应用和演进，采用大带宽多平面架构，最大 800G 带宽背板总线，全系统无阻塞交换，3U 高度设备支持最大 1280 个 ONU 接入，6U 高度设备最大支持 2560 个 ONU 接入，具有一次汇聚无阻塞、高密度、大容量等特点。

③ 完善的 QoS 功能。系统采用动态带宽分配、优先级控制、多种流量分类机制及多队列调度等技术，支持 SLA，能够满足 VoIP 业务、视频、VPN 业务和上网业务等不同业务的 QoS 需求。

④ 完善的可控组播功能。ZXA10 EPON 系统提供了完善的基于频道组管理、用户权限和端口控制功能，使用单拷贝进行组播传送，能有效节省组播业务带宽，全面满足 IPTV 业务需求。

⑤ 系列化的 ONU 终端设备。中兴通讯根据不同的用户业务接入类型，将 EPON/GPON 技术与 xDSL、WiFi、以太网、TDM 和 VoIP 技术灵活有机地融合，满足 FTTC、FTTB、FTTH、FTTO 等各种场合的应用需求。

⑥ 独具特色的快速 FTTX 解决方案。中兴通讯的 MSAN/MSAG 和 DSLAM 设备可以在现网设备上混插 EPON 单板，快速、低成本地满足用户 FTTX 业务接入的需要。

⑦ 功能完备的网管系统。中兴通讯网管系统 NetNumen N31 可提供完善的 ONU 远程管理功能、设备性能统计、环回故障诊断等功能提升系统的可运营性；同时，NetNumen N31 支持对包含 EPON、MSAN/MSAG、NGN、传输、以太网交换机和路由器等所有接入层设备的统一管理，以降低运维成本；支持图形化界面、SNMP 和 CLI 多种管理方式。

⑧ 电信级的高可靠性。局端设备的核心控制和交换模块、电源模块以及管理等关键板件冗余备份，保证设备稳定运行；支持光纤保护功能，为重要客户提供可靠的业务接入。

⑨ 统一的设备平台。系统局端设备采用全 IP 内核的 EPON/GPON 统一平台架构，支持 EPON 和 GPON 线卡混插，可根据技术发展步伐和用户业务需求类型灵活选择不同的技术实现方式。

⑩ 全面支持《EPON 系统互通性要求》。

4．ONU 位置的设置及容量的计算

ONU 位置设计如表 9-4 所示，每台中兴 F820 型 24FE + 24POST1 设备均可满足 24 个用户的数据和语音的传输需求。

表 9-4	ONU 位置设置
	ONU 位置
1 号楼	1 号楼 27 层高，共二个单元 270 户： ① 1 单元（135 户）： • 1～4 层共 20 户（每层 5 户），楼宇在 2 层设计一套多媒体柜，安装 ONU1（中兴 F820 型 24FE + 24POST）。 • 5～8 层共 20 户（每层 5 户），楼宇在 6 层设计一套多媒体柜，安装 ONU2（中兴 F820 型 24FE + 24POST）。 • 9～12 层共 20 户（每层 5 户），楼宇在 10 层设计一套多媒体柜，安装 ONU3（中兴 F820 型 24FE + 24POST）。 • 13～16 层共 20 户（每层 5 户），楼宇在 14 层设计一套多媒体柜，安装 ONU4（中兴 F820 型 24FE + 24POST）。 • 17～20 层共 20 户（每层 5 户），楼宇在 18 层设计一套多媒体柜，安装 ONU5（中兴 F820 型 24FE + 24POST）。 • 21～24 层共 20 户（每层 5 户），楼宇在 22 层设计一套多媒体柜，安装 ONU6（中兴 F820 型 24FE + 24POST）。 • 25～27 层共 20 户（每层 5 户），楼宇在 26 层设计一套多媒体柜，安装 ONU7（中兴 F820 型 24FE + 24POST）。 ② 2 单元设计同于 1 单元
2 号楼	由于楼型与 1 号楼相同，故 ONU 位置设计同于 1 号楼

由于采用 FTTB 方式，本次采用的 ONU 总数是 28 套。

5. 光链路损耗计算

1550nm 单模光纤含熔接衰耗 0.25dB/km，本设计均按均分光进行设计。

光链路总损耗包括光发射机、光放大器和光接收机尾纤的连接损耗以及光分支器分支衰减、光分支器附加损耗、分光比误差、光纤损耗等，计算公式为：光链路损耗 = 光缆设计长度 × 0.25dB/km + 光纤活接头个数 × 0.3dB/个 + 光分路器损耗（含插入损耗和附加损耗，单位 dB）。1:4 按照 7dB、1:8 按照 10dB 计算。

假设本工程采购的 ONU 收光理论最小值为−26dBm；OLT 业务单板光口发光光功率为 +3dBm，以 1 号楼 1 单元 ONU1 为例，光缆长度为 1.5km，有 3 个活接头，则

$$光链路损耗 = 1.5 × 0.25 + 3 × 0.3 + 10 + 10 = 21.275dB$$

则 ONU1 收光光功率为 3−21.275 = −18.275dBm，大于 ONU1 收光理论最小值，故可正常满足需求。同理可依次计算各条光链路的损耗值。

6. IP 地址规划

本例采用 FTTB 的方式，IP 地址规划包括对 OLT 和 ONU 各自 IP 地址的设计，主要用于网络管理。如果是 FTTH 方式，则还需要对用户 IP 地址进行规划。

① OLT 地址：OLT 级联到路由器华为 ME60 上，根据运营商整体网络地址规划原则，为其分配 1 个 B 类私有 IP 地址 "172.168.0.1"。

② ONU 地址：每个 ONU 占用 1 个静态的 IP 地址，本次共涉及 28 个 ONU，需要分配 28 个 IP 地址，具体设计为 "172.168.0.2～172.168.0.29"。

7. 网络保护方式的设计

EPON 系统中采用保护倒换方式均需配置冗余的 PON 模块，成本较高，实现较为复杂。EPON 技术主要用于 FTTH/FTTB 的宽带接入业务，用户接入成本较为敏感，并且对保护的要求相对较低，因此 EPON 系统现有的保护方式的实际应用价值较低。这里的 EPON 网络保护设计采用骨干光纤保护倒换进行设计。

（1）EPON 系统中实现骨干光纤保护倒换的意义

EPON 采用点到多点的树形拓扑结构，骨干光纤故障会导致其所属的所有 ONU 均无法与 EPON 网络通信。因此骨干光纤的生存性将保证整个 EPON 网络的可靠性。考虑到接入网末梢的接入光纤不可能具备多个路由，此时光纤全保护倒换方式没有实际意义。因此骨干光纤保护倒换的方式将是提高 EPON。系统在网络中应用中可靠性的主要保护倒换方式。

（2）EPON 系统中现有实现光纤保护方案

EPON 国际标准（IEEE 802.3ah）暂未定义保护方式，中国通信标准委员会制定的《接入网技术要求——基于以太网方式的无源光网络（EPON）》中已明确建议采用 ITU-T G.984.1 两种 GPON 系统的保护方式。本例选择采用骨干光纤保护倒换方式如图 9-6 所示。

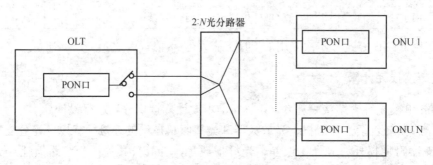

图 9-6　骨干光纤保护倒换方式

骨干光纤保护方式中，OLT 侧的主、备两个 PON 模块的端口分别通过骨干光纤的主、备两条光纤连接到 2:N 分路器的两个端口，从分路器到 ONU 侧采用常规连接。在 OLT 主用 PON 模块处于工作状态时，备用 PON 模块处于冷备份状态。如果工作光纤出现故障或主用 PON 模块失效，启用备用 PON 模块和光纤。倒换到备用 PON 模块时，冷备份的备用 PON 模块中的信号发射模块被激发到正常工作状态需要一段较长的时间。这种方式下，OLT 侧需配置主、备两个 PON 模块，骨干光纤需铺设主、备两条光纤，从而实现对骨干段光纤的保护，提高系统得可靠性。

EPON 系统简单骨干光纤保护倒换实现思路

为了实现简单的骨干光纤保护倒换，EPON 系统应由光线路终端（OLT）、工作光纤、保护光纤、2:N 光分路器及光网络单元（ONU）组成，其中 OLT 内包括保护倒换控制模块（在工作光纤故障的情况下，发出切换信号来控制系统的保护倒换）、PON 模块（接收光接入网提供的光信号并发送该光信号到用户侧，同时 PON 模块可根据与其耦接的光纤的工作情况发出告警信息，如光信号丢失和信号劣化告警）和 1×2 光开关。如图 9-7 所示。

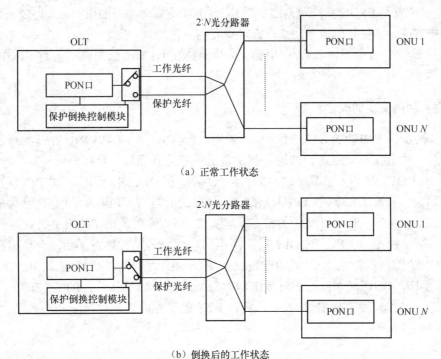

（a）正常工作状态

（b）倒换后的工作状态

图 9-7　骨干光纤保护倒换方式

PON 模块输出 PON 口与 1×2 光开关输入相连，光开关的两个输出口分别与工作光纤和保护光纤相连，工作光纤和保护光纤又分别连接 2:N 分路器的两个输入口，从 2:N 分路器到 ONU 侧采用常规连接，ONU 采用常规 ONU。

（3）采用骨干光纤保护倒换方法的优点和效果

① 实现 EPON 系统骨干光纤保护倒换，成本低，实现机制简单，同时有效提高了 EPON 系统得可靠性。

② 不需要配置在 EPON 系统中占主要成本的昂贵的冗余 PON 模块，成本优势十分明显。

③ 检测机制简单，不需要倒换协议。

④ 不需要进行 PON 模块激活并倒换，采用光开关倒换，倒换时间快。

⑤ 仅需要在现有 OLT 的 PON 口处内置 1×2 光开关，并进行软件升级。

⑥ 不需要对已安装的 ONU 进行任何改动，具有现网的可操作性。

（4）EPON 网络的保护措施

EPON 网络的保护包括馈线光纤保护、OLT 保护和全保护 3 种方式。在 OLT 和 ONU 设备支持的前提下，可以根据实际需要采用相应的保护方式。

① 馈线光纤保护就是采用 1:N 或 1:2N 分光路器，在分路器和 OLT 之间建立 2 条独立的、互相备份的光纤链路，一旦主用馈线光纤发生故障，通过个人改接的方式，在备用光纤链路可用的情况下切换至备用光纤的保护方式。

② OLT 保护就是采用 2:N 的光分路器，在分路器和 2 个互为备份的 OLT 之间建立 2 条独立的光纤链路，一旦用馈线光纤激活 OLT 发生故障，在备用光纤链路和备用 OLT 可用的情况下自动切换至备用 OLT 的保护方式。

③ 全保护就是 EPON 系统对 OLT、ODN、ONU 均提供备份的保护方式，属于采用互为热备份保护方式，全保护的成本较高，宜对重要用户采用。

本小区属于普通用户，我们采用馈线光纤保护和 OLT 的保护来实现对 EPON 的网络保护。

8. 接入网网同步的概念

EPON 同步技术中的各 ONU 接入系统采用时分方式，OLT 和 ONU 在开始通信之前必须达到同步，才会保证信息正确传输。要使整个系统达到同步，要有一个共同的参考时钟，在 EPON 中以 OLT 时钟为参考时钟，各个 ONU 时钟和 OLT 时钟同步。OLT 周期性地广播发送同步信息（sync）给各个 ONU，使其调整自己的时钟。EPON 同步的要求是在某一 ONU 的时刻 T（ONU 时钟）发送的信息比特，OLT 必须在时刻 T（OLT 时钟）接收它。在 EPON 中，由于各个 ONU 到 OLT 的距离不同，所以传输时延各不相同，所以要达到系统同步，ONU 的时钟必须比 OLT 的时钟提前 UD（上行传 输时延），也就是如果 OLT 在时刻 0 发送 1b，ONU 必须在它的时刻 RTT（往返传输时延）接收。RTT = DD（下行传输时延）+UD，必须知道并传递给 ONU，获得 RTT 的过程即为测距（ranging）。EPON 的同步示意图如图 9-8 所示。

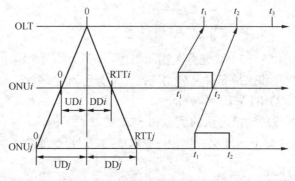

图 9-8   EPON 网络同步示意图

在图 9-8 中，当 EPON 系统达到同步时，ONUi 和 ONUj 发送的信息才不会发生碰撞（图中 t_1～t_2 为 ONUi 发送时间，t_2～t_3 为 ONUj 发送时间）。

9.4   FTTX+LAN 接入网规划与设计

FTTX + LAN 适用于针对办公场所、有建设内部网络需求的小区或中小单位进行接入网的建设。FTTX + LAN 接入方式是从端局先经过光纤接入，到达小区 FTTC 或楼边 FTTB 后采用 LAN（局域网）的方式为用户提供宽带接入。FTTC、FTTB 所采用的技术可以是 PON，也可以是 EPON/GPON，乃至 AON。FTTX + LAN 的方式不仅要考虑光纤接入部分，LAN 的设计也必须包括在整个设计范围内，因此，FTTX + LAN 接入网的规划与设计较之前两个实例，需要设计的细节就相对多一些。本节中针对 FTTX 部分的设计将稍作简化，主要介绍整体思路和 LAN 的设计思路。

9.4.1 需求分析

假设 A 市 B 区域为新建的小型开发区，需要为其建设相应的接入网，该区域离最近的电信端局距离为 5～8km，开发区内有办公楼 1 栋（6 层），除一层外每层 20 个房间；仓库 2 栋，单层；厂房 2 栋，单层。该开发区建设宽带网络的目标是构建内部局域网，并通过电信网络接入 Internet，业务需求主要包括网页浏览、视频会议、企业邮箱服务、生产管理系统和网络培训。开发区建筑物分布如图 9-9 所示。

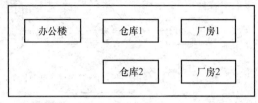

图 9-9 建筑物分布示意图

所需信息点数量和分布如表 9-5 所示。

表 9-5 信息点需求情况

位　置	数量（个）	备　注
办公楼 1 层	16	1 层包括前台、大会议室、会客室、办公室（2 间）、餐厅和机房
办公楼 2 层	120	20 间办公室（最大，可根据需求调整、合并），每间按 6 个公位设计
办公楼 3 层	120	20 间办公室（最大，可根据需求调整、合并），每间按 6 个公位设计
办公楼 4 层	120	20 间办公室（最大，可根据需求调整、合并），每间按 6 个公位设计
办公楼 5 层	120	20 间办公室（最大，可根据需求调整、合并），每间按 6 个公位设计
办公楼 6 层	120	20 间办公室（最大，可根据需求调整、合并），每间按 6 个公位设计
仓库 1	4	用于管理
仓库 2	4	用于管理
厂房 1	4	用于管理
厂房 2	4	用于管理
总计	632	

对信息点数量暂时按开发区初步设计进行估算，后期可根据入住企业的实际情况做适当调整，因此，在以下的设计方案中会考虑可扩展性的问题。

9.4.2 FTTX + LAN 接入网设计方案

1. 接入网网络结构设计

根据前期调查，开发区到端局机房距离超过了 3.5km，不适宜采用铜线接入方式，故选择光纤接入方案；同时园区需要自己的局域网，因此，电信运营商为该区域提供 FTTX + LAN 的宽带接入网络。FTTX 选择 FTTC 方式，可采用 EPON 技术，其原理和基本设计方法可以参考第 5 章和本书 9.2 节内容。在本例中只设计与 LAN 相联的 ONU 及其 ODN/OLT 的部分，对该地区完整的 EPON 将不做展开设计。针对本例的 FTTC + LAN 网络结构示意图如图 9-10 所示。

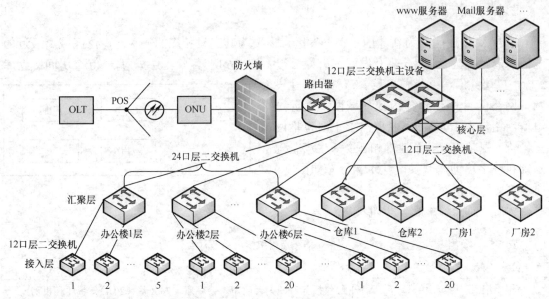

图 9-10 FTTC + LAN 网络结构示意图

OLT 设置在端局机房中，经光分路器 POS、光缆到开发区内的 ONU。ONU 终结了光缆后，与 LAN 网络通过网线连接。LAN 的组成包括防火墙、路由器、（三级）交换网络和一系列服务器。网络拓扑结构为树形网络结构，主干网选择千兆以太网技术，它是以光纤通信和数据封装技术为核心的高速、大容量的计算机网络通信技术，能在局域网络之间提供快速高带宽信道，消除低速信道对计算机网络的制约。

交换网络第一级是局域网的千兆骨干网络；第二级通过多模光纤上联核心交换机，再向下通过超 5 类双绞线级联三级交换机；第三级交换机直接连接用户的计算机。

这样的层次划分有以下特点。

① 结构清晰，易于设计和管理，大大提高了网络的扩充能力。

② 网络结构和实际应用的组织结构一致，便于安全管理，能减轻网络的数据流量。

③ 根据不同层次和实际经济承受能力，选择相应的网络设备和硬件设备，能使投资更合理。

其中三级交换网络的核心交换机采用 12 口可堆叠三层交换机，双备份；汇聚交换机有10 个，6 个分布在办公楼的每层，是 24 口二层交换机，其余 4 个分布在仓库和厂房。接入交换机只在办公楼的每个房间内，选用了 12 口的二层交换机，一层采用 5 台，其余 5 层每层20 台，共 125 台。

2. 接入网设备的选型

本设计中的设备选型包括对 OLT、ONU、ODN、LAN 中各级设备的选择。OLT、ODN和 ONU 的选型简单介绍如下，也可参考 9.2 节中的相关内容，此处重点分析 LAN 设备的选型。

（1）局端 OLT：烽火 AN5116-02 设备

AN5116-02 设备采用为 480mm × 621.5mm × 406.5mm（宽 × 高 × 深）的子框，重量为

40kg。2.0m 高的机架可安装 2 个子框，2.2×2.6m 高的机架可安装 3 个子框。设备采用中置背板、前后插卡方式。

（2）远端 ONU：华为 HG813E

网络接口为 1 个 GPON/EPON 接口，单纤双向波长承载，符合 1000 BASE-PX20 标准。用户接口包括 4 个 10/100FE 接口，RJ-45 接头，符合 IEEE 802.3ab 标准。它的业务特性是支持 802.1Q，全范围 VLAN；支持 VLAN 操作和 QoS；支持 802.1p，每个以太端口至少 4 个优先级队列；支持 IGMP Snooping，可同时支持 16 个组播节目；支持 802.1d，至少有 128 个 MAC 地址；L2/L3 业务流分类。

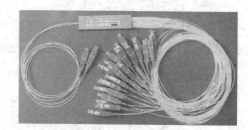

图 9-11　科毅 PLCB232-2-2-15-2

（3）ODN：科毅 PLCB232-2-2-15-2

如图 9-11 所示为科毅 PLCB232-2-2-15-2 的实物图片，表 9-6 所示为其型号参数。

表 9-6　　　　　　　　　　　　　　PLCB232-2-2-15-2 参数

型　　号	工作波长范围	分　支　比	最大插入损耗	连　接　类　型
PLCB232-2-2-15-2	1310+/−40 1520+/−40	2:32	17	SC/PC

（4）LAN 设备选型

局域网中常采用的设备包括路由器、交换机、防火墙及服务器等，我们先简单介绍设备选型的基本原则。

① 路由器就企业局域网网络而言，由于大量的数据都发生在局域网内部，对路由器的性能要求不高，因此，可以选用中低端路由器。低端路由器主要适用于中小型办公网络，考虑的一个主要因素是端口数量，另外还要看包交换能力。中端路由器适用于大中型办公网络，选用的原则也是考虑端口的支持能力和包交换能力。

② 交换机同一网络上的计算机如果超过一定数量，就很可能会因为网络上大量的广播而导致网络传输效率低下。如果采用传统的路由器，虽然可以隔离广播，但是性能又得不到保障。而三层交换机的性能非常高，既有路由器的功能，又具有二层交换的网络速度。除了必要的路由决定过程外，大部分数据转发过程由二层交换处理，提高了数据包转发的效率。

③ 工作组交换机采用可网管交换机，实现对每台接入计算机的控制，实现 VLAN 的划分，确保最大限度的网络访问安全。骨干交换机采用拥有千兆端口的可网管交换机实现与中心交换机的高速连接，避免可能产生的网络瓶颈。中心交换机采用三层交换机，实现 VLAN 间的线速转发，并借助访问列表控制计算机接入和网络服务，搭建高安全性和可用性网络。

④ 防火墙有软件防火墙和硬件防火墙两种。软件防火墙是安装在计算机平台上的软件产品，它通过在操作系统底层工作来实现网络管理和防御功能的优化。硬件防火墙的硬件和软件都单独进行设计，有专用网络芯片处理数据包。同时，采用专门的操作系统平台，可以避免通用操作系统的安全性漏洞。并且，对软硬件的特殊要求使硬件防火墙的实际带宽与理论值基本一致，有着高吞吐量、安全与速度兼顾的优点。

硬件防火墙分为包过滤防火墙、应用网关防火墙和规则检查防火墙。对于企业网络而言，通常应当选择包过滤防火墙。

⑤ 当服务器的性能不能满足网络访问需要时，可以利用已有的多台低配置服务器构建服务器集群，或者利用软件、硬件等方式实现服务器的负载均衡，既可以提高服务器的整体处理性能，又可以有效地延长服务器的使用寿命。

（5）网络主干设备的选择

建议网络主干设备或核心层设备选择具备三层交换功能的高性能主干交换机。如果要求局域网主干具备高可靠性和可用性，还应该考虑核心交换机的冗余与热备份方案设计。汇聚层或接入层通常选择普通交换机即可，交换机的性能和数量由入网计算机的数量和网络拓扑结构决定。

为保证公司的信息系统的稳定性和高效运行，应该采用主流的网络产品，在当今众多的网络设备厂商中，知名的有思科、华为、北电、锐捷、3COM 及 IBM 等，综合考虑各家公司的发展状况、技术实力、市场占有率及产品的丰富完整等各方面因素，根据预算要求，本例选择思科公司的网络设备。

① 网络核心层是网络的中心，其功能是实现高性能的交换和传输。因此核心层设备应该是高性能的交换机，可实现高速度的交换传输，以连接服务器等核心设备；并且实现不间断工作。三层交换机通过使用硬件交换机构实现了 IP 的路由功能，其优化的路由软件使得路由过程效率提高，解决了传统路由器软件路由的速度问题。因此可以说，三层交换机具有路由器的功能和交换机的性能。在此我们选择 Cisco Catalyst 6503 路由交换机作为核心交换机。

Catalyst 6503 路由交换机是固定配置、可堆叠的独立设备系列，提供了快速以太网和千兆以太网链接，并且价格适中，带有三层路由的引擎，可使企业网具有很强的升级能力，大大增加了网络的交换能力、系统的互动性和系统的实时性。该系统外接 Cisco 2821 路由器，与光纤 LAN 专线上联广域网，实现办公网到 Internet 的高速接入。

② 汇聚层设备选用思科 WS-3550-24。WS-C3550 系列智能以太网交换机是一个新型的、可堆叠的、多层企业级交换机系列，可以提供高水平的可用性、可扩展性、服务质量、安全性和可改进网络运营的管理能力，从而提高网络的运行效率。

该设备通过 1000Base-SX 光纤上联核心交换机，形成网络的高速骨干。C3550 以太网交换机是 24 + 2 规格结构，接口为 10/100/1000Base-TX, 1000Base-FX/SX，具有很高的性能和堆叠能力。通过使用增强多层软件镜像，可以提供路由、多层交换等功能，满足层三交换的要求，可以满足服务器群的高密度、高速率的接入需要，也可以满足 Internet 接入的需求。

③ 接入层交换机放置于楼层的设备间，用于终端用户的接入。能够提供高密度的接入，对环境的适应力要强，运行稳定，采用 10/100M 自适应的普通交换机即可，算上以前的集线器，另外再买 4 台 CISCO Catalyst 2950-24，可堆叠，通过 UPLINK 端口上联层二交换 C3550，即可实现 200 个信息点到桌面的接入。交换技术避免了使用集线器时多个用户共享网段造成的冲突和拥塞，大大提升了网络性能。

3. ONU 位置的设置及容量的计算

FTTX + LAN 作为光纤接入网的一种形式，对其设计也要考虑 ONU 的布放位置和容量。本例中采用了 FTTC 方式，ONU 放置在办公楼 1 层的机房内，考虑到该 ONU 为整个园区服务，网络保护方式采用全保护方式，所以其数量配置为 2 个 ONU，互为备份。

4. IP 地址设计

IP 地址设计的基本原理请参考前面的实例中的相关内容，作为 LAN，IP 地址规划的基本思路是：先选择采用静态配置还是动态分配 IP 地址；在信息点数量比较多且经常变化，位置也频繁变动的情况下，通常会采用为信息点动态分配 IP 地址，这就需要配置动态主机配置协议 DHCP 服务器。此时，IP 地址规划即为 DHCP 服务器配置相应的 IP 地址数量和具体的地址段。如果采用静态配置的方法，则需要根据信息点的数量确定所需 IP 地址的数目。同时为便于对 LAN 的管理，通常会对网络进行子网规划设计，而子网的划分是通过规划 IP 地址实现的，因此，IP 地址的具体设计将在下一个问题中展开说明。

无论是那种设计思路，对 LAN 来说，其具体分配的 IP 地址通常都是 IPv4 私有地址，众所周知，IPv4 地址有限，申请 IPv4 公有地址也需要相关手续，对普通的局域网来说，内部采用私有地址也同样能够实现信息互通共享。但如果内网中的节点需要通过 LAN 访问外部网络，则必须在网络的出口处进行网络地址翻译 NAT 操作，否则无法接入 Internet。

在本例中，信息点数量为 632，采用静态配置的方法，需要至少规划出 632 个 IP 地址；如果采用动态分配的方式，可选择能提供 632 个地址的网段来配置服务器地址池。

5. LAN 子网规划

在 IP 协议中，子网指的是从分类网络中划分出来的一部分。在一个 IP 网络中划分子网，使我们能将一个单一的网络分成若干个较小的网络。引入划分子网这个概念的目的是为了允许一个单一的站点能拥有多个局域子网，即使在引入了有类别网络号之后，这个概念仍然有它的用处，因为它减少了 Internet 路由表中的表项数量（通过隐藏一个站点内部所有独立子网的相关信息）。此外，它还带来了一个好处，那就是减少了网络开销，因为它将接收 IP 广播的区域划分成了若干部分。

（1）IP 地址划分

根据开发区需求，由于管理人员、财务人员和客服人员每天会生成一些较为重要的文件，所以要与其他办公人员的 IP 地址分开，以方便管理。为满足要求并且不浪费网络资源，我们决定将管理人员、财务人员、客服人员和一些内部服务器的 IP 地址分配在 192.168.2.* 的范围内，并且划分子网，将其分为 4 组管理。其余工作人员使用 192.168.1.* 范围的 IP 地址，不再划分子网。

由于 192.168.1.* 不需划分子网，所以其掩码使用 255.255.255.0 即可。

确定需要将 192.168.2.* 划分为 4 个子网后，需要确定其子网掩码。4 转化为二进制值为 100，共 3 位。由于我们使用的是 C 类 IP 地址，其默认子网掩码为 11111111.11111111.11111111.00000000。将默认子网掩码中与主机号前 3 位对应的位置的 0 换成 1，得到 11111111.11111111.11111111.11100000，这就是 4 个子网的二进制子网掩码，化为十进制得到 255.255.255.224。

由于网络被划分成 4 个子网和划分成 6 个子网所得到的掩码是相同的，其实可以看作是划分成 6 个子网，只使用了其中的 4 个。所以在以后的拓展中，还有两个子网是可以留作备用的。

（2）子网 IP 地址的划分

将 192.168.2.* 转化为二进制数 11000000.10101000.00000010.***00000。由于子网号占用

了主机号的前 3 位，所以主机号只能用 5 位二进制数来表示，因此每个子网内的主机数量为 $2^5-2=30$，6 个子网共能容纳 180 台主机。子网号包括八种情况，为 000、001、010、011、100、101、110 和 111。其中 000 和 111 分别代表网络自身和广播地址，需要被保留，所以说最多可以划分为 6 个子网，具体 IP 地址范围如表 9-7 所示。

表 9-7　　　　　　　　　　　　　　　　子网 IP 地址

子　　网	子网号（二进制）	IP 范围
1	11000000.10101000.00000010.00100000	192.168.2.33～192.168.2.62
2	11000000.10101000.00000010.01000000	192.168.2.65～192.168.2.94
3	11000000.10101000.00000010.01100000	192.168.2.97～192.168.2.126
4	11000000.10101000.00000010.10000000	192.168.2.129～192.168.2.158
5	11000000.10101000.00000010.10100000	192.168.2.161～192.168.2.190
6	11000000.10101000.00000010.11000000	192.168.2.193～192.168.2.222

6. VLAN 设计

VLAN 是一种将局域网设备从逻辑上划分成一个个网段，从而实现虚拟工作组的新兴数据交换技术，主要应用于交换机和路由器中，但主流应用还是在交换机之中。VLAN 是一个在物理网络上根据用途，工作组、应用等来逻辑划分的局域网络，是一个广播域，与用户的物理位置没有关系。

加入一个 VLAN 所依据的标准是多种多样的，可以按以下方案加入 VLAN，即 VLAN 有如下类型。

① 将 VLAN 交换机上的物理端口和 VLAN 交换机内部的 PVC（永久虚电路）端口分成若干个组，每个组构成一个虚拟网，相当于一个独立的 VLAN 交换机。这种按网络端口来划分 VLAN 网络成员的配置过程简单明了，因此，它是最常用的一种方式，主要缺点在于不允许用户移动，一旦用户移动到一个新的位置，网络管理员必须配置新的 VLAN。

② VLAN 工作基于工作站的 MAC 地址，VLAN 交换机跟踪属于 VLAN MAC 的地址，从某种意义上说，这是一种基于用户的网络划分手段，因为 MAC 在工作站的网卡（NIC）上。这种方式的 VLAN 允许网络用户从一个物理位置移动到另一个物理位置时，自动保留其所属 VLAN 的成员身份，但这种方式要求网络管理员将每个用户都一一划分在某个 VLAN 中，在一个大规模的 VLAN 中，这就有些困难。

③ VLAN 按网络层协议来划分，可分为 IP、IPX、DECnet、AppleTalk 及 Banyan 等，可使广播域跨越多个 VLAN 交换机，这对于希望针对具体应用和服务来组织用户的网络管理员来说是非常具有吸引力的。而且，用户可以在网络内部自由移动，但其 VLAN 成员身份仍然保留不变。这种方式的不足之处在于，可使广播域跨越多个 VLAN 交换机，容易造成某些 VLAN 站点数目较多，产生大量的广播包，使得 VLAN 交换机的效率降低。

④ 基于 IP 子网的 VLAN 可按照 IPv4 和 IPv6 方式来划分。每个 VLAN 都是和一段独立的 IP 网段相对应的，将 IP 的广播组和 VLAN 的碰撞域一对一地结合起来，这种方式有利于在 VLAN 交换机内部实现路由，也有利于将动态主机配置（DHCP）技术结合起来。而且，用户可以移动工作站而不需要重新配置网络地址，便于网络管理。其主要缺点在于效率要比

第二层差，因为查看三层 IP 地址比查看 MAC 地址所消耗的时间多。

⑤ 基于策略组成的 VLAN 能实现多种分配方法，包括 VLAN 交换机端口、MAC 地址、IP 地址和网络层协议等。网络管理人员可根据自己的管理模式和本单位的需求来决定选择哪种类型的 VLAN。

⑥ 基于用户定义、非用户授权来划分 VLAN，是指为了适应特别的 VLAN 网络，特别的网络用户的特别要求来定义和设计 VLAN，而且可以让非 VLAN 群体用户访问 VLAN，但是需要提供用户密码，得到 VLAN 管理的认证后才可以加入一个 VLAN[10]。

目前常用的 VLAN 划分方法多是基于端口的划分，本设计中主要为开发区提供基础网络，VLAN 的设计待入驻企业根据其具体需求再选择合适的划分方法。

7. 接入 Internet

随着现在接入 Internet 的计算机数量的不断猛增，IP 地址资源已经无法满足需求，所以 NAT 被广泛应用于各种类型 Internet 接入方式和各种类型的网络中。通过 NAT，私有地址在内部网络通过路由器发送数据包时，被转换成合法的外网 IP 地址。一个局域网只需使用少量 IP 地址即可实现私有地址网络内所有计算机与 Internet 的通信需求。NAT 不仅解决了 IP 地址不足的问题，而且还能够有效地避免来自网络外部的攻击，隐藏并保护网络内部的计算机。

NAT 的实现方式有即静态转换、动态转换和端口多路复用三种。

① 静态转换是指将内部网络的私有 IP 地址转换为公有 IP 地址，IP 地址对是一对一的，是一成不变的，某个私有 IP 地址只转换为某个公有 IP 地址。借助于静态转换，可以实现外部网络对内部网络中某些特定设备的访问。

② 动态转换是指将内部网络的私有 IP 地址转换为公用 IP 地址时，IP 地址对是不确定的，而是随机的，所有被授权访问上 Internet 的私有 IP 地址可随机转换为任何指定的合法 IP 地址。也就是说，只要指定哪些内部地址可以进行转换，以及用哪些合法地址作为外部地址，就可以进行动态转换。动态转换可以使用多个合法外部地址集，当 ISP 提供的合法 IP 地址略少于网络内部的计算机数量时，可以采用动态转换的方式。

③ 端口多路复用是指改变外出数据包的源端口并进行端口转换，即端口地址转换。采用端口多路复用方式。内部网络的所有主机均可共享一个合法外部 IP 地址实现对 Internet 的访问，从而可以最大限度地节约 IP 地址资源。同时，又可隐藏网络内部的所有主机，有效避免来自 internet 的攻击。因此，目前网络中应用最多的就是端口多路复用方式。

在公司接入 Internet 时，不但要求网络内部的所有计算机都可以访问 Internet，而且在 Internet 中还需要提供 Web、E-mail 服务，所以需要端口多路复用和静态转换同时使用。内部网络中的所有主机均可共享一个合法外部 IP 地址实现对 Internet 的访问，服务器使用固定公网 IP。分配给本开发区的公网地址段为"123.120.224.82～123.120.224.87"，内部网络使用的地址段是 192.168.0.1～192.168.2.254。

9.4.3 LAN 布线结构设计

1. 总体布线设计要点

在局域网布线时，应该充分考虑到将来网络扩展可能需要的最大接入节点数量、接入位置的分布和用户使用的方便性，如果设有信息中心网络机房，还应该考虑机房的特殊布线需求，示意如图 9-9 所示。所以网络布线必须有较长远的考虑，具体应当考虑到以下几点。

① 实用性：适应企业现在和将来发展的需要，具备数据通信、语音通信和图像通信的功能。

② 灵活性：布线系统中任一信息点能够很方便地与多种类型设备进行连接，如电话、传真、计算机和检测器件等。

③ 可扩展性：布线系统具有较强的可扩展性，在将来需要时可以很容易地将所扩充的设备连接到系统中来，实现各种网络服务与应用。

④ 经济性：综合布线系统是一种既具有良好的初期投资特性，在今后若干年中也不增加新的投资情况下仍能保持建筑物的先进性，具有极高的性能价格比的高科技产品。

⑤ 可靠性

综合布线系统采用高品质的材料和组合压接的方式构成一套高标准的信息通道。每条通道都采用专用仪器校核线路衰减、串音、信噪比，以保证其电气性能不会造成交叉干扰。所以，公司应采用综合布线系统，才能更好地发挥千兆局域网的威力，如图 9-12 所示。

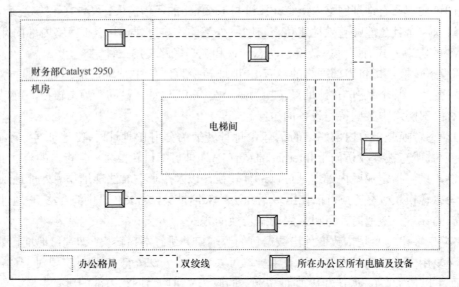

图 9-12　总体布线示意图

由于公司使用的是树形拓扑结构，所有双绞线事先编号后，均由各办公区的信息点直接连入机房。绝大部分的设备都放置在机房内，方便管理。

根据公司要求，管理人员办公区需要 30 个信息点，所有连接信息点的双绞线点经过编号后，由机房内同一引出，在办公区内分散到每个信息点，示意如图 9-13 所示。其他办公区的布线也是如此规划。

2．机房的规划设计

考虑到网络中心机房在整个企业网中所处的核心位置，为了保持其长时间运行的可靠性，建议对机房采取以下必要的措施。

① 防尘、防静电、安装数据地线：在机房铺设防静电地板，安装必要的通风和温度调节

设备，建议最好安装单独的数据地线。

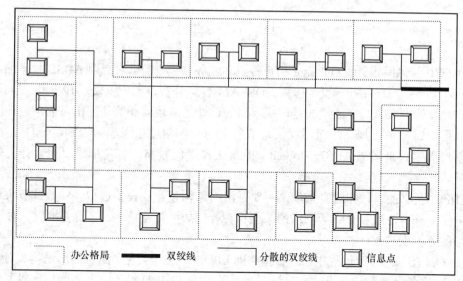

图 9-13　管理人员办公区布线示意图

② 电源保护：由于市电供应的电压不稳定产生的浪涌及断电，将对各种电脑和网络设备造成不可预知的伤害，所以应在中心机房加设稳压装置，网络中心机房最好采用一台 UPS，容量的大小根据网络规模与设备多少而定。

③ 防雷电：由于中心机房内摆放了大量贵重的电子设备，在夏季应特别注意防雷电。雷电可分为直击雷和感应雷的防护两方面。

9.4.4　网络安全与管理

1．网络安全的设计

现今局域网一般采用防火墙软件实现安全管理，网络系统应具有网络保障功能，设计时应选用适合一般企业的低成本的网络安全解决方案，如虚拟专业隧道网 VPN，除了安全认证、数字签名、密码等加密技术外，路由器内置防火墙或单独选用防火墙软件也是常用的安全方案之一。我们选用的 Cisco 2821 路由器带有内置防火墙，另外，我们还选择了独立的硬件防火墙设备，以满足开发区对网络安全管理的需要。

2．网络管理的设计

可视化管理工作站 PC 带有专用网管软件，通过图形、图像的显示，以系统与闪灯报警的方式进行实现实时检控网络系统工作状态，迅速定位设备故障，以便排除故障。在现有的网络管理软件中，Intel Device View 是比较好的一款。Intel Device View 网络管理软件是业界优秀的网管平台，除具有网络管理的各项功能外，还具备清晰、易懂的图形界面，用户使用起来得心应手。并且 Intel 还可以提供更高、更广泛的网络管理，这是其他网络厂家做不到的，包括 Intel LANDesk Management Suite、Intel LANDesk Workgroup Manager、Intel LANDesk Virus Protect、Intel LANDesk Server Manager Pro 及 Intel LANDesk Network

Manager 等，有选择地应用可简化管理模式，提供管理性能，提高网络的安全性。

小　结

1. ADSL 接入网设计重点是结合用户特点和业务、带宽需求对应用 ADSL 技术的可行性进行分析，然后从网络拓扑、设备选型、DSLAM 容量分析、工作协议及 IP 地址规划等方面给出完整的设计方案。需要注意的是，接入网的设计是从运营商的角度出发的，应该对一定范围内的用户统一进行规划，而不仅仅是从单个用户的角度去考虑，否则就 ADSL 网络来说，对用户而言只是增加 ADSL Modem，改造工作量比较小，容易形成"无设计工作"的思想误区。

2. HFC 网络的设计相对复杂些，主要是网络结构设计、设备选型、参数计算方面。除光功率分配之外，还涉及 CATV 网络的某些指标，例如二阶差拍比、三阶差拍比。对于 HFC 网络的性能分析也是设计的重点。

3. EPON 接入网设计过程中，应着重明确 EPON 的应用类型，给出网络结构设计、设备选型、ONU 容量计算和位置设计、光链路损耗计算及 IP 地址设计方案，此外，对网络保护方式和定时设计也应掌握。

4. FTTX + LAN 的设计中，除了光纤接入部分的设计，还包括 LAN 的设计。光纤接入设计细节与 EPON 的类似，应包括网络结构设计、设备选型、ONU 容量计算和位置设计、光链路损耗计算以及 IP 地址设计方案。LAN 的设计包括子网划分、VLAN 设计、布线结构设计和网络管理、安全的设计。

习　题

9-1　试对某个 PSTN 用户进行 ADSL 改造的设计。

9-2　简述 ADSL 技术在某个居民区的应用，给出设计实例。

9-3　试采用 EPON 技术完成某地的 FTTH 设计。

9-4　试采用 EPON 技术完成某大楼的 FTTB 设计。

9-5　举例完成 FTTC + LAN 的设计。

9-6　举例完成 FTTB + LAN 的设计。

9-7　HFC 网络改造方案中应包括针对哪些方面的设计？

9-8　试对一个具有 300 户居民的社区设计 HFC 宽带接入方案。

院本科毕业设计论文，2011.

[26] 裴艳丽．和顺县光纤接入网规划．北京：北京邮电大学网络教育学院本科毕业设计论文，2006.

[27] 林操．贵阳市智慧龙城双向 HFC 接入网络的设计．北京：北京邮电大学网络教育学院本科毕业设计论文，2011.

[28] 史洪涛．冠县网通双向 HFC 接入网络的设计方案[M]．北京：北京邮电大学网络教育学院本科毕业设计论文，2007.

[29] 杜鑫．联东伟业科技发展有限公司局域网的规划设计．北京：北京邮电大学网络教育学院本科毕业设计论文，2007.

参 考 文 献

[1] 张中荃. 接入网技术[M]. 2 版. 北京：人民邮电出版社，2009.

[2] 李雪松，傅珂，柳海. 接入网技术与设计应用[M]. 北京：北京邮电大学出版社，2009.

[3] 陶智勇. 综合宽带接入技术[M]. 2 版. 北京：北京邮电大学出版社，2011.

[4] 孙学康，刘勇. 无线传输与接入[M]. 北京：人民邮电出版社，2010.

[5] 毛京丽. 宽带 IP 网络[M]. 北京：人民邮电出版社，2010.

[6] 谢希仁. 计算机网络[M]. 5 版. 北京：电子工业出版社，2008.

[7] 谷红勋，等. 互连网接入——基础与技术[M]. 北京：人民邮电出版社，2002.

[8] 毛京丽，等. 现代通信网[M]. 2 版. 北京：北京邮电大学出版社，1999.

[9] 王延尧，等. 以太网技术与应用[M]. 北京：人民邮电出版社，2005.

[10] 钟章队. 无线局域网[M]. 北京：科学出版社，2004.

[11] 孟洛明，亓峰. 现代网络管理技术[M]. 北京：北京邮电大学出版社，2001.

[12] 陈建亚. 现代通信网监控与管理. 北京：北京邮电大学出版社，2000.

[13] 郭军. 网络管理[M]. 3 版. 北京：北京邮电大学出版社，2008.

[14] [美] Padmanand Warrier，Balaji kumar 著，任天恩译. XDSL 技术与体系结构. 北京：清华大学出版社，2001.

[15] 韦乐平. 接入网. 北京：人民邮电出版社，1997.

[16] 陕西省广播电影电视局编著. 现代广播电视网络技术及其应用. 2001.

[17] 接入网技术要求—高比特率数字用户线（HDSL）（暂行规定）（YDN 065—1997），中华人民共和国邮电部. 1997-10-08 发布.

[18] 接入网技术要求—不对称数字用户线（ADSL）（YD/T 1323—2004），中华人民共和国信息产业部. 2004-09-10 发布.

[19] 接入网技术要求—甚高速数字用户线（VDSL）（YD/T 1239—2002），中华人民共和国信息产业部. 2002-11-08 发布.

[20] 接入网技术要求—混合光纤网轴电缆网（HFC）（YD/T 1063—2000），中华人民共和国信息产业部. 2000-06-27 发布.

[21] 接入网技术要求—电缆调制解调器（CM）（YD/T 1076—2000），中华人民共和国信息产业部. 2000-09-12 发布.

[22] 中华人民共和国通信行业标准 YD/T 1089-2000. 接入网技术要求-接入网网元管理功能[M]. 北京：中华人民共和国信息产业部，2000.

[23] 中华人民共和国通信行业标准 YD/T 1146-2001. 接入网网络管理接口规范-通用传输部分[M]. 北京：中华人民共和国信息产业部，2001.

[24] 蔡晓丽. 和平里局 ADSL 宽带接入网设计[M]. 北京：北京邮电大学网络教育学院本科毕业设计论文，2011.

[25] 于媒. 邢台市富泉小区 EPON 光纤接入网规划设计. 北京：北京邮电大学网络教育学